阅读图文之美 / 优享快乐生活

野花图鉴

付彦荣　主编

江苏凤凰科学技术出版社·南京

图书在版编目（CIP）数据

野花图鉴 / 付彦荣主编. — 南京 : 江苏凤凰科学
技术出版社, 2017.4（2022.5 重印）
（含章·图鉴系列）
ISBN 978-7-5537-5753-7

Ⅰ.①野… Ⅱ.①付… Ⅲ.①野生植物 – 花卉 – 图集
Ⅳ.①Q949.4-64

中国版本图书馆CIP数据核字(2015)第297663号

含章·图鉴系列

野花图鉴

主　　　编	付彦荣	
责 任 编 辑	汤景清　倪　敏	
责 任 校 对	仲　敏	
责 任 监 制	方　晨	

出 版 发 行	江苏凤凰科学技术出版社
出版社地址	南京市湖南路 1 号 A 楼，邮编：210009
出版社网址	http://www.pspress.cn
印　　　刷	北京博海升彩色印刷有限公司

开　　　本	880 mm × 1 230 mm　1/32
印　　　张	6
插　　　页	1
字　　　数	230 000
版　　　次	2017年4月第1版
印　　　次	2022年5月第2次印刷

标 准 书 号	ISBN 978-7-5537-5753-7
定　　　价	39.80元

图书如有印装质量问题，可随时向我社印务部调换。

前言

　　花，也被称为"花朵""花卉"，是具有观赏价值的植物，但在生物学上，它是植物的重要器官之一，一般认为只有被子植物才有这一器官。花的外形千差万别，但它的形态结构却是一样的，主要由花梗（花柄）、花托、花萼、花冠、花被、雄蕊群、雌蕊群组成。由于花的形态结构较稳定，人们通常把花作为辨别不同植物的重要依据之一。

　　人们根据花的不同特性，将其划分为不同种类。根据花瓣数的不同，将其划分为双子叶植物和单子叶植物，双子叶植物通常有 4 或 5（4 或 5 的倍数）片花瓣，单子叶植物则有 3（3 的倍数）片花瓣；根据雌蕊和雄蕊是否生于同一花上，可分为完全花和不完全花。如果雌蕊和雄蕊生于同一花上，这样的花被称为"完全花"或"两性花"；如果雌蕊和雄蕊生于不同的花上，花就被称为"不完全花"或"单性花。"

　　花，作为植物器官的一部分，其功能就在于繁殖。花的传粉过程，即受精过程。如果是雌雄同株，植物只需将花粉从花药移到柱头即可，而如果是雌雄异株，则需将一株植物的花粉移到另一株植物上。植物为了顺利地传播花粉，一般需借助媒介，可分为风媒和虫媒。风媒，即借助风力自然传粉，这种方式比较简单；虫媒，则需利用虫类、鸟类等动物传粉，因此，这种花与传粉动物的关系密切，为了吸引传粉动物，它们会从形态、颜色、气味等方面做出相应调整，并且共同进化，以适应对方需求。

　　我国从西周开始就有了花卉栽培，《诗经》中多次出现与花有关的语句，如《桃夭》篇，就有对桃花的描写。现存的大多数花卉品种都是由野花经人工驯化栽培而来的，如最早的野生菊花只有黄色一种，但经过人工栽培，则逐渐进化出了粉色、紫色、绿色等颜色，因此，野花与观赏花卉关系密切，了解野花有助于我们更深入地认识观赏花卉的来源和结构，使我们在栽培过程中更得心应手。

阅读导航

本书分为草本植物、藤本植物、灌木植物、乔木植物四章，将 179 种比较有代表性的野花介绍给广大读者。通过别名、科属、性味、归经、生长习性、分布、花期、小贴士等版块来全面揭开野花的神秘面纱。

此版块主要介绍野花的基本知识，从生活型、植物形态等方面详细介绍野花的外形外貌，让读者从根本上认识野花。

别名：勤母、苦菜、苦花、空草、药实
性味：性微寒，味甘、苦

科属：百合科贝母属
归经：入心、肺经

贝母

多年生草本植物，有直立的茎，植株高15~40 厘米。叶子的形状为披针形至线形，常对生，少数在中部轮生或散生，没有柄。花朵单生茎顶，下垂呈钟状，有 3 枚狭长形叶状苞片和弯曲成钩状的先端。花被的颜色通常是紫色，但是也有黄绿色、橙红色、黄色等。

◆ 生长习性：喜欢湿润冷凉的环境，最佳的种植土壤是排水良好、富含腐殖质和土层深厚、疏松的沙壤土。

◆ 分布：四川、浙江、河北、甘肃、山西、云南、陕西和安徽等。

花单生茎顶，钟状

花被片 6

花梗

茎直立，高15~40 厘米

叶披针形至线形，无柄

花有橙红、黄、紫、淡绿等颜色

此版块介绍野花的主要花期时间。

花期：5~7 月　　小贴士：一般在 5~7 月采挖贝母鳞茎，除去须根及外皮后，洗净、晒干即可

介绍野花的别名、科属、性味、归
经，让读者对野花有更直观的了解。

名：乌扇、乌蒲、黄远、乌蓬、夜干　　科属：鸢尾科射干属
味：性寒，味苦　　　　　　　　　　归经：入肺、肝经

射干

多年生草本植物，有不规则的块状根茎，
伸，颜色有黄褐色和黄色，茎直立。叶子呈
叠状排列且互生，没有中脉，剑形。顶生花
，分枝呈叉状，每个分枝的顶端聚生着数朵
。有长椭圆形或则倒卵形的蒴果，颜色
黄绿色，有黑紫色的圆球形种子。

生长习性：喜欢温暖的环境，对土壤的要求
高，在旱地和山坡上都可栽种，耐寒和干旱，
排水良好、肥沃疏松和有较高地势最佳。

分布：吉林、辽宁、河北、山西、山东、河南、
徽、江苏、浙江、福建、湖北、湖南、江西、
东、广西、陕西、甘肃、四川、贵州、云南
西藏等。

用图片展示野花
的构造，包括野花的
根、茎、叶、花、果、
种子等，使读者能真
正辨识野花。

花梗及花序的分枝处
均包有膜质的苞片，
苞片披针形或卵圆形

花序顶生，叉状分枝，
顶端聚生数朵花

花橙红色，散生
紫褐色的斑点

叶互生，嵌叠
状排列，剑形

花被裂片 6

以"小贴士"的
形式对野花进行补充
说明或对读者进行善
意提醒。

：6～8月　贴士：射干的叶片青翠碧绿，花朵娇小艳丽，花型磬逸，非常适合做花境

目录

10　植物的结构

12　解开野花的"秘密"

16　野花的生长环境

18　野花的主要用途

锦葵

第一章　草本植物

22　顶冰花

23　石蒜

24　杓兰

26　凤眼莲

27　薤白

28　有斑百合

29　紫萼

30　贝母

31　射干

32　唐菖蒲

34　蝴蝶花

35　水烛

36　饭包草

37　鸭跖草

38　雨久花

39　铃兰

40　野韭菜

41　雄黄兰

42　鸭舌草

42　卷丹

43　山丹百合

43　崂山百合

44　球兰

45　落新妇

46　月见草

47　柳兰

48　千屈菜

49　旋覆花

50　锦葵

51　黄秋葵

52　冬葵

52　野菊花

53　车轴草

54　百脉根

55　紫花苜蓿

56　宝盖草

57　薄荷

58　紫苏

59　益母草

60　夏枯草

61　藿香

62　活血丹

球兰

63 罗勒

64 酢浆草

65 红花酢浆草

66 蓖麻

67 田紫草

67 大狼毒

68 花荵

69 紫花地丁

70 景天三七

71 八宝景天

72 桔梗

73 款冬

74 蒲公英

75 南美蟛蜞菊

76 小米草

77 紫菀

78 野艾蒿

79 萎蒿

80 菊芋

81 刺儿菜

82 薄雪火绒草

83 苦荞麦

84 水蓼

85 马鞭草

86 棣棠花

87 委陵菜

88 翻白草

89 龙牙草

90 银莲花

90 紫茉莉

91 乌头

92 驴蹄草

93 白头翁

94 龙葵

95 耧斗菜

96 獐耳细辛

花荵

97 金莲花

98 曼陀罗

99 酸浆

100 诸葛菜

101 接骨草

102 蕈菜

103 剪秋罗

104 罂粟

105 白屈菜

106 水苦荬

107 直立婆婆纳

108 毛蕊花

110 野胡萝卜

111 老鹳草

112 马齿苋

驴蹄草

113 太阳花

114 南苜蓿

115 鹿蹄草

116 缬草

117 珍珠菜

118 肿柄菊

119 波斯菊

120 毛茛

121 麦仙翁

122 紫堇

123 柳穿鱼

124 堇菜

124 展枝沙参

125 黄芩

125 蓝刺头

126 地榆

126 附地菜

127 狼把草

127 含羞草

128 瞿麦

128 甘露子

129 铁筷子

129 野西瓜苗

130 地笋

130 金纽扣

131 大尾摇

131 鬼针草

132 杏叶沙参

132 秋海棠

133 抱茎苦荬菜

133 牛膝菊

134 鳢肠

134 一年蓬

135 鼠曲草

紫堇

黑种草

135 辣蓼

136 黑种草

136 天仙子

137 假酸浆

137 大叶碎米荠

138 女娄菜

138 青葙

139 牛繁缕

139 肥皂草

140 土丁桂

140 延胡索

141 过路黄

141 香薷

牵牛花

168 金银花
169 金露梅
169 野牡丹
170 油茶
172 卫矛
173 百里香
174 牛角瓜
175 醉鱼草
176 美丽胡枝子
176 黄荆
177 结香
177 荚迷

第二章 藤本植物

144 牵牛花
146 紫藤
147 铁线莲
148 啤酒花
149 萝藦
150 吊灯花
151 五叶木通
152 白花铁线莲
152 蝴蝶草
153 田旋花

第三章 灌木植物

156 杜鹃花
157 东北茶藨子
158 金合欢
159 连翘
160 迷迭香
161 牡荆
162 金丝桃
164 假连翘
165 粉花绣线菊
166 毛樱桃
167 风箱果

第四章 乔木植物

180 鸡蛋花
182 野杏
183 木棉
184 紫丁香
185 毛泡桐
186 稠李

188 术语表
190 索引

紫丁香

植物的结构

　　植物一般由花、叶、种子、果实、茎、根构成，其中，花是植物的重要组成部分，要想了解花的构造，那就必须要了解植物的构造。

花

　　花，也被称为"花朵"，是被子植物的繁殖器官，可利用色彩和气味吸引昆虫传播花粉，以达到繁殖的目的。它一般以单生和簇生的形式生于植物之上，又根据雌蕊和雄蕊是否生于同一花上，可分为完全花和不完全花；如果雌蕊和雄蕊生于同一花上，这样的花被称为"完全花"或"两性花"，如果雌蕊和雄蕊生于不同的花上，花就被称为"不完全花"或"单性花"，不完全花也包括缺花萼、花冠等。

金露梅

萝藦的叶子

叶

　　叶，被称为"叶子"，是维管植物的营养器官，也是种子植物制造有机物的重要器官。它通常由表皮、叶肉、叶脉组成，且每个部分还可细分，只有各部分都发挥自己的功能，才能保证植物的正常运行。此外，因大多数叶子中含有一种叫"叶绿素"的物质而使它呈现出绿色，但也些植物的叶子是其他颜色的。

五叶木通

种子

　　种子是裸子植物和被子植物特有的繁殖体，一般由胚珠经传粉受精而成。它通常由种皮、胚和胚乳组成。种子的大小、形状、颜色因种类不同而有所不同，有的表面光滑发亮，有的则粗糙暗淡，还有的具有翅、冠毛、刺、芒和毛等附属物，这些都是为了种子的传播。

曼陀罗的种子

果实

果实是指被子植物经传粉受精后，由雌蕊或在花的其他部分参与下形成的器官，由果皮和种子构成，一般一个果实可包含一个或多个种子。它可分为三类，即单果、聚合果和聚花果；单果是由一朵花中的单个雌蕊子房所形成，如毛桃、欧李等；聚合果是由一朵花中的数个或多个离生雌蕊子房及花托共同形成，如蛇莓等；聚花果，又叫复果，是由整个花序许多花的子房或由其他器官参与而形成，如无花果等。

玫瑰的果

茎

肥皂草

茎是维管植物地上部分的骨干，叶、花、果实都生长在它的上面。它具有运输营养物质和水分以及支撑叶、花、果实的功能，有的还可进行光合作用、贮藏营养物质以及繁殖后代。茎一般为圆柱形，也有少数植物的茎呈其他形状，如有些仙人掌科植物的茎为扁圆形或多角柱形。此外，植物的茎会经常分枝，这不仅能增加植物的体积，以充分利用阳光和吸收外界物质，还有利于繁殖后代。

根

根一般是指植物的地下部分。它的主要作用是固持植物体、吸收水分、运输水和矿物质以及储藏养分。植物的根可分为主根、侧根和不定根；主根是种子萌发时的胚根突破种皮发育成的幼根并向下垂直生长而生成的根。侧根是主根生长到一定程度后从它的内部生出的支根。不定根是在茎、叶或老根上生出的根；这些根反复多次分支，最后形成整个植物的根系。

缬草的根

解开野花的"秘密"

野花的构造

　　花朵是种子植物的有性繁殖器官,繁殖后代是它的主要功能。它由花梗、花托、花萼、花冠、花被、雄蕊群和雌蕊群组成。有的花有花柄,有的花没有花柄;无柄花是指没有任何枝干支撑、单生于叶腋的花,但大多数花是有花柄的,花柄一般是指与茎连接起支撑作用的小枝,如果花柄有分支且各分支均有花着生,那么各分支就被称为小梗;花柄之上还有花托,花托膨大,且花的各部分轮生于其上。

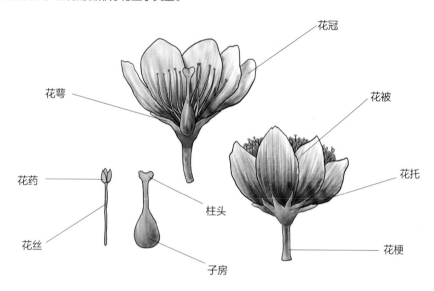

花萼:所有萼片的总称,通常为绿色,位于花的最外层。

花冠:由花瓣组成,薄且软,常用颜色吸引昆虫以帮助授粉,位于花萼的内部或上部。

雄蕊群:一朵花内雄蕊的总称,雄蕊又通常由花药和花丝组成。花药着生于花丝顶部,这是形成花粉的地方,花粉中则含有雄配子。

雌蕊群:一朵花内雌蕊的总称,通常一朵花只有一个雌蕊,但有的也有多个雌蕊。雌蕊由心皮组成,内含子房,而子房室内的胚珠含雌配子。

花梗(花柄):又被称为花梗,它是连接茎的小枝,起支撑花的作用,长短不一。

花托:位于花梗顶端,略膨大,形状多样,可着生花萼、花冠等。

花被:由花萼和花冠组成。根据花被的不同,花可分为两被花、单被花、无被花(裸花)三类。

野花的形状

花及花序在长期进化过程中，产生了适应性变异，形成了各种各样的花形，在约 25 万种被子植物中，就有约 25 万种花形。

不管从任何角度，有些花都能被中央轴线一分为二，其所得的两半都是对称相等的，这种花就称为辐射对称花或整齐花，如月季和桃花。

月季花

金丝桃

金鱼草

此外，还有些花只能在一个角度可分为两个对称面，这种花则被称左右对称花或不整齐花，如金鱼草和兰花。

兰花

常见的花形可分为以下几种：高脚碟状、辐状、舌状、漏斗状、唇状、钟状、坛状、蝶状等。

唇状

舌状

漏斗状

钟状

坛状

蝶状

高脚碟状

辐状

野花花序

花序是花按固定方式有规律地排列在总花柄上的一群或一丛花，它是植物的特征之一，可分为无限花序和有限花序。花序的总花柄或主轴，称为花轴或花序轴。花柄及花轴基部生有苞片；有的苞片密集排列在一起，组成总苞，如菊科植物中的蒲公英等；有的苞片则转变为特殊形态，如禾本科植物小穗基部的颖片。常见的花序类型为以下 8 种：

总状花序

总状花序，植株上的每朵小花都有一个花柄与花轴有规律地相连，每朵小花的花柄长短大致相等，花轴则较长，但较单一。总状花序的开花顺序是由下而上，一般着生于花轴下面的发育较早，而接近花轴顶部的发育较迟，在整个花轴上可看到发育程度不同的花朵。

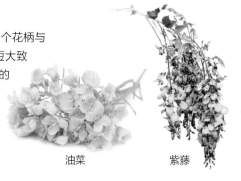

油菜　　　　　紫藤

二歧聚伞花序

二歧聚伞花序，植株的主轴上端有二侧轴，而所分侧轴又在它的两侧分出二侧轴。如卫矛科植物的大叶黄杨、卫矛等，石竹科植物的石竹、卷耳、繁缕等。

石竹

穗状花序

穗状花序，只有一个直立的花轴，其上着生许多无柄或柄很短的两性花，是总状花序的一种类型，也属于无限花序。禾本科、莎草科、苋科和蓼科中的许多植物都具有穗状花序。

千屈菜

柔荑花序

柳树花

柔荑花序，花轴柔韧，呈下垂或直立状，其上着生有许多无柄或短柄的单性花（雄花或雌花），如果凋落，一般整个花序会一起脱落，属于无限花序的一种。如杨树、枫杨。

头状花序

　　头状花序，由许多或一朵无柄小花密集地着生于花轴顶部，并聚成头状，外形似一朵大花，花轴短而膨大，为扁形，各苞片叶则集成总苞。许多头状花序可再组成圆锥花序、伞房花序等。如菊花。

菊花

伞房花序

绣线菊

　　伞房花序，也称平顶总状花序，是一种变形的总状花序，排列在花序上的各花花柄长短不一，下边的花柄较长，向上渐短，整个花序近似在一个平面上，如麻叶绣球、山楂等。此外，几个伞房花序排列在花序总轴的近顶部，可形成复伞房花序，开花顺序由外向里，如绣线菊。

圆锥花序

　　圆锥花序，又称复总状花序，花轴上生出许多小枝，每一小枝可自成总状花序，许多小的总状花序组成了整个花序。如紫丁香。

紫丁香

伞形花序

薤白

　　伞形花序，一般一个花序梗顶部可伸出多个近等长的花柄，整个花序形如伞状，每一小花梗则称为伞梗。通常花序轴基部的花先开放，然后向上依次开放，但如果花序轴较短，花朵较密集，可由边缘向中央依次开放。在开花期内，花序的初生花轴可继续向上生长、延伸，并不断生出新的苞片，在其腋中开花。如大花葱。

野花的生长环境

　　野花的种类极多，分布范围极广，不同地区的不同气候条件，会产生种类不同的野花。本节就将着重介绍几种典型的野花生长环境。

露地环境

　　露地环境是指自然环境，在这种环境下，野花不需保护性栽培就能完成全部生长过程。露地野花可依其生长年份的不同分为三类。

　　一年生野花，是指在一个生长季内完成播种、开花、结实、死亡生长周期的植物。它一般春天播种，夏秋生长、开花、结实，然后死亡，因此，又被称为春播野花，如黄秋葵、鸡冠花、百日草、半支莲、万寿菊等。

鸡冠花

黄秋葵

　　二年生野花，是指在两个生长季内完成其生长周期的植物，当年只生长营养器官，次年则开花、结实、死亡。它一般秋季播种，次年春季开花，因此，常称为秋播野花，如五彩石竹、紫罗兰、羽衣甘蓝、长春花等。

长春花

紫罗兰

　　多年生野花，是指个体寿命超过两年能多次开花结果的植物，如金莲花、茶花、月季花等。

山茶花

金莲花

温室环境

温室环境是指温室中的栽培环境，可部分或全部由人工控制的环境，有些野花常年或在某段时间内必须在温室中栽培。

如果野花离开自己的原生环境，就只能在温室环境中生长，如茉莉原本生长在我国气候较温暖的南方，但如果移植到华北、东北地区则就要在温室环境中生长。

茉莉

康乃馨

还有一些野花也是需要在温室环境下生长的，那就是为了促使一些花在冬季开放，如康乃馨、报春等。

此外，一些原产于热带、亚热带及温带的野花，将其移植到气候较寒冷的地区，由于不耐寒，只能在温室环境下才能生长。

马樱丹

水生环境

水生环境是指水中或沼泽环境，在这种环境下生长的野花，包括荷花、凤眼莲等。

凤眼莲

岩生环境

岩生环境是指石头或沙砾环境，在这种环境下生长的野花，耐旱性较强，适合在岩石园栽培，一般为宿根性或基部木质化的亚灌木类植物，也有景天三七、芦荟等。

景天三七

野花的主要用途

药用

    可入药的野花有很多种，但主要以茶饮为主，约有 20 种的野花适宜茶饮。这些花茶有许多功效，如蔷薇花茶可治疗疟疾、口舌糜烂、月经不调等；玫瑰花茶具有理气解郁、活血调经的功效，可治疗肝气郁结、两肋疼痛、跌打损伤、月经不调等；月季花茶主治月经不调、淤血肿痛等；梅花茶可治疗暑热或因热伤胃阴引起的心烦口渴等；茉莉花茶用于治疗夏季感冒、泻痢腹痛、胸脘闷胀、小便短少等；槐花茶用于缓解高血压、预防脑血管意外以及熬夜后火气急升和痔疮发作等，也可延年益寿。

玫瑰花茶，以半开放的玫瑰花为最佳，具有调理血气、养颜美容的功效。

茉莉花茶，香气浓郁、口感柔和、不苦不涩，夏季常饮可预防感冒，也可降温败火。

香料

    野花的用途很广，如桂花可作食品香料和酿酒；茉莉、白兰等可熏制茶叶；菊花可制作食品和菜肴；白兰、玫瑰、水仙花、蜡梅等可提取香精，其中，从玫瑰花中提取的玫瑰精油，有"液体黄金"之称，其价格比黄金还贵，在市场上仅一个玫瑰花蕾就值 6 分钱，而薰衣草精油可修复受损的皮肤组织，对刀伤、灼伤等有明显的功效，被誉为"香草之后"。

薰衣草精油，由薰衣草提炼而成，可用来清洁皮肤、养颜祛皱、祛斑美白，此外，还可以促进受损组织的再生恢复。

玫瑰精油是名贵的高级浓缩香精，也是制造高级名贵香水的原料，被称为"香精油中的精品"。

食用

野花含有丰富的蛋白质、淀粉、氨基酸、多种维生素以及一些人体所必需的微量元素，有些可直接食用或做菜食用，不仅能补充人体所缺乏的营养物质，而且还能强身健体、养颜美容。如百合就是一种药食兼用的野花，可搭配各种食材食用，经典菜肴有百合银花粥、绿豆百合粥等；菊花也具有良好的保健功能，食用菊可作为酒宴汤类、火锅的配料，也可作煮粥或茶饮的原料。

菊花茶药食兼优，可用来做配料或煮粥食用，具有散风清热、平肝明目的功效。

园林

在园林规划中，野花常用来布置花坛；春天，一般选用三色堇、石竹等；夏天，常选用凤仙花、雏菊等；秋天则选用一串红、万寿菊、九月菊等；冬天，可适当布置羽衣甘蓝等。一些适宜在树荫下生长的花卉，可作荫棚花卉，如麦冬及蕨类植物等。还有一些则适合以盆栽的形式装饰室内，如扶桑、文竹、一品红、金橘等。

三色堇，可栽于花坛中，作毛毡花坛、花丛花坛；也适宜布置花境或草坪边缘；还可作盆栽布置阳台、窗台或点缀居室、书房、客厅等，不仅颇具新意，也饶有雅趣。

文竹，清新淡雅，可作盆栽布置书房，显书卷气息；也可作切花、花束、花篮等陪衬材料。

第一章
草本植物

草本植物多数在生长季节终了时，
其整体部分死亡，包括一年生草本植物、
二年生草本植物和多年生草本植物。
它们的地上部分每年死去，
而地下部分的根、根状茎及鳞茎等能生活多年，
如天竺葵等。草本植物与木本植物最显著的区别
在于它们茎的支持力量。

別名：漉林　　　　　　　　　　科属：百合科顶冰花属
性味：性平，味苦　　　　　　　归经：入心经

顶冰花

　　多年生草本植物，植株高 10~25 厘米。鳞茎卵形，皮灰黄色。基生叶条形。花 3~5 朵排成伞形花序；花被片 6，呈条形或狭披针形，颜色多为黄绿色；总苞片呈披针形，长度与花序相近，宽度在 4~6 毫米；花瓣颜色为黄色。蒴果为卵圆形至倒卵形，而种子是近矩圆形的。

⊃ 生长习性：喜寒冷，常生树木灌丛和河岸草地。

⊃ 分布：辽宁、吉林等。

伞状花序，花瓣黄色

花被片条形或狭披针形

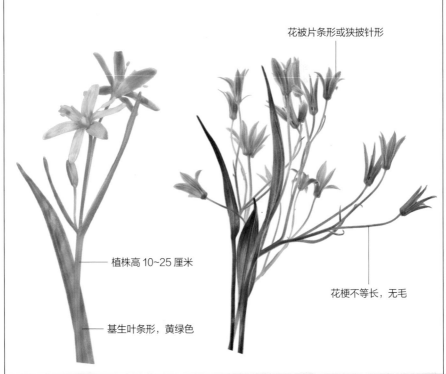

植株高 10~25 厘米

基生叶条形，黄绿色

花梗不等长，无毛

花期：4~5 月　｜　小贴士：顶冰花生活在气候寒冷的地区，在冰雪中发芽生长

别名：曼珠沙华、龙爪花、老鸦蒜、彼岸花　　科属：石蒜科石蒜属
性味：性温，味辛、苦　　　　　　　　　　归经：入肺、心经

石蒜

　　多年生草本植物，肥大的鳞茎呈宽椭圆形，黑褐色的鳞皮膜质，内部为乳白色。叶子丛生，呈带形且全缘。伞形花序，顶部生出 4~6 朵花，花的颜色有鲜艳的红色或者靓丽的金黄色，边缘呈白色，花茎先叶抽出。花被呈裂片狭披针形，边缘有些微的皱缩且向外反卷。种子多数，蒴果背裂。

○ 生长习性：耐寒性强，喜阴暗湿润的环境，以疏松、肥沃的腐殖质土壤最佳。

○ 分布：长江流域及西南各省有野生种群。

花茎先叶抽出，中央空心，高 20~40 厘米

伞形花序，有花 4~6 朵

花被裂片狭披针形，边缘皱缩，向外反卷

花鲜红色或金黄色，有白色边缘

苞片披针形，膜质

花期：8~9 月　小贴士：石蒜可作观赏植物，或种植在园林中，或装饰花坛、花境

杓兰

　　多年生草本植物，植株高 20~45 厘米，茎直立，被腺毛。叶片的形状是卵状椭圆形或者椭圆形，有很少是卵状披针形。花苞呈片叶状，有卵状披针形，有椭圆状披针形，顶生花序，花瓣有栗色或者紫红色的，花瓣的形状有线状披针形或者线形，唇瓣深囊状，椭圆形。

◎ **生长习性**：喜潮湿阴暗的环境，耐寒。

◎ **分布**：黑龙江、吉林东部、辽宁及内蒙古东北部等。

花有栗色或紫红色萼片和花瓣

花序顶生，花苞片叶状，椭圆状披针形或卵状披针形

花瓣线形或线状披针形

花期：6~7 月　**小贴士**：杓兰的花朵艳丽，常作为观赏花卉在园林中栽植

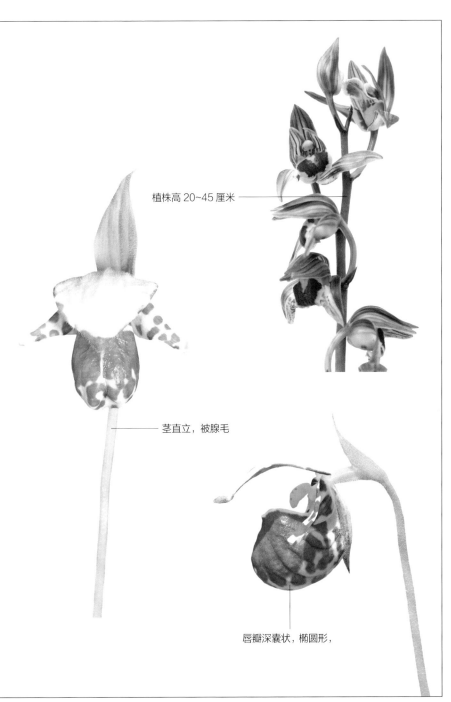

植株高 20~45 厘米 —

茎直立，被腺毛

唇瓣深囊状，椭圆形，

別名：水葫芦苗、水葫芦、水浮莲、凤眼蓝　科属：雨久花科凤眼蓝属
性味：性凉，味辛、淡　归经：入心经

凤眼莲

多年生的浮水草本植物，植株高 30~60 厘米。有发达的须根，这些须根漂浮在水面或者根系生长在浅水泥中。茎很短，长匍匐枝为淡绿色带紫色。叶片的形状有宽形、圆形和宽菱形，有弧形脉。紫蓝色的花序呈穗状，花冠略两侧对称，有卵形的蒴果。

● 生长习性：喜温暖湿润的环境，具有一定的耐寒能力。

● 分布：长江、黄河流域及华南地区。

花被裂片 6 枚，花瓣状，卵形、长圆形或倒卵形，紫蓝色

穗状花序

叶片圆形、宽卵形，表面深绿色，光亮

须根发达，棕黑色

花期：7~10 月　小贴士：凤眼莲的枝叶部分可作饲料，如果枝叶较嫩还可作蔬菜食用

別名：小根蒜、山蒜、苦蒜、小么蒜、小根菜　科属：百合科葱属
性味：性温，味辛、苦　　　　　　　　　　归经：入肺、胃、大肠经

薤白

花被片呈矩圆状卵形至矩圆状披针形

　　多年生草本植物，有近球状的鳞茎，外皮黑色，叶片互生，苍绿色，呈半圆柱状狭线形，上面有沟槽，中空。圆柱状的花葶，高度在30~70厘米。有球状或半球状的伞形花序，花多且密集，颜色有淡紫色和淡红色，花丝等长，花被片呈矩圆状卵形至矩圆状披针形。

◑ 生长习性：适宜较温暖湿润的气候，以疏松肥沃、富含腐殖质、排水良好的土壤或沙壤土为佳。

◑ 分布：分布于长江流域和华北地区。

花淡紫色或淡红色或白色

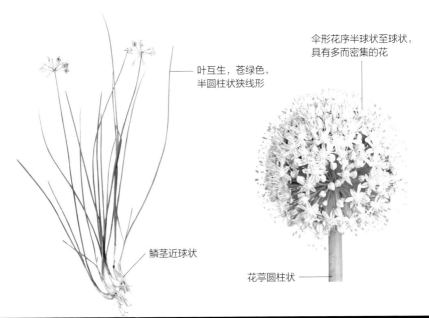

叶互生，苍绿色，半圆柱状狭线形

伞形花序半球状至球状，具有多而密集的花

鳞茎近球状

花葶圆柱状

花期：5~7月　小贴士：薤白可食用，炒制、腌制以及煮制皆可，味美，且营养丰富

別名：渥丹
性味：性平，味甘

科属：百合科百合属
归经：入肺经

有斑百合

　　多年生草本植物，有卵状球形的白色鳞茎，茎直立，基部还簇生有很多的不定根，植株高 30~70 厘米，近基部的地方有时还带有紫色。叶互生，条状披针形或者条形，没有柄，叶脉有 3~7 条。花有单朵的还有数朵的，茎的顶端生有总状花序，花瓣是深红色的，上面还带有褐色斑点。有矩圆形的蒴果。

◎ 生长习性：喜湿润阴暗的环境，生于山地草甸及林下湿地。

◎ 分布：内蒙古、吉林、山东、山西、河北、辽宁和黑龙江等。

叶互生，条形
或条状披针形

茎直立，有时
近基部带紫色

花单生或数朵呈总状
花序，深红色，有褐
色斑点

别名：紫玉簪、白背三七、玉棠花　　　科属：百合科玉簪属
性味：性平，味甘、微苦　　　　　　归经：入肝、脾、胃经

紫萼

　　多年生草本植物，粗壮的根茎有时可达 2 厘米，多直生，须根被有绵毛。叶基生，叶卵状心形、卵形至卵圆形。苞片是白色炬圆状披针形，花一般单生，有直立的花葶，花梗的颜色是青紫色的，花被是淡青紫色。花朵盛开的时候从花被管向上逐渐呈漏斗状，颜色为紫红色。有圆柱状的蒴果，还有三棱。

◐ 生长习性：性喜温暖湿润的气候，抗旱性强，耐阴，土壤的选择性差，分蘖力中等。

◐ 分布：江苏、安徽、浙江、福建、江西、广东、广西、贵州、云南、四川、湖北、湖南和陕西等。

叶基生，卵状心形、卵形至卵圆形

叶片先端通常近短尾状或骤尖，基部心形

花被淡青紫色，盛开时近漏斗状，紫红色

苞片矩圆状披针形，紫白色

花期：6~7月　　小贴士：紫萼的嫩枝叶可凉拌或炒制，食前需焯水；花朵还可泡茶

贝母

多年生草本植物，有直立的茎，植株高15~40厘米。叶子的形状为披针形至线形，常对生，少数在中部轮生或散生，没有柄。花朵单生茎顶，下垂呈钟状，有3枚狭长形叶状苞片和弯曲成钩状的先端。花被的颜色通常是紫色，但是也有黄绿色、橙红色、黄色等。

○ **生长习性**：喜欢湿润冷凉的环境，最佳的种植土壤是排水良好、富含腐殖质和土层深厚、疏松的沙壤土。

○ **分布**：四川、浙江、河北、甘肃、山西、云南、陕西和安徽等。

花单生茎顶，钟状

花被片6

花梗

茎直立，高15~40厘米

叶披针形至线形，无柄

花有橙红、黄、紫、淡绿等颜色

射干

多年生草本植物，有不规则的块状根茎，斜伸，颜色有黄褐色和黄色，茎直立。叶子呈嵌叠状排列且互生，没有中脉，剑形。顶生花序，分枝呈叉状，每个分枝的顶端聚生着数朵花。有长椭圆形或则倒卵形的蒴果，颜色为黄绿色，有黑紫色的圆球形种子。

○ 生长习性：喜欢温暖的环境，对土壤的要求不高，在旱地和山坡上都可栽种，耐寒和干旱，以排水良好、肥沃疏松和有较高地势最佳。

○ 分布：吉林、辽宁、河北、山西、山东、河南、安徽、江苏、浙江、福建、湖北、湖南、江西、广东、广西、陕西、甘肃、四川、贵州、云南和西藏等。

花梗及花序的分枝处均包有膜质的苞片，苞片披针形或卵圆形

花序顶生，叉状分枝，顶端聚生数朵花

花橙红色，散生紫褐色的斑点

叶互生，嵌叠状排列，剑形

花被裂片 6

花期：6~8月　｜　贴士：射干的叶片青翠碧绿，花朵娇小艳丽，花型飘逸，非常适合做花境

别名：菖兰、剑兰、扁竹莲、十样锦　　科属：鸢尾科唐菖蒲属
性味：性凉，味苦、酸　　　　　　　　归经：入肺、肝经

唐菖蒲

多年生草本植物，有直立且粗壮的茎，植株高 50~80 厘米，有很少的分枝或者不分枝，还有扁圆形的球茎。叶子的颜色是灰绿色的，呈剑形。有蝎尾状的单歧聚伞花序。花两侧对称且是苞内单生，颜色有黄色、红色、粉红色和白色等多种不同的颜色。有倒卵形或者椭圆形的蒴果，种子扁而有翅。

◑ 生长习性：喜阳光，忌寒冻，不耐过度炎热。
◑ 分布：美国、荷兰、以色列和日本等。

蝎尾状单歧聚伞花序

花丝白色，着生在花被管上

花在苞内单生，两侧对称

花药条形，红紫色或深紫色

花期：7~9 月　｜　小贴士：唐菖蒲可作观赏植物，还可监测环境污染，地栽、盆栽或切花皆可

花冠筒呈膨大的漏斗形

每朵花下有 2 片黄
绿色苞片，膜质，
卵形或宽披针形

花色有红、黄、
白、紫等颜色

茎直立，不分
枝或少有分枝

叶基生或在花茎
基部互生，剑形

别名：日本鸢尾、开喉箭、兰花草、扁竹　　科属：鸢尾科鸢尾属

性味：性寒，味苦　　归经：入心、肝经

蝴蝶花

多年生草本植物，直立的扁圆形根状茎，颜色是深褐色的，有黄白色的横走根状茎。须根生长在根状茎的节上，有较多的分枝。叶子基生，呈剑形，颜色是暗绿色，接近地面的地方带有红紫色。有直立的花茎，顶生稀疏的总状花序，苞片叶状，有卵圆形或者宽披针形。

◎ 生长习性：耐阴，耐寒，散生于林下、溪旁的阴湿处。

◎ 分布：江苏、安徽、浙江、福建、湖北、湖南、广东、广西、陕西、甘肃、四川、贵州和云南等。

花被裂片中脉上有隆起的黄色鸡冠状附属物

花盛开时向外展开

花淡蓝色或蓝紫色

顶生稀疏总状聚伞花序

叶基生，暗绿色，剑形

花期：4~5月　｜　小贴士：蝴蝶花可作观赏植物，常栽在园林中，用来装饰花坛或绿地

水烛

　　水生或沼生的多年草本植物，植株很高大，根是环绕在短缩茎上的须根，细长，颜色是白色的。地上的茎粗壮且直立。叶片大多数是扁平的，狭长线形，海绵状，叶鞘抱茎。有较长的雄穗状花序和圆柱形的雌花序，雌雄同株，在开花受精后会形成果穗。

◎ 生长习性：性喜潮湿阴暗的环境，常生长于河湖岸边的沼泽地。

◎ 分布：黑龙江、吉林、辽宁、内蒙古、河北、山东、河南、陕西、甘肃、新疆、江苏、湖北和云南等。

雌花序打散后即蒲绒，蓬松柔软，可作枕芯和坐垫的填充物

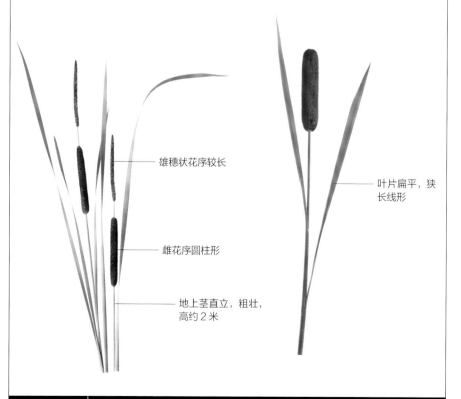

雄穗状花序较长

雌花序圆柱形

地上茎直立，粗壮，高约2米

叶片扁平，狭长线形

花期：6~9月　｜　小贴士：水蚀的叶片坚韧，可用来编织、造纸等

別名：火柴头、卵叶鸭跖草、大号日头舅　　科属：鸭跖草科鸭跖草属
性味：性寒，味苦　　　　　　　　　　　归经：入肺、大肠、膀胱经

饭包草

　　多年生披散草本植物，茎上部直立，基部匍匐，根生长在匍匐茎的节上。叶片上的叶脉很明显，叶片呈卵形或者椭圆状卵形，全缘。佛焰苞片呈压扁的漏斗状，被疏毛。花数朵组成聚伞花序，花瓣的颜色为蓝色。萼片膜片，呈披针形。

◐ 生长习性：喜欢高温多湿的环境，以湿润、肥沃的低地为佳。

◐ 分布：河北、山东和河南等，以及华东及长江流域以南各地。

叶具明显叶脉

茎上部直立，基部匍匐，被疏柔毛

佛焰苞片漏斗状而压扁

花瓣蓝色

叶片椭圆状卵形或卵形，顶端急尖或钝

地下多须根，褐色，有白色孢状物

花期：夏秋　｜　小贴士：饭包草的嫩芽及嫩叶可炒食或煮汤，但需用沸水汆烫、清水浸泡

鸭跖草

　　一年生披散草本植物，茎多分枝，匍匐生根，上部被短毛，下部没有毛。叶带肉质且互生，叶子的形状呈披针形至卵状披针形。花朵顶生或者腋生，聚伞花序，花瓣中上面的两瓣颜色是蓝色的，下面的一瓣颜色是白色的，有佛焰苞状的花苞，颜色是绿色的，还有椭圆形的蒴果和 4 颗种子，呈棕黄色。

◑ 生长习性：性喜温暖湿润的环境，耐寒，可在阴湿的田边、溪边、村前屋后种植。

◑ 分布：云南、四川、甘肃以东的地区。

上花瓣深蓝色，
下花瓣白色

聚伞花序顶
生或腋生

花苞呈佛焰苞状，
绿色

叶互生，叶披针
形至卵状披针形

茎圆柱形，肉质

花期：夏秋　｜　小贴士：鸭跖草鲜食或干食皆可，一般在夏秋季采收、洗净后即可食用

别名：浮蔷、蓝花菜、蓝鸟花、水白花　　科属：雨久花科雨久花属

性味：性寒，味甘、苦　　　　　　　　　归经：入肺、胃、膀胱经

雨久花

　　直立水生草本植物，植株高 30~70 厘米，茎直立。叶全缘，呈宽卵状心形，基生，有很多弧状脉。茎生叶抱茎，基部增大成鞘。有顶生的总状花序，有时会再聚成圆锥花序，还有椭圆形的花被片。花瓣的颜色是浅蓝色的，呈长圆形。有长卵圆形的蒴果。

◎ 生长习性：性强健，耐寒，多生于沼泽地、水沟及池塘的边缘。

◎ 分布：东北、华南、华东和华中等。

总状花序顶生，有时再聚成圆锥花序

花药黄色，花丝丝状

花瓣长圆形，浅蓝色

茎直立，高 30~70 厘米

花期：7~8 月　　小贴士：雨久花可与其他水生植物搭配来布置园林水景

別名：草玉玲、君影草、香水花、鹿铃　　科属：百合科铃兰属

性味：性温，味苦　　　　　　　　　归经：入心、肾经

铃兰

　　多年生草本植物，植株高18~30厘米且植株上面没有毛，常成片生长。叶子呈卵状披针形或者椭圆形，花朵下垂呈钟状，总状花序，披针形苞片，膜质，卵状三角形裂片，花柱较花被略短。入秋之后会结出暗红色的圆球形浆果，果实有毒，里面有4~6粒的种子，呈双凸状或者扁圆形，表面上有细网纹。

⊙ 生长习性：喜凉爽、湿润和半阴的环境，极耐寒，忌炎热干燥。

⊙ 分布：黑龙江、吉林、辽宁、内蒙古、河北、山西和山东等。

叶椭圆形或卵状披针形

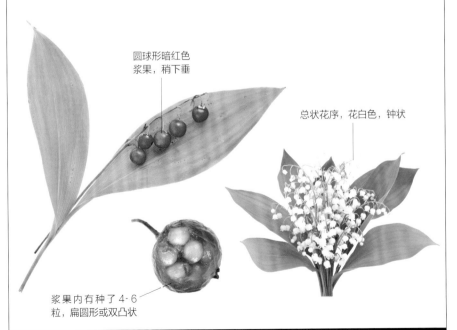

圆球形暗红色浆果，稍下垂

总状花序，花白色，钟状

浆果内有种了4-6粒，扁圆形或双凸状

花期：5~6月　小贴士：铃兰全株皆可入药，只在果实成熟后采收、洗净、晒干即可

別名：山葱、蒙古葱、岩葱、山韭、宽叶韭　　科属：百合科葱属
性味：性温，味辛　　　　　　　　　　　　归经：入肺、胃、大肠经

野韭菜

　　多年生草本植物，有弦状根和须根系，分布较浅。鳞茎呈狭圆锥形。叶条形至宽条形，基生，颜色是绿色，有较为明显的中脉。顶生的伞形花序，呈近球形，花密集且有多数，颜色有紫红色或者白色，花瓣呈披针形至长三角状条形。有倒卵形的蒴果，种子的颜色是黑色。

◐ 生长习性：喜温暖、潮湿和阴暗的环境。

◐ 分布：黑龙江、吉林、辽宁、河北、山东、山西、内蒙古、陕西、宁夏、甘肃、青海和新疆等。

伞形花序顶生，近球形，多数花密集

花紫红色或白色

花瓣披针形至长三角状条形

花期：夏秋　　小贴士：野韭菜可炒食、煲汤，还可用作饺子、包子的馅料

別名：标竿花、倒挂金钩、黄大蒜、观音兰　　科属：鸢尾科雄黄兰属
性味：性平，味甘、辛　　　　　　　　　　归经：入肝、肾、脾经

雄黄兰

　　多年生草本植物，植株高 50~100 厘米，叶剑形，基生，有扁圆球形的球茎，还有披针形短而狭的茎生叶。多花组成疏散的穗状花序，花茎分枝，花的颜色为橙黄色，两侧对称，有倒卵形或者披针形的花被裂片，略微弯曲的花被管上着生有"丁"字形的花药。

◐ 生长习性：性喜向阳，耐寒。以疏松肥沃、排水良好的沙壤土为佳，繁殖期时要有充足的水分。

◐ 分布：全国各地。

花茎多分枝，疏散的穗状花序

花两侧对称，橙黄色

花被裂片 6，呈披针形或倒卵形

花被管略弯曲

叶多基生，剑形，中脉明显

花期：7~8 月　｜　小贴士：雄黄兰可作观赏植物，地栽、盆栽皆可，南方多地栽，北方多盆栽

別名：水玉簪、肥菜、合菜、水锦葵、鸭儿嘴　科属：雨久花科雨久花属
性味：性凉，味苦　归经：入肝、大肠经

鸭舌草

总状花序从叶鞘抽出，生花3~6朵，具有花柄

多年生草本植物，茎斜上或者直立，有柔软的须根。叶茎生或基生，叶形由心形、宽卵形、长卵形至披针形。生有3~6朵花，从叶鞘中抽出总状花序，有花柄，还有钟状花被，花的颜色是蓝色中带有红色。还有长卵形的蒴果，室被开裂，有较多的种子。

◎ 生长习性：喜阴暗潮湿的环境，生长于潮湿地或稻田中。

◎ 分布：西南、中南、华东和华北等。

茎直立或斜上

叶基生或茎生，心形或宽卵形

花期：8~9月 | 小贴士：鸭舌草的嫩茎叶在焯水之后，可凉拌、炒食或煲汤

別名：倒垂莲　科属：百合科百合属　性味：性微寒，味甘　归经：入肺、心经

卷丹

叶散生，矩圆状披针形或披针形

多年生草本植物，有近宽球形的鳞茎和宽卵形的鳞片，呈白色。茎中带有紫色条纹，还有白色的绵毛。散生叶，呈披针形或者矩圆状披针形。有3~6朵花甚至更多，花朵下垂，有披针形的花被片，颜色为橙红色。

◎ 生长习性：喜向阳和干燥的环境，耐寒，怕高温酷热和多湿的气候。

◎ 分布：江苏、浙江、安徽、江西、湖南、湖北、广西、四川、青海、西藏、甘肃、陕西、山西、河南、河北、山东和吉林等。

花被片橙红色，披针形，反卷，具褐色斑点

花药长矩圆形，橙黄色，花粉橘红色

花期：7~8月 | 小贴士：卷丹可作蔬菜食用，搭配其他食材煮食、炒食或腌制

山丹百合

　　多年生草本植物，有圆锥形或者卵形鳞茎，地上茎高60~80厘米，有的带有紫色条纹，还有凸起的小乳头状。叶条形，散生，有凸出的中脉，花朵的颜色是艳红色，排列成总状花序，蜜腺两边还有乳头状的凸起。

◎ 生长习性：喜阳光充足，耐寒，宜微酸性土，忌硬黏土。

◎ 分布：黑龙江、吉林、辽宁、河北、河南、山东、山西、内蒙古、陕西、宁夏、甘肃和青海等。

花被鲜红色，强烈反卷

叶散生，条形

花丝长约2.5厘米，红色

花期：7~8月　｜　小贴士：山丹百合可搭配其他食材煮食、炒食或腌制，此外，还可泡茶

崂山百合

　　多年生草本植物，鳞茎片为细披针形，白色，有近球形的鳞茎。地上茎没有毛且直立。长椭圆形的叶片，钝尖的先端，全缘，没有叶柄。茎顶生有花序，花朵有的单生，有的2~7朵排列组成总状花序，颜色为橙黄色，花被片是矩圆形，上面有淡紫色斑点。

◎ 生长习性：适应性强，耐寒，在林荫或者崂山草坡处野生，在平地生长良好。

◎ 分布：山东青岛。

花被片矩圆形，具淡紫色斑点

花单生于茎顶，橙黄色

叶片长椭圆形，先端钝尖，全缘无柄

地上茎直立，高0.5~1米

花期：6~7月　｜　小贴士：崂山百合可煮粥，也可搭配其他食材炒食，同时晒干后还可泡茶

别名：马骝解、狗舌藤、铁脚板　　**科属：**萝藦科球兰属
性味：性寒，味苦　　　　　　　**归经：**入肺、心、肝经

球兰

　　多年生草本植物，属于攀缘灌木，附生在石上或者树上，茎节上生有气根。叶肉质、对生，卵圆形至卵圆状长圆形。伞形状聚伞花序，着花30朵左右，花的颜色为白色，直径约为2厘米，花冠呈辐状，副花冠呈星状，膏葖光滑，线形，种子顶端上有白色绢质种毛。

⊙ **生长习性：**耐干燥，但是忌烈日暴晒，喜欢半阴、高湿、高温的环境，以排水良好和富含腐殖质的土壤为佳。

⊙ **分布：**云南、广西、广东和福建等。

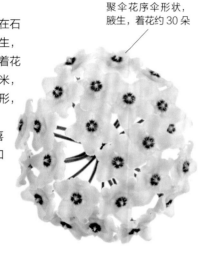

聚伞花序伞形状，腋生，着花约30朵

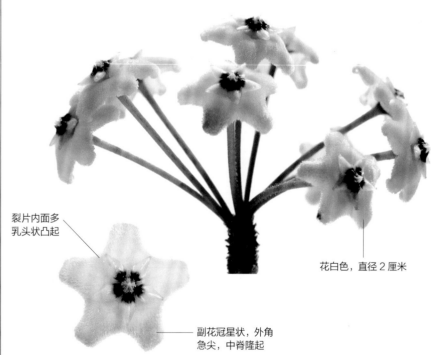

裂片内面多乳头状凸起

花白色，直径2厘米

副花冠星状，外角急尖，中脊隆起

花期：4~6月　**小贴士：**球兰的枝茎葡匐生长，可作吊盆或攀缘在其他物体上，作装饰用

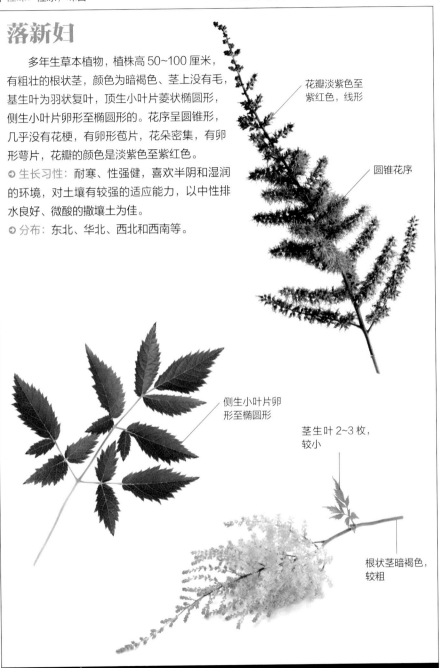

别名：小升麻、虎麻、金猫儿、金毛三七　　科属：虎耳草科落新妇属

性味：性凉，味苦　　归经：入肺经

落新妇

　　多年生草本植物，植株高 50~100 厘米，有粗壮的根状茎，颜色为暗褐色、茎上没有毛，基生叶为羽状复叶，顶生小叶片菱状椭圆形，侧生小叶片卵形至椭圆形的。花序呈圆锥形，几乎没有花梗，有卵形苞片，花朵密集，有卵形萼片，花瓣的颜色是淡紫色至紫红色。

◎ 生长习性：耐寒、性强健，喜欢半阴和湿润的环境，对土壤有较强的适应能力，以中性排水良好、微酸的撒壤土为佳。

◎ 分布：东北、华北、西北和西南等。

花瓣淡紫色至紫红色，线形

圆锥花序

侧生小叶片卵形至椭圆形

茎生叶 2~3 枚，较小

根状茎暗褐色，较粗

花期：6~9 月　小贴士：落新妇是一种观赏植物，可作盆栽或切花材料

別名：待霄草、山芝麻、野芝麻、夜来香　　科属：柳叶菜科月见草属

性味：性温，味甘、苦　　归经：入肝经

月见草

　　二年生粗壮草本植物。茎高 50~200 厘米，基生叶倒披针形，边缘疏生不整齐的浅钝齿，茎生叶椭圆形至倒披针形，有叶柄。花序穗状，近无柄；花蕾锥状长圆形；花瓣黄色或淡黄色，宽倒卵形。蒴果锥状圆柱形，直立；种子水平状排列，暗褐色，棱形。

⊙ 生长习性：耐酸耐旱，不耐湿，适宜在微碱或微酸性、排水良好、疏松的土壤中生长。

⊙ 分布：东北、内蒙古、华北、华东、华中和西南等。

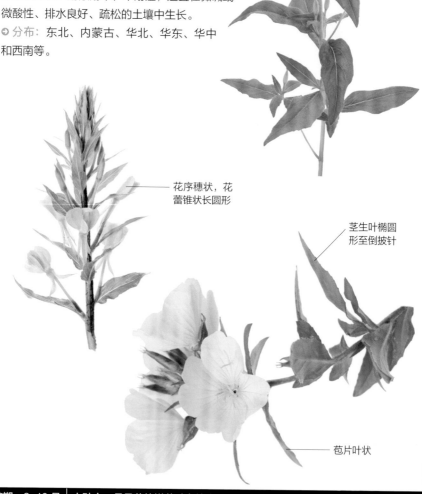

花瓣黄色，稀淡黄色，宽倒卵形

花序穗状，花蕾锥状长圆形

茎生叶椭圆形至倒披针

苞片叶状

花期：6~10 月　小贴士：月见草的嫩茎叶在焯水后，可凉拌、炒食或做馅料

46　野花图鉴

别名：铁筷子、火烧兰、糯芋　　　科属：柳叶菜科柳叶菜属
性味：性平，味苦、涩　　　　　　归经：入肝、肾经

柳兰

　　多年生草本植物，粗壮、丛生、直立。有匍匐于表土层的根状茎，茎高20~130厘米，上部分枝或者不分枝，没有毛，圆柱状。单叶长披针形互生，近全缘。顶生总状花序，穗状，有倒卵状的花蕾和紫红色的萼片，呈长圆状披针形。有蒴果，种子呈狭倒卵状。

○ 生长习性：喜阳，耐阴，耐干旱，耐瘠薄，喜水湿，喜深厚肥沃的土壤。

○ 分布：西南、西北、华北和东北等。

总状花序顶生，穗状

花蕾倒卵状，萼片紫红色

单叶互生，长披针形，近全缘

茎高20~130厘米，不分枝或上部分枝，圆柱状

花期：6~9月　小贴士：柳兰可栽植在庭院中装饰花坛或花境，也可作切花材料

千屈菜

　　多年生草本植物,根茎粗壮,横卧于地下。茎多分枝,直立,全株颜色为青绿色。叶对生或者三叶轮生,呈阔披针形或者披针形,没有柄,全缘。总状花序顶生,两性花数朵簇生于叶状苞片腋内;花萼筒状,花的颜色有蓝紫色或者玫瑰红。扁圆形蒴果。

○ **生长习性:** 喜温暖、光照充足、通风好、湿润的环境,耐寒,对土壤要求不严,适宜在肥沃、疏松的土壤中生长。

○ **分布:** 全国各地。

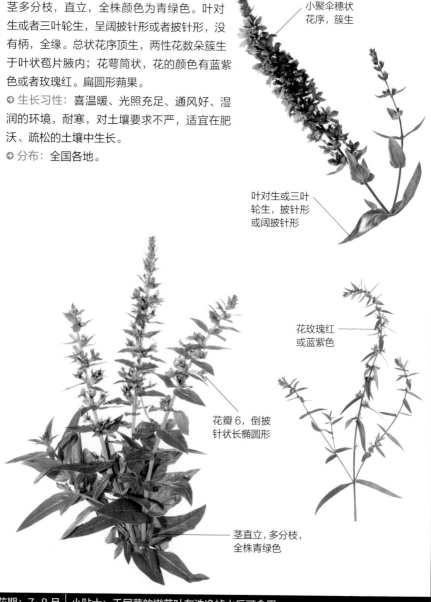

小聚伞穗状花序,簇生

叶对生或三叶轮生,披针形或阔披针形

花玫瑰红或蓝紫色

花瓣6,倒披针状长椭圆形

茎直立,多分枝,全株青绿色

花期: 7~8月 | **小贴士:** 千屈菜的嫩茎叶在洗净焯水后可食用

旋覆花

　　多年生草本植物。根状茎较短，茎单生，直立。基部叶较小，中部叶长圆形，长圆状披针形或披针形，上部叶渐狭小，线状披针形。头状花序，总苞半球形，总苞片约6层，线状披针形；舌状花黄色，舌片线形，有三角披针形裂片。瘦果圆柱形。

◐ 生长习性：喜温暖湿润的气候，适宜肥沃的沙壤土或腐殖质壤土。

◐ 分布：东北、华北、华东、华中等。

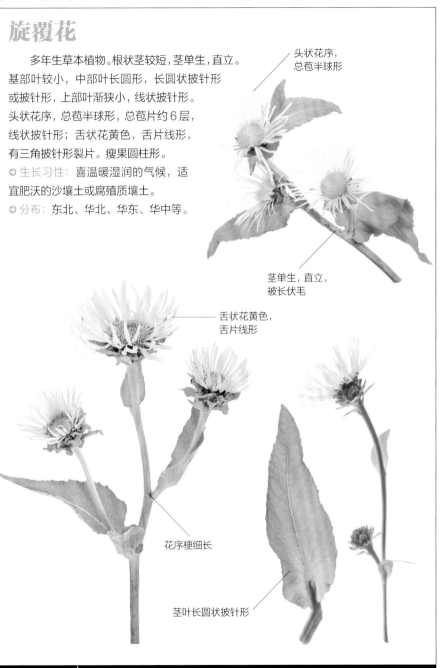

头状花序，
总苞半球形

茎单生，直立，
被长伏毛

舌状花黄色，
舌片线形

花序梗细长

茎叶长圆状披针形

別名：荆葵、钱葵、小钱花、金钱紫花葵　科属：锦葵科锦葵属
性味：性寒，味咸　归经：入肾经

锦葵

多年生宿根草本植物，植株高60~100厘米。茎多分枝，直立，被粗毛。叶呈圆心形或者肾形，互生，圆齿状钝裂片，圆锯齿边缘。花朵簇生于叶腋，有数朵，5枚花瓣，颜色为白色或者淡紫色，钟形萼片。扁圆形果实，呈肾形，被柔毛。圆肾形种子，扁平颜色为褐色。

⊙ 生长习性：喜阳光充足，耐寒，耐干旱，不择土壤，以沙质土壤最为适宜。

⊙ 分布：全国各地。

花簇生，淡紫色或白色

花瓣5，匙形

叶互生，圆心形或肾形，边缘具有圆锯齿

叶柄长4~5厘米，近无毛

茎直立，多分枝，被粗毛

花期：5~10月　小贴士：锦葵是一种观赏植物，可栽植在庭院中作花坛或花境的背景材料

別名：羊角豆、咖啡黄葵、毛茄、洋辣椒　　科属：锦葵科秋葵属

性味：性寒，味苦　　归经：入胃、肾、膀胱经

黄秋葵

　　一年生草本植物，高 1~2 米；茎圆柱形，疏生散刺。叶掌状 3~7 裂，边缘具粗齿及凹缺，两面均被疏硬毛；叶柄长 7~15 厘米，被长硬毛。花单生于叶腋间，花梗长 1~2 厘米；花萼钟形；花黄色，内面基部紫色，花瓣倒卵形，长 4~5 厘米。蒴果筒状尖塔形，长 10~25 厘米，顶端具长喙；种子球形，多数。

◎ 生长习性：喜温暖、怕严寒，耐热力强，以土层深厚、疏松肥沃、排水良好的壤土或沙壤土为宜。

◎ 分布：全国各地。

花黄色，内里基部暗紫色

叶掌状 3~7 裂

叶柄长 7~15 厘米，被长硬毛

花瓣倒卵形，长 4~5 厘米

蒴果筒状尖塔形，顶端具长喙

茎圆柱形

花期：6~10 月　｜　小贴士：黄秋葵的嫩叶在焯水 3~5 分钟后，可凉拌、炒食或煲汤等

冬葵

　　一年生草本植物，植株高约1米，茎不分枝，被柔毛。叶呈圆形，基部心形，裂片三角状圆形，边缘具有细锯齿，有叶柄。花单生或簇生于叶腋，颜色为白色或者淡红色，有披针形小苞片。扁球形果实，网状，有细柔毛，种子肾形，颜色为暗黑色。

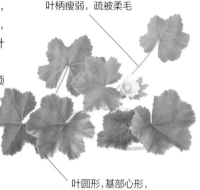

叶柄瘦弱，疏被柔毛

⊙ 生长习性：耐寒，耐干旱，不择土壤，以沙质土壤最为适宜。

⊙ 分布：湖北、湖南、贵州、四川和江西等。

叶圆形，基部心形，裂片三角状圆形，边缘具有细锯齿

花期：6~9月　小贴士：冬葵的嫩茎叶在洗净、焯水、漂洗后，可凉拌、炒食或煲汤等

野菊花

　　多年生草本植物，有粗厚的根茎和匍匐的地下枝。叶互生，呈卵状椭圆形或则卵状三角形，羽状分裂，裂片边缘有锯齿。茎枝顶端的伞房状由头状花序排列而成，边缘是舌状花，黄色。瘦果有5条极细的纵肋，无冠状冠毛。

边缘舌状花，黄色

⊙ 生长习性：耐寒，适宜种植在富含腐殖质、土层深厚、疏松肥沃的壤土。

⊙ 分布：吉林、辽宁、河北、河南、山西、陕西、甘肃和青海等。

茎枝被稀疏的毛

花期：9~10月　小贴士：菊花作为药材，以色黄、完整、味香、花未全开者为佳

别名：香车叶草、三叶草　　　　科属：豆科车轴草属
性味：性凉，味微甘　　　　　　归经：入肺、肝经

车轴草

　　多年生草本植物，植株高 10~60 厘米。茎
少分枝，直立。叶纸质，没有毛，狭椭圆形、
长圆状披针形或者倒披针形，颜色为油绿
色。花多数，密生成球状或者头状花序，
总花梗较长，花冠颜色为淡红色或者
白色。荚果长圆形，种子阔卵形，褐色。

◎ 生长习性：耐湿，耐旱性差，喜欢湿润、凉
爽的气候，以盐碱性或者稍酸性的土壤为佳。

◎ 分布：黑龙江、吉林、辽宁、陕西、宁夏、甘肃、
新疆、山东和四川等。

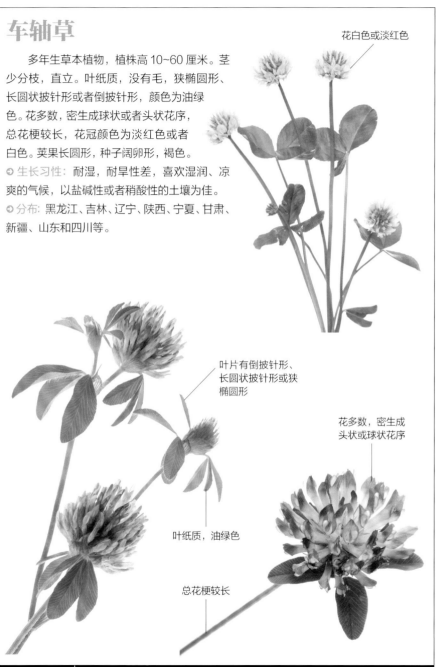

花白色或淡红色

叶片有倒披针形、
长圆状披针形或狭
椭圆形

花多数，密生成
头状或球状花序

叶纸质，油绿色

总花梗较长

花期：6~11 月　｜　小贴士：车轴草的嫩茎叶在洗净、焯水、漂洗后，可凉拌、炒食、煲汤或蒸食

別名：五叶草、鸟足豆、牛角花、都草　　科属：豆科百脉根属
性味：性微寒，味甘、苦　　归经：入肺经

百脉根

伞形花序，花 3~7 朵
集生于总花梗顶端

　　多年生草本植物，有主根，茎丛生，上升
或者平卧，近四棱形，实心。羽状复叶，疏
被柔毛。伞形花序，集生于总花梗顶端，花冠
的颜色为金黄色或黄色，干后就会变成蓝色，
有扁圆形的旗瓣。荚果直，呈线状圆柱形，颜
色为褐色，有细小的卵圆形种子，颜色为灰
褐色。

◗ 生长习性：喜温暖湿润的气候，耐寒
力较差，耐瘠，耐湿，耐阴，可在林
果行间种植。

◗ 分布：四川、贵州、广西、湖北、江苏、
河北、新疆和甘肃等。

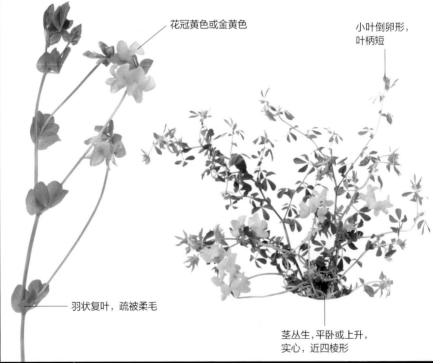

花冠黄色或金黄色

小叶倒卵形，
叶柄短

羽状复叶，疏被柔毛

茎丛生，平卧或上升，
实心，近四棱形

花期：5~7 月　｜　小贴士：百脉根根系较深，覆盖面较广，适合在荒坡裸地作保持水土的植被

别名：紫苜蓿、苜蓿、苜蓿花、怀风、光风　　科属：豆科苜蓿属
性味：性凉，味甘　　　　　　　　　　　　　归经：入脾、胃、肾经

紫花苜蓿

　　多年生草本植物，有粗壮的根，茎直立、丛生以至平卧，呈四棱形，茂盛枝叶。小叶长卵形、倒长卵形至线状卵形，羽状三出复叶。有总状或者头状花序，总花梗挺拔直立，花冠的颜色为淡黄、深蓝至暗紫色，旗瓣长圆形。有螺旋状的荚果，成熟时的颜色为棕色，种子呈卵形，颜色为棕色或者黄色。

◎ 生长习性：性喜干燥、温暖的环境和干燥、疏松、排水良好、富含钙质的土壤。

◎ 分布：西北、华北、东北以及江淮流域等。

总花梗挺直

花序总状或头状

旗瓣长圆形

花冠淡黄、深蓝至暗紫色

小叶长卵形、倒长卵形至线状卵形

羽状三出复叶，卵状披针形

茎直立、丛生以至平卧，四棱形

花期：5~7月　　小贴士：紫花苜蓿的嫩叶在洗净后可凉拌、炒食煲汤或拌面蒸食

別名：接骨草、莲台夏枯、毛叶夏枯、灯龙草　　科属：唇形科野芝麻属

性味：性平，味辛、苦　　　　　　　　　　归经：入肝、肾经

宝盖草

一年或者二年生植物，茎的高度 10~30 厘米，基部分枝较多，呈四棱形，颜色多为深蓝色。叶片为肾形或者圆形，茎下部的叶有长柄。有轮伞花序，苞片呈披针状钻形，花萼呈管状钟形，花冠的颜色有粉红色或者重色。淡灰黄色的倒卵圆形小坚果，有三棱。

🔾 **生长习性：** 喜欢阴湿、温暖的气候。

🔾 **分布：** 东北及江苏、浙江、四川、江西、云南、贵州、广东、广西、福建、湖南、湖北和西藏等。

花冠紫红或粉红色

花萼管状钟形，外面密被白色柔毛

轮伞花序；花冠二唇形

叶片均圆形或肾形

茎高 10~30 厘米，四棱形

茎下部叶有长柄

花期：3~5 月 ｜ **小贴士：** 宝盖草的嫩茎叶在洗净、焯水、漂洗后，可凉拌、炒食或煲汤

别名：鱼香草、人丹草、蕃荷菜、野薄荷　　科属：唇形科薄荷属
性味：性温，味甘　　归经：入肺、肝经

薄荷

　　多年生草本植物，植株高 30~60 厘米，茎直立。有水平匍匐的根状茎和纤细的须根，叶片呈卵状披针形、披针形或者长圆状披针形。轮伞花序腋生，轮廓为球性，花萼为钟形，花朵较小，颜色紫色、白色或者红色。黄褐色的卵珠形小坚果，有小腺窝。

◎ 生长习性：喜温和湿润的环境，适应性较强，生长初期和中期需要大量雨水，以疏松肥沃、排水良好的沙壤土为佳。

◎ 分布：全国大部分地区，主要分布于江苏、浙江和江西。

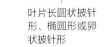

叶片长圆状披针形、椭圆形或卵状披针形

茎直立，高 30~60 厘米，多分枝

轮伞花序腋生，轮廓球形

花冠淡紫色，长 4 毫米，外面略被微柔毛

花朵较小，花呈红、白或淡紫色

花期：7~9 月　　小贴士：薄荷是一种常见植物，可作食品辅料，还可作香料

別名：白苏、赤苏、红苏、香苏、黑苏　　科属：唇形科紫苏属
性味：性温，味辛　　　　　　　　　　归经：入肺、脾经

紫苏

　　一年生直立草本植物，茎高 0.3~2 米，紫色或者绿色，为钝四棱形。叶的边缘有粗锯齿，呈阔卵形或者圆形，两面绿色或紫色，或只有下面紫色，被疏柔毛，叶柄的长度在 3~5 厘米，背腹扁平，密被长柔毛。轮伞花序，有近圆形或者宽卵圆形的苞片，钟形花萼，花冠的颜色为白色至紫红色。

◐ 生长习性：喜温暖湿润的环境，耐湿、耐涝，不耐干旱，适应性较强，对土壤要求不严。

◐ 分布：浙江、江西和湖南等。

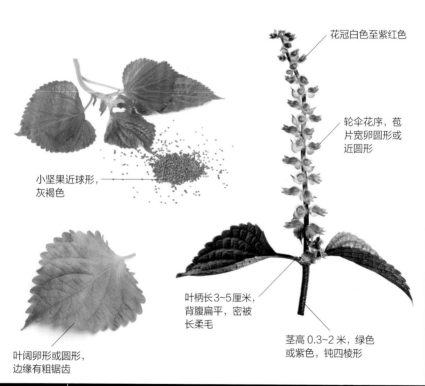

叶绿色或紫色，或仅下面紫色，被疏柔毛

花冠白色至紫红色

轮伞花序，苞片宽卵圆形或近圆形

小坚果近球形，灰褐色

叶柄长 3~5 厘米，背腹扁平，密被长柔毛

茎高 0.3~2 米，绿色或紫色，钝四棱形

叶阔卵形或圆形，边缘有粗锯齿

花期：8~11 月　小贴士：紫苏的嫩叶在洗净、焯水、漂洗后，可凉拌、炒食、煲汤或腌渍

益母草

一年或二年生草本植物。茎直立，高30~120 厘米，钝四棱形；茎下部叶轮廓为卵形；茎中部叶轮廓为菱形，较小。轮伞花序腋生，轮廓为圆球形；小苞片刺状，花萼管状钟形，花冠粉红至淡紫红色。小坚果长圆状三棱形，淡褐色，光滑。

◐ 生长习性：喜温暖湿润的气候，喜阳光，以较肥沃的土壤为佳。

◐ 分布：全国各地。

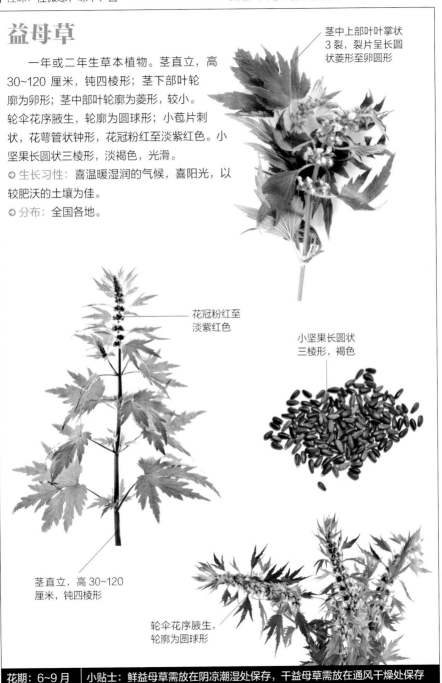

茎中上部叶叶掌状3 裂，裂片呈长圆状菱形至卵圆形

花冠粉红至淡紫红色

小坚果长圆状三棱形，褐色

茎直立，高 30~120厘米，钝四棱形

轮伞花序腋生，轮廓为圆球形

别名: 铁色草、大头花、棒柱头花、羊肠菜　　**科属:** 唇形科夏枯草属
性味: 性寒，味苦、辛　　　　　　　　　　**归经:** 入肝、胆经

夏枯草

　　多年生草本植物，有匍匐的根茎，节上生有须根，茎的高度可达 30 厘米，呈钝四棱形，颜色为浅紫色。叶片呈卵圆形或者卵状长圆形。顶生的穗状花序由轮伞花序密集组成，有宽心形的苞片和钟形花萼，花冠的颜色为红紫色、蓝紫色或者紫色。

◐ **生长习性:** 喜温暖湿润的环境，耐寒，适应性较强，适宜排水良好的沙质土壤。

◐ **分布:** 全国各地。

轮伞花序密集组成顶生穗状花序

小坚果黄褐色，长圆状卵珠形

花冠红紫色或蓝紫色

冠檐二唇形

茎高达 30 厘米，钝四棱形，浅紫色

叶卵状长圆形或卵圆形

花期: 4~6 月　　**小贴士:** 夏枯草的嫩叶在洗净焯水后，可凉拌、炒食或煲汤，也可用来泡酒

别名：合香、苍告、山茴香、土藿脊、排香草　科属：唇形科藿香属
性味：性微温，味辛　　　　　　　　　　　　归经：入脾、胃、肺经

藿香

多年生草本植物，茎高 50~150 厘米，直立，四棱形。叶边缘有粗齿，呈心状卵形至长圆状披针形，有叶柄，纸质。轮伞花序有较多的花，顶生有密集的圆筒状穗状花序，有管状倒圆锥形的花萼，花冠的颜色为淡紫蓝色。成熟后的小坚果呈卵状长圆形，颜色为褐色。

◎ 生长习性：喜高温湿润的气候，以土质疏松、肥沃、排水良好、微酸性沙壤土为宜。

◎ 分布：四川、江苏、浙江、湖南和广东等。

花冠淡紫蓝色

轮伞花序组成顶生密集的圆筒形穗状花序

叶心状卵形至长圆状披针形，边缘有粗齿

茎直立，高 50~150 厘米，四棱形

夏季用少许藿香叶泡茶喝，可以起到解暑的效果

花期：6~9 月　　小贴士：藿香可作绿化植物，常栽植在庭院中

活血丹

　　多年生草本植物，有匍匐的茎，会逐节生根，茎高 10~30 厘米，呈四棱形，基部的颜色通常为淡紫红色，几乎没有毛，幼嫩的部分被疏长柔毛。叶片近肾形或者心形，草质。有轮伞花序，花冠的颜色为淡蓝色、蓝色至紫色。成熟后的小坚果呈长圆状卵形，颜色为深褐色。

◑ 生长习性：喜光，生命力顽强，生长在较阴湿的荒地、山坡、林下及路旁。

◑ 分布：全国各地，主要分布在甘肃、青海、新疆及西藏。

叶草质，叶片心形或近肾形

花萼管状，外面被长柔毛

茎基部呈淡紫红色

轮伞花序，花冠淡蓝、蓝至紫色

茎高 10~30 厘米，四棱形

叶边缘有圆齿，被微柔毛，叶脉明显

花期：4~5 月　｜　小贴士：活血丹的嫩芽叶在洗净、焯水、浸泡后，可凉拌或炒食

罗勒

　　一年生草本植物，有密集的须根和圆锥形的主根。茎钝四棱形，直立。叶片的形状为卵圆形至卵圆状长圆形。茎、枝上顶生有总状花序，有钟形花萼，花冠的颜色为淡紫色，或者上唇的颜色为白色，下唇的颜色为紫红色。有黑褐色的卵珠形小坚果。

◎ 生长习性：喜温暖潮湿的气候，以排水良好、肥沃的沙壤土或腐殖质土壤为佳。

◎ 分布：全国各地。

总状花序顶生于茎、枝上

茎直立，钝四棱形

叶卵圆形至卵圆状长圆形

花冠淡紫色，或上唇白色，下唇紫红色

花期：7~9月　小贴士：罗勒的嫩茎叶在洗净、焯水、漂洗后，可凉拌、炒食或煲汤

別名：三叶酸、酸味草、酸米子草、六角方　　科属：酢浆草科酢浆草属
性味：性凉，味酸　　　　　　　　　　　　归经：入肝经

酢浆草

　　多年生草本植物，植株高 10~35 厘米，整株被柔毛。茎匍匐或直立，多分枝且较为细弱，匍匐的茎节上还会生根。叶互生或基生。伞形花序由单生或数朵花聚集而成，腋生，总花梗的颜色为淡红色，花瓣的颜色为红色或者黄色，呈长圆状倒卵形。

◐ 生长习性：喜向阳、温暖、湿润的环境，夏季炎热地区宜遮半阴，抗旱能力较强，但不耐寒。

◐ 分布：全国各地。

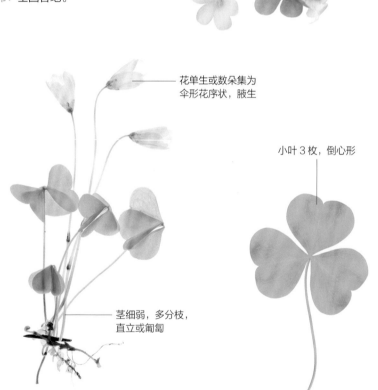

花有黄色、红色或白色，花瓣长圆状倒卵形

花单生或数朵集为伞形花序状，腋生

小叶 3 枚，倒心形

茎细弱，多分枝，直立或匍匐

花期：2~9 月　小贴士：酢浆草的嫩茎叶在洗净、焯水、漂洗后，可凉拌、炒食或煲汤

红花酢浆草

　　多年生直立草本植物，没有地上茎，地下有球状鳞茎，外层有褐色的鳞片膜质。小叶呈扁圆状倒心形，基生，有长圆形的托叶和叶柄。伞形总状花序，总花梗较长，倒心形的花瓣颜色为淡紫色至紫红色。

⊙ 生长习性：喜向阳湿润的环境，对土壤的适应性较强。多生长在海拔较低处的山地、田野、庭院或路边。

⊙ 分布：华东、华中和华南等地区。

伞形总状花序，
总花梗长

花瓣倒心形，淡
紫色至紫红色

小叶扁圆状倒心形

花期：3~12月　｜　小贴士：紫花酢浆草的嫩茎叶在洗净、焯水、漂洗后，可凉拌、炒食或煲汤

別名：大麻子、老麻了、草麻　　　　　科属：大戟科蓖麻属
性味：性平，味甘、辛　　　　　　　归经：入肺、脾、大肠经

蓖麻

　　一年或多年生草本植物。茎中空，有节，茎上部分枝，没有毛。叶对生，掌状分裂，叶轮廓近圆形。圆锥花序，下部生雄花，淡黄色，上部生雌花，淡红色，花柱深红色。蒴果卵球形或近球形，果皮有软刺或平滑无刺。种子椭圆形，微扁平。

◐ 生长习性：喜高温，不耐霜，酸碱适应性强。野生于村旁疏林或河流两岸冲积地。当气温稳定在10℃时即可播种，也可育苗移栽。

◐ 分布：华北、东北、西北和华东。

蒴果卵球形或近球形

种子椭圆形，微扁平，平滑，斑纹淡褐色或灰白色

圆锥花序

上部生雌花，淡红色

叶对生，掌状分裂，叶轮廓近圆形

茎中空有节，茎上部分枝

花期：5~8月　　小贴士：蓖麻的嫩茎叶在洗净、焯水、浸泡后，可凉拌或炒食

别名：麦家公、大紫草　　　　科属：紫草科紫草属
性味：性温，味甘、辛　　　　归经：入脾、肺经

田紫草

一年生草本植物。根部分略微含有紫色物质。茎高 15~35 厘米，通常单一。叶呈倒披针形至线形。枝的上部生有聚伞花序，花序较为稀疏，有短花梗，花冠呈高脚碟状，颜色为白色，但也会有淡蓝色或者蓝色的花。

◯ 生长习性：喜光，对环境有较强的适应能力。

◯ 分布：河北、陕西、安徽、黑龙江、辽宁、山东、新疆、浙江、山西、甘肃、江苏、湖北和吉林等。

花冠高脚碟状，白色，有时蓝色或淡蓝色

叶无柄，倒披针形至线形

花期：4~8 月　｜　小贴士：嫩苗用沸水焯后可炒食或凉拌，种子可榨油

别名：格枝糯　　科属：大戟科大戟属　　性味：性温，味辛、苦　　归经：入心、肺经

大狼毒

多年生草本植物，植株高 40~90 厘米。根呈圆柱状或者圆锥状，外皮为淡褐色。茎单一或者簇生，呈圆柱形。单叶互生，全缘，叶片呈椭圆状披针形、披针形至长卵形。顶生或近顶腋生有花序，花的颜色为淡黄色。有圆球形的蒴果，外有软刺。

◯ 生长习性：生长于海拔 2000~3700 米的山坡、草地、河边、林下。

◯ 分布：云南。

花序顶生或近顶腋生，花淡黄色

单叶互生，叶片椭圆状披针形、披针形至长卵形

茎簇生或单一，圆柱形，不分枝或上部有分枝

花期：4~6 月　｜　小贴士：采挖时应避免皮肤沾上汁液，否则可出现面部浮肿等过敏症状

别名：电灯花、灯音花儿　科属：花葱科花葱属

性味：性平，味苦　归经：入肺、心、肝、脾、胃经

花葱

　　多年生草本植物，茎高 0.5~1 米，直立。有互生的羽状复叶，小叶互生，全缘，呈长卵形至披针形。有匍匐根，呈圆柱形，纤维状须根较多。顶生或上部叶腋生有聚伞圆锥花序，疏生多花，花冠的颜色为紫蓝色，呈钟状，裂片呈倒卵形。种子褐色，纺锤形。蒴果卵形。

◐ **生长习性：** 生长在海拔 1700~3700 米的山坡草丛、山坡路边灌丛、山谷疏林下或溪流附近湿处，喜欢湿润温暖的环境。

◐ **分布：** 东北、山西、内蒙古、新疆和云南等。

聚伞圆锥花序顶生或上部叶腋生，疏生多花

羽状复叶互生

花冠 5 裂，蓝紫色，裂片倒卵形

单数羽状复叶，小叶卵状披针形，全缘

茎直立，高 0.5~1 米

花期：6~7 月　小贴士：花葱在秋季把全株采收起来，洗净晒干后放在通风干燥处保存

紫花地丁

多年生草本植物，植株高 4~14 厘米。根状茎垂直，较短，颜色为淡褐色，地上没有茎。叶基生，多数，呈莲座状。叶片呈长圆状卵形、长圆形或者狭卵披针形。花的颜色为淡紫色或者紫堇色，也有白色，中等大，喉部色彩较淡并且带有紫色条纹。有长圆形蒴果，没有毛。淡黄色的卵球形种子。

⊃ 生长习性：喜半阴和湿润的环境，耐寒、耐旱，对土壤要求不严。

⊃ 分布：黑龙江、吉林、辽宁、内蒙古、河北、山西、陕西、甘肃、山东、江苏、安徽、浙江、江西、福建、河南、湖北、湖南、广西、四川、贵州和云南等。

花中等大，紫堇色或淡紫色，也有白色

花朵喉部颜色较淡，有紫色条纹

叶片呈长圆形、披针形或卵形

叶多数，基生，莲座状

花期：4~9 月　小贴士：紫花地丁的嫩茎叶在洗净焯水后，可凉拌或炒食

別名：土三七、旱三七、血山草、菊叶三七　　科属：景天科景天属
性味：性平，味甘、微酸　　归经：入心、肝、脾经

景天三七

　　多年生草本植物，植株高 30~80 厘米。有粗厚的根状茎，地上茎不分枝，直立。叶近对生或者对生，呈广卵形至倒披针形。顶生有伞房状聚伞花序，花瓣的颜色为黄色，呈长圆状披针形。有星芒状排列的蓇葖，种子表面平滑，顶端较宽，边缘有窄翼。

○ **生长习性**：耐干旱和严寒，不耐水涝，喜欢湿润温暖的气候和光照。对土壤的要求不严格，一般土壤都可以生存，其中以腐殖质土壤和沙壤土最佳。

○ **分布**：分布于我国东北、华北、西北及长江流域各省区。

花瓣 5，黄色，长圆状披针形

叶互生，或近乎对生；广卵形至倒披针形

伞房状聚伞花序顶生

地上茎直立，不分枝

花期：6~8 月　　小贴士：景天三七的嫩茎叶在洗净后，可凉拌、炒食或煲汤等

八宝景天

多年生草本植物，植株高 30~50 厘米。有胡萝卜状的块根，茎高 60~70 厘米，不分枝，直立。整株为青白色，叶对生，近无柄，呈长圆形至卵状长圆形。茎顶着生有伞房状聚伞花序，密生有花，花瓣的颜色有粉红色或者白色，呈宽披针形。

◎ 生长习性：性喜强光和干燥、通风良好的环境，亦能耐 −20℃ 的低温。

◎ 分布：云南、贵州、四川、湖北、安徽、浙江、江苏、陕西、辽宁、吉林和黑龙江等。

伞房状聚伞花序着生茎顶，花密生呈球形

全株青白色，叶对生，长圆形至卵状长圆形

花瓣白色或粉红色，宽披针形

茎直立，茎高 60~70 厘米，不分枝

花期：7~10 月 ｜ 小贴士：八宝景天常在园林中栽植，或布置花坛，或作地被植物

桔梗

多年生草本植物，有粗大肉质的根。茎高20~120 厘米，不分枝。叶少数对生，多数互生，叶片呈卵状披针形、卵状椭圆形或者卵形。茎顶有单生花，数朵成疏生的总状花序，花冠呈钟形，颜色为蓝白色或者蓝紫色。蒴果呈球状、倒卵状或者球状倒圆锥形。

◑ **生长习性：**海拔 1100 米以下的丘陵地带是尤为适宜的栽培环境，喜欢湿润凉爽、温和的气候和半阴半阳的沙壤土。

◑ **分布：**东北、华北、华东和华中各省。

花冠钟形，蓝紫色或蓝白色

根粗大肉质，圆锥形

花单生于茎顶或数朵成疏生成总状花序

茎高 20~120厘米，不分枝

叶片卵形、卵状椭圆形或卵状披针形

花期：7~9 月　　**小贴士：**桔梗的嫩叶可作蔬菜，鲜根则可在焯水、浸泡后炒食或腌制

别名：冬花、蜂斗菜、款冬蒲公英、菟奚　　科属：菊科款冬属
性味：性温，味辛、微苦　　　　　　　　归经：入肺经

款冬

　　多年生草本植物，植株高 10~25 厘米。花茎的长度在 5~10 厘米。叶基生，呈广心形或卵形，边缘有波状疏锯齿。小叶互生，叶片呈长椭圆形至三角形。顶生头状花序，呈椭圆形，质薄，有毛茸舌状花，颜色为鲜黄色。有长椭圆形的瘦果，冠毛颜色为淡黄色，有纵棱。

◐ 生长习性：栽培或野生于河边、沙地。以土壤肥沃、排水良好的沙质土壤为佳。

◐ 分布：河北、河南、湖北、西藏等。

苞片 20~30 厘米，质薄，呈椭圆形，被短毛

花茎长 5~10 厘米，被短毛

头状花序顶生呈椭圆形

舌状花在周围一轮，鲜黄色

基生叶广心脏形或卵形，掌状网脉，边缘呈波状疏锯齿

花期：2~3 月　　小贴士：款冬花作为药材，一般以个大、干燥、梗短、颜色紫红者效果最佳

别名：黄花地丁、婆婆丁、黄花苗　　　　科属：菊科蒲公英属
性味：性寒，味甘、苦　　　　　　　　　归经：入肝、胃经

蒲公英

叶呈倒卵状披针形或倒披针形

多年生草本植物，根表面的颜色为棕褐色，略呈圆锥状。叶片呈长圆状披针形、倒披针形到卵状披针形。有头状花序和淡绿色的钟状总苞，外层总苞片呈披针形或者卵状披针形。有黄色的舌状花，边缘花舌片的背面有紫红色的条纹。有暗褐色的倒卵状披针形瘦果。

⊃ **生长习性**：抗寒耐热，适应性强。

⊃ **分布**：全国大部地区。

头状花序

舌状花黄色

总苞钟状，淡绿色

叶柄及主脉常带红紫色，疏被蛛丝状白色柔毛

冠毛白色，长约6毫米

根略呈圆锥状，弯曲，表面棕褐色，皱缩

花期：4~9月　**小贴士：**蒲公英作为药材，以选择叶多、干净、根完整、颜色灰绿者为佳

别名： 三裂叶蟛蜞菊、地锦花、穿地龙　　**科属：** 菊科南美蟛蜞菊属

性味： 性凉，味微苦、甘　　　　　　　　**归经：** 入肺、肝、胃、大肠经

南美蟛蜞菊

　　多年生草本植物，地面横卧有茎。叶对生，蔓性伸长，呈矩圆状披针形，有锯齿状的叶缘。腋生或顶生有头状花序，有长柄。有2列总苞片，呈矩圆形或者披针形，边缘有1列雌性舌状花，颜色为黄色。瘦果扁平，没有冠毛。

◎ 生长习性：耐旱，耐湿，耐瘠，性喜阳光高温，生长适温为18~30℃。

◎ 分布：广东、广西和福建等。

边缘舌状花1
列，黄色

叶矩圆状披针形，
叶缘有锯齿

花瓣长卵形，
先端齿裂

头状花序，具长
柄，腋生或顶生

花期：全年　　｜　　**小贴士：** 南美蟛蜞菊可作盆栽，还可作地被植物，具有绿化环境的作用

別名：芒小米草、药用小米草　　　　　科属：玄参科小米草属
性味：性微寒，味苦　　　　　　　　　归经：入膀胱经

小米草

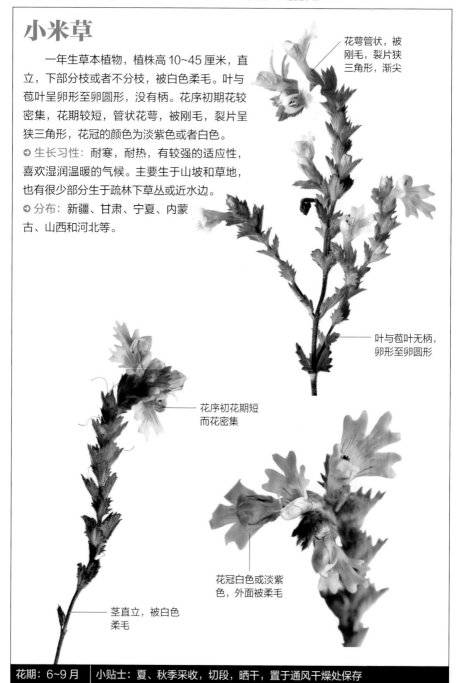

　　一年生草本植物，植株高 10~45 厘米，直立，下部分枝或者不分枝，被白色柔毛。叶与苞叶呈卵形至卵圆形，没有柄。花序初期花较密集，花期较短，管状花萼，被刚毛，裂片呈狭三角形，花冠的颜色为淡紫色或者白色。

◎ 生长习性：耐寒，耐热，有较强的适应性，喜欢湿润温暖的气候。主要生于山坡和草地，也有很少部分生于疏林下草丛或近水边。

◎ 分布：新疆、甘肃、宁夏、内蒙古、山西和河北等。

花萼管状，被刚毛，裂片狭三角形，渐尖

叶与苞叶无柄，卵形至卵圆形

花序初花期短而花密集

花冠白色或淡紫色，外面被柔毛

茎直立，被白色柔毛

花期：6~9 月　｜　小贴士：夏、秋季采收，切段，晒干，置于通风干燥处保存

紫菀

多年生草本植物，茎高40~50厘米，直立，呈根状斜生。基生叶丛生，呈长椭圆形，茎生叶互生，呈长椭圆形或者卵形。有排列成伞房状的头状花序。有蓝紫色的舌状花和黄色的管状花。瘦果有短毛，冠毛灰白色或带红色。

● 生长习性：耐涝，耐寒性强，怕干旱，喜欢温暖湿润的气候，除却沙土地和盐碱地不能种植外，其他地方均可种植。

● 分布：原产我国东北、西北、华北地区，主产于河北、安徽和内蒙古等。

总苞半球形，总苞片3层，线形或线状披针形

头状花序

舌状花蓝紫色，管状花黄色

茎直立，高40~50厘米

茎生叶互生，卵形或长椭圆形

花期：7~9月 ｜ 小贴士：紫菀的嫩苗在洗净焯水后，可凉拌或炒食

别名：家艾、艾、小叶艾、狭叶艾、艾叶　　科属：菊科蒿属
性味：性温，味苦、辛　　　　　　　　　归经：入肾、脾、肝经

野艾蒿

　　多年生草本植物，有匍地的根状茎。茎多分枝，斜向上伸展，稀少切单生，枝、茎被灰白色蛛丝状的短柔毛。叶上面为绿色，纸质，分布有小凹点和白色密集的腺点。有多数头状花序，断梗或者近无梗，呈长圆形或者椭圆形，还有小苞叶。有倒卵形或者长卵形的瘦果。

叶纸质，上面绿色，具密集白色腺点及小凹点

○ 生长习性：喜阳光充足、湿润的环境，耐寒，适应性强，对土壤的要求不严，一般土壤可种植，但在盐碱地中不能生长。

○ 分布：全国大部分地区。

茎稀少单生，分枝多，斜向上伸展

头状花序多数，椭圆形或长圆形，具小苞叶

上部叶羽状全裂，有短柄或近无柄

叶背面密被灰白色绵毛

花期：8~10月　小贴士：艾蒿是一种常见的中药材，一般在夏秋季采收，鲜用或晒干保存皆可

别名：芦蒿、水艾、香艾、水蒿、藜蒿、泥蒿	科属：菊科蒿属
性味：性温，味苦、辛	归经：入肝、肾、胃经

蒌蒿

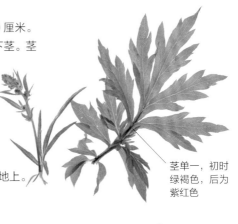

多年生草本植物，植株高 60~150 厘米。有斜向上或者直立的根茎和匍匐的地下茎。茎颜色较为单一，初时颜色为绿褐色，后就是紫红色，没有毛。叶互生，中部较为密集，呈羽状深裂。有近球形的头状花序，在茎上组成略开展的圆锥花序。花冠颜色为淡黄色。有椭圆形卵状的瘦果。

◎ 生长习性：多生于河滩或沟边的湿草地上。

◎ 分布：分布于东北、华北和华中。

茎单一，初时绿褐色，后为紫红色

头状花序近球形，在茎上组成略开展的圆锥花序

花冠淡黄色

叶互生，羽状深裂

花期：8~11月　　小贴士：蒌蒿的嫩茎叶在洗净、焯水、漂洗后，可炒食、凉拌等

別名：五星草、洋姜、番羌、菊姜、鬼子姜　　科属：菊科向日葵属
性味：性凉，味甘、微苦　　　　　　　　　　归经：入肝、肾、胃经

菊芋

　　多年生草本植物，植株高 1~3 米。有
纤维状根和块状地下茎。茎分枝，直立，
被刚毛或白色短糙毛。有叶柄，
叶常为对生，下部叶呈卵
状椭圆形或则卵圆形。枝
端单生有头状花序，有多层
总苞片，呈披针形，舌状花舌
片的颜色为黄色，管状花花冠颜色为黄色。

⊙ 生长习性：喜欢疏松、肥沃的沙壤土，
以地势平坦、排灌方便、耕层深厚的土壤
为佳。

⊙ 分布：全国大部分地区。

头状花序单生于枝端

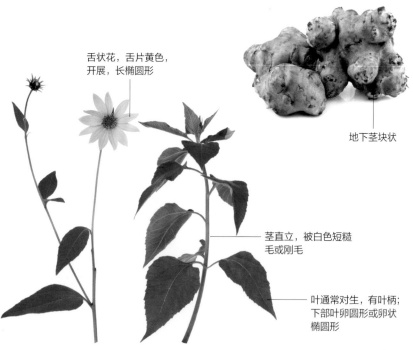

舌状花，舌片黄色，
开展，长椭圆形

地下茎块状

茎直立，被白色短糙
毛或刚毛

叶通常对生，有叶柄；
下部叶卵圆形或卵状
椭圆形

花期：8~9 月　│　小贴士：菊芋的块根可煮食、腌食或煲汤等，还可提取淀粉

別名：小蓟、青青草、蓟蓟草、刺狗牙、刺蓟　　科属：菊科蓟属
性味：性凉，味甘、微苦　　　　　　　　　　归经：入肝、脾经

刺儿菜

多年生草本植物，茎有纵沟棱，直立。中部茎叶和基生叶呈椭圆状倒披针形、长椭圆形或者椭圆形。茎端单生有头状花序，或者在茎枝顶端排列成伞房花序。有卵圆形、长卵形或者卵形的总苞，有白色或者紫红色的小花、有淡黄色椭圆形的瘦果。

◎ 生长习性：喜温暖湿润的气候，耐寒，耐旱，适应性较强，对土壤要求不严。

◎ 分布：东北、华北和西北等。

头状花序单生于茎端

苞片膜质，有短针刺

小花紫红色或白色

头状花序有时在茎端排成疏松的伞房花序

叶椭圆状倒披针形，长圆状披针形或椭圆形

第一章 草本植物 81

别名：薄雪草、火艾、小毛香、小白头翁	**科属：**菊科火绒草属
性味：性凉，味甘、淡	**归经：**入肺经

薄雪火绒草

　　多年生草本植物，有根状茎，茎高 10~50 厘米，直立，有伞房状花序枝或者不分枝。狭披针形的下部叶或呈倒卵圆状披针形。有头状花序，总苞呈半球形或者钟形，被灰白色或者白色密茸毛。雌花花冠细管状，雄花冠呈狭漏斗状，披针形裂片。瘦果常有粗毛或者乳头状凸起。

⊙ **生长习性：**生长于海拔 1000~2000 米的地区，多生在山地灌丛、草坡及林下。

⊙ **分布：**安徽、河南、山西、甘肃和湖北等。

茎直立，不分枝或有伞房状花序枝

头状花序

叶狭披针形或倒卵圆状披针形

雄花花冠狭漏斗状，有披针形裂片

全株被白色或灰白色密茸毛

花期：6~9 月 | **小贴士：**薄雪火绒草是奥地利国花，生活在高寒地区

苦荞麦

一年生草本植物，高 30~70 厘米。茎直立，有分枝，绿色或微有紫色，有细纵棱。叶片宽三角状戟形，下部叶有长柄。总状花序腋生或顶生，苞片卵形，花被片椭圆形，花被白色或淡粉红色。瘦果长卵形，黑褐色。

◑ 生长习性：适应性较强，喜温暖气候。

◑ 分布：东北及内蒙古、河北、山西、陕西、甘肃、青海、四川和云南等。

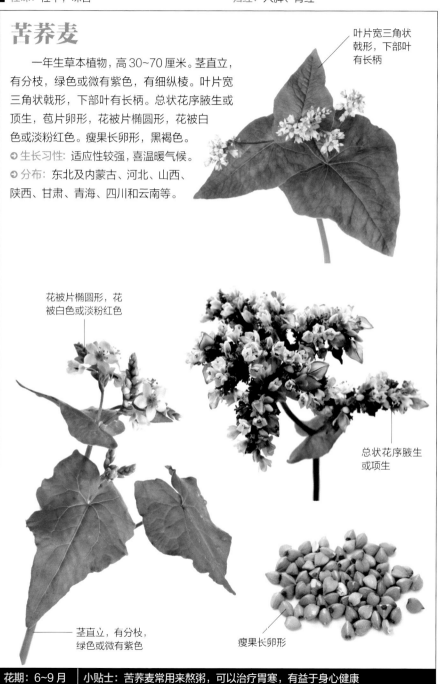

叶片宽三角状戟形，下部叶有长柄

花被片椭圆形，花被白色或淡粉红色

总状花序腋生或顶生

茎直立，有分枝，绿色或微有紫色

瘦果长卵形

花期：6~9 月　　小贴士：苦荞麦常用来熬粥，可以治疗胃寒，有益于身心健康

水蓼

　　一年生草本植物，植株高 20~80 厘米。茎的颜色为红紫色，没有毛。叶互生，叶柄较短，叶片呈披针形至椭圆状披针形。顶生或腋生有穗状花序，有漏斗状苞，疏生有小脓点和缘毛。花有细花梗，花被长圆形或者卵形，颜色为淡红色或者淡绿色，有腺状小点。有黑色卵形蒴果，扁平。

🔿 **生长习性**：喜好温暖水湿光强的环境，不耐寒，以根茎在泥中越冬。

🔿 **分布**：全国大部分地区。

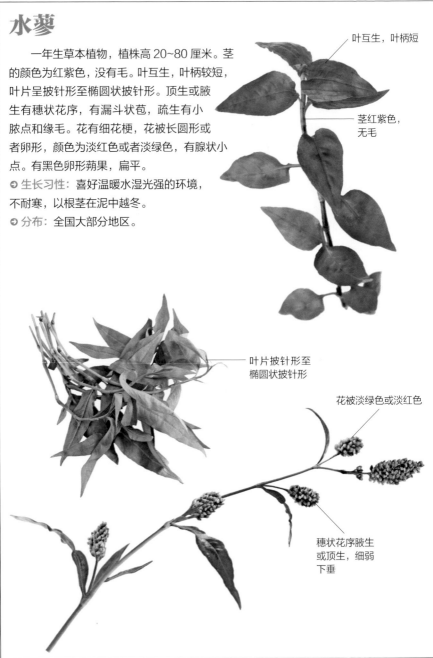

叶互生，叶柄短

茎红紫色，无毛

叶片披针形至椭圆状披针形

花被淡绿色或淡红色

穗状花序腋生或顶生，细弱下垂

花期：7~8 月 ┃ 小贴士：水蓼秋季采收，晒干保存后作药材；嫩茎叶在焯水后可炒食或凉拌

马鞭草

多年生草本植物，植株高 30~120 厘米。茎成四方形，近基部为圆形，棱和节上都有硬毛，叶片呈长圆状披针形或者卵圆形至倒卵形。腋生和顶生有穗状花序，花冠的颜色为淡紫至淡蓝。长圆形果实，外果皮薄。

◎ 生长习性：喜干燥、阳光充足的环境，对土壤要求不严。

◎ 分布：山西、陕西、甘肃、江苏、安徽、浙江、福建、江西、湖北、湖南、广东、广西、四川、贵州、云南、新疆和西藏等。

穗状花序顶生和腋生，花冠淡紫至蓝色

马鞭草的叶子还可以用来泡茶饮用，具有清热解毒的功效

单叶对生，叶片卵圆形至倒卵形或长圆状披针形

花期：6~8 月　　小贴士：马鞭草能反应湿度变化，若地表的根发霉、变白，可预示阴雨

别名：棣棠、地棠、蜂棠花、黄度梅	科属：蔷薇科棣棠花属
性味：性平，味苦、涩	归经：入肺、胃、脾经

棣棠花

落叶灌木植物，植株高 1~3 米。有绿色圆柱形小枝，拱垂，没有毛，嫩枝有棱角。叶片呈卵圆形或者三角状卵圆形，互生，有尖锐的重锯齿。当年生的侧枝顶端着生有单花，花梗没有毛，有卵状椭圆形的萼片。花瓣呈宽椭圆形，颜色为黄色。顶端下凹。

花瓣黄色，宽椭圆形

◎ 生长习性：耐寒性不好，在半阴和温暖湿润的环境中能很好生长，以疏松、肥沃的沙壤土为佳。

◎ 分布：安徽、浙江、江西、福建、河南、湖南、湖北、广东、甘肃、陕西、四川、云南、贵州、北京和天津等。

小枝绿色，圆柱形，无毛

叶互生，三角状卵形或卵圆形，有尖锐重锯齿

单花，着生在当年生侧枝顶端

棣棠花有单瓣、重瓣之别

花期：4~6 月	小贴士：棣棠花枝干细柔、叶片碧绿、花朵金黄，可作观赏植物

委陵菜

多年生草本植物，有粗壮的圆柱形根。花茎白色绢状长柔毛和稀疏短柔毛，直立。叶基生为羽状复叶，小叶片互生或者对生，呈长圆披针形、倒卵形或者长圆形。有伞房状聚伞花序，萼片呈三角卵形，花瓣的颜色为黄色，成宽倒卵形，顶端微凹。有深褐色的卵球形蒴果。

◐ 生长习性：多生于田边、路旁、沟边或沙滩的湿润草地。

◐ 分布：东北、华北、西南、西北及河南、山东和江西等。

茎生叶托叶草质，绿色，边缘锐裂

伞房状聚伞花序，萼片三角卵形

花茎直立或上升，高20~70厘米

全株被稀疏短柔毛及白色绢状长柔毛

花瓣 5，黄色，宽倒卵形

基生叶为羽状复叶，小叶片对生或互生，长圆形或倒卵形

花期：4~10 月 ｜ 小贴士：委陵菜的嫩茎叶在焯水及冷水浸泡后炒食，块根可用于煮粥或酿酒

别名: 天藕、湖鸡腿、鸡脚草　　　　**科属:** 蔷薇科委陵菜属
性味: 性平,味甘、微苦　　　　　　　**归经:** 入大肠、肝经

翻白草

　　多年生草本植物,根有较多分枝,有直立花茎,密被白色绵毛。小叶没有柄,互生或者对生,呈长圆披针形或者长圆形,有圆钝锯齿的边缘。有数朵聚伞花序,疏散,外被绵毛,花瓣的颜色为黄色,呈倒卵形,顶端圆钝或者微凹。有近肾形瘦果。

◑ **生长习性:** 喜温和湿润的气候,以土质疏松肥沃的沙壤土栽培为佳。

◑ **分布:** 全国各地。

小叶对生或互生,小叶片长圆形或长圆披针形

花瓣黄色,倒卵形,顶端微凹或圆钝

聚伞花序有花数朵,疏散,外被绵毛

花茎直立,密被白色绵毛

花期: 5~9月 | **小贴士:** 翻白草的嫩芽、嫩茎叶在焯水及冷水浸泡后,可炒食或凉拌

龙牙草

　　多年生草本植物，有块茎状根。茎高30~120厘米，被疏柔毛和短柔毛。互生单数羽状复叶，呈卵圆形至倒卵形。顶生有穗状总状花序，花序轴被有柔毛，有三角卵形的萼片，花瓣颜色为黄色，呈长圆形。有倒卵圆锥形的果实。

◎ 生长习性：喜温暖湿润的气候，常生于林缘、山坡、路旁等。

◎ 分布：全国各地。

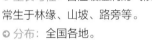

花瓣黄色，长圆形

穗状总状花序顶生，花序轴被柔毛

单数羽状复叶互生，卵圆形至倒卵形

茎高30~120厘米，被疏柔毛及短柔毛

花期：5~12月　｜　小贴士：龙牙草的嫩叶在焯水约1分钟后，再用凉水漂洗，可炒食、凉拌等

別名：风花、复活节花、华北银莲花　　科属：毛茛科银莲花属
性味：性寒，味辛、苦　　　　　　　归经：入心、肝、肺、脾经

银莲花

　　多年生草本植物，植株高 15~40 厘米。有根状茎，叶有长柄，基生。叶片呈圆肾形，也有圆卵形，全裂，萼片颜色白色，呈狭倒卵形或者倒卵形。无花瓣，雄蕊多数。有扁平瘦果，呈近圆形或者宽椭圆形。

雄蕊多数，花丝条形

萼片倒卵形，白色或略带粉色

○ **生长习性：**有较强的耐寒能力，喜欢阳光充足、湿润、凉爽的环境，忌高温多湿，以湿润、排水良好的土壤为佳。

○ **分布：**东北、河北、山西北部和北京等。

花期：4~7 月 | **小贴士：**银莲花的花朵在焯水后，可炒食或腌制，还可晒干后作茶饮

別名：胭脂花　　科属：紫茉莉科紫茉莉属　　性味：性平，味淡　　归经：入肺、胃、肾经

紫茉莉

　　一年生草本植物，株高可达 1 米。根黑色或黑褐色，比较粗壮，呈倒圆锥形；茎圆柱形，直立，多有分枝，疏被毛或无毛；叶片状三角形或卵形，全缘，叶脉显著；花冠高脚碟形，筒部细长，檐部 5 浅裂，紫红色、黄色、白色或杂色；瘦果较小，黑色，球形，革质。

花紫红色、黄色、白色或杂色

花冠高脚碟形，管部细长，檐部 5 裂

叶卵状三角形或卵形，全缘

○ **生长习性：**喜温和湿润、通风良好的环境，不耐寒，宜土层深厚、疏松肥沃的壤土。

○ **分布：**我国南北各地。

花期：6~10 月 | **小贴士：**种子富含白色胚乳，干燥后成白粉状，敷脸可去除面部癥痣粉刺

別名：附子、草乌、乌药、盐乌头、鹅儿花　　科属：毛茛科乌头属
性味：性热，味辛、甘　　归经：入心、脾、肾经

乌头

宿根性草本植物，有倒圆锥形块根。茎有分枝，高度为 60~150 厘米。叶片呈五角形，薄革质或者纸质。总状花序顶生，总花梗密被反曲短柔毛，上萼片呈高盔形，花的颜色为蓝紫色，较大，微凹。有蓇葖果实和三棱形种子。

◎ 生长习性：耐寒，喜欢向阳、温暖湿润的环境，栽培在富含腐殖质、排水良好、土质疏松、土层深厚肥沃的土壤中较好。

◎ 分布：四川、陕西、河北、江苏、浙江、安徽、山东、河南、湖北、湖南、云南和甘肃等。

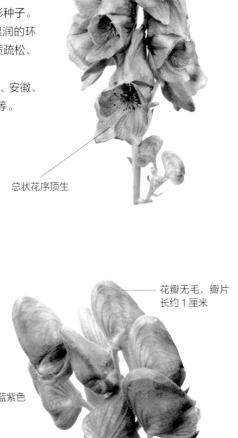

总状花序顶生

花瓣无毛，瓣片长约 1 厘米

花大，多为蓝紫色

叶片薄革质或纸质，五角形，多羽裂

花期：9~10 月　小贴士：一般在 6 月下旬至 8 月上旬采挖乌头块根，除去根须、洗净即可

驴蹄草

叶片圆形、圆肾形或心形

　　多年生草本植物，茎高 10~48 厘米，有细纵沟，实心，有多数肉质须根。叶基生，有长柄，叶片呈心形、圆肾形或者圆形。单歧聚伞花序，花的颜色为黄色，呈狭倒卵形或者倒卵形。蓇葖上有横脉，有黑色的狭卵球形种子，有光泽，有少数的纵皱纹。

◎ 生长习性: 有时会生长在林下或者草地较阴湿处，主要生长在海拔 1900~4000 米的山地上、湿草甸或者山谷溪边也有生长。

◎ 分布: 西藏、云南、四川、浙江、甘肃、陕西、河南、山西、河北、内蒙古和新疆等。

单歧聚伞花序，花黄色

萼片 5，黄色，倒卵形或狭倒卵形

茎高 10~48厘米，实心，有细纵沟

别名：奈何草、粉乳草、白头草、老姑草　科属：毛茛科白头翁属

性味：性寒，味苦　归经：入肝、胃、大肠经

白头翁

多年生草本植物。根长圆柱形或圆锥形，稍弯曲，表面黄棕色或棕褐色。基生叶有长柄；叶片狭披针形；叶柄密生长柔毛。花梗较长；花直立，单朵顶生，萼片花瓣状，蓝紫色，外被白色柔毛。瘦果纺锤形，扁平，有长柔毛。

◎ 生长习性：多生长在阳光充足、排水良好、土层深厚的沙壤土或黏壤土的地区。山冈、荒坡及田野间比较多见。

◎ 分布：吉林、辽宁、河北、山东、河南、山西、陕西和黑龙江等。

基生叶，有长柄，密被长柔毛

叶深裂，狭披针形

花瓣蓝紫色，长圆状卵形

花茎直立，花单朵顶生

花期：4~5月　小贴士：拣净花朵中的杂质，洗净，润透后切片晒干。以条粗长、质坚实者为佳

第一章 草本植物 93

别名：苦菜、苦葵、老鸦眼睛草、天茄子　　科属：茄科茄属
性味：性寒，味苦、微甘　　　　　　　　归经：入膀胱经

龙葵

　　一年生草本植物，植株高 30~120 厘米。茎分枝，直立，稀被白色柔毛。叶呈近菱形或者卵形，互生，有波状疏锯齿的叶缘，近全缘。腋外生或者侧生有近伞状或者短蝎尾状的花序，有白色的小花。球形浆果，颜色为绿色，成熟后的颜色为黑紫色。

◑ 生长习性：喜温暖湿润的气候。

◑ 分布：全国各地。

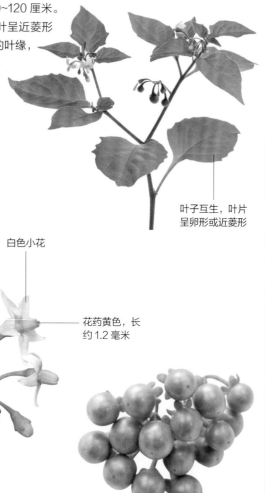

叶子互生，叶片呈卵形或近菱形

白色小花

花药黄色，长约 1.2 毫米

茎直立，多分枝，稀被白色柔毛

浆果球形，绿色，成熟后为紫色

花期：6~11 月　**小贴士：** 嫩茎叶用开水烫熟后挤干水分，可凉拌、炒食、做馅

别名：猫爪花、大叶藜、杂配藜、杂灰藜　　科属：毛茛科耧斗菜属
性味：性平，味苦、涩　　　　　　　　　归经：入心、脾经

耧斗菜

　　多年生草本植物，有圆柱形肥大的根。茎常在上部分枝，高 15~50 厘米。叶片呈楔状倒卵形，有叶柄。花微下垂或者倾斜，萼片的颜色为黄绿色，呈长椭圆状卵形，顶端微钝，疏被柔毛。花瓣的颜色与萼片一样，呈倒卵形，直立。

◎ 生长习性：生于海拔 200~2300 米的山地路旁、河边或潮湿草地。

◎ 分布：东北、华北及陕西、宁夏、甘肃和青海等。

茎高 15~50 厘米，常在上部分枝

萼片黄绿色，长椭圆状卵形

花瓣瓣片与萼片同色，直立，倒卵形

花倾斜或微下垂

花有蓝紫色、蓝色、红色、黄绿色等

叶片楔状倒卵形

花期：5~7 月　　小贴士：可用于布置花坛、花境等，花和枝条可作切花的材料

第一章 草本植物　95

別名: 幼肺三七、及己
性味: 性平，味苦

科属: 毛茛科獐耳细辛属
归经: 入肺、肾、心、肝、胆经

獐耳细辛

多年生草本植物，植株高 8~18 厘米。有密生的须根，根状茎较短。叶有长柄，基生，叶片呈三角状倒卵形，裂片呈宽卵形，全缘。苞片呈椭圆状卵形或者卵形，萼片的颜色为菫色或者粉红色，呈狭长圆形。瘦果为卵球形。

◐ 生长习性: 生于海拔 1000 米以上的林下或草坡石下的阴湿处。

◐ 分布: 辽宁、安徽、浙江和河南等。

花药椭圆形，长约 0.7 毫米

叶片正三角状宽卵形，叶柄长 6~9 厘米

叶有长柄

苞片卵形或椭圆状卵形

萼片粉红色或菫色，狭长圆形

叶基部深心形，三裂至中部，裂片宽卵形，全缘

花期: 4~5 月 | 小贴士: 全草及根可入药，但根有毒，需慎用

別名：寒金莲、旱金莲、旱地莲、金芙蓉　　科属：毛茛科金莲花属
性味：性寒，味苦　　　　　　　　　　归经：入心、肝、胆经

金莲花

　　一年生或多年生草本植物，植株高30~100厘米。茎不分枝，高30~70厘米。叶有长柄，基生，叶呈五角形。花通常单生于顶，萼片倒卵形或椭圆状倒卵形，花瓣常见的颜色有红色、黄色或橙色。蓇葖上有较明显的脉网。有黑色的近倒卵球形的种子，光滑。

�»生长习性：喜温暖湿润、阳光充足的环境和排水良好肥沃的土壤。

�»分布：全国各地。

花瓣常见黄、橙、红色

花通常单生于顶

茎高30~70厘米，不分枝

基生叶，有长柄

须根长达7厘米

叶片五角形，三全裂，全裂片分开

花期：6~7月　小贴士：将金莲花洗净后泡茶，不仅茶水清亮，还有微微茶香

別名：曼荼罗、满达、曼扎、曼达　　科属：茄科曼陀罗属

性味：性温，味辛、苦　　归经：入肺、肝、脾经

曼陀罗

　　一年生草本植物，植株高 50~150 厘米。有粗壮的茎，呈圆柱状，淡绿色或带紫色，下部木质化。叶片呈宽卵形或者卵形，互生，上部呈对生状。叶腋或枝杈间单生有花，有较短的梗，直立。花冠呈漏斗状，上部的颜色为淡紫色或者白色，下部的颜色带绿色。

○ 生长习性：喜温暖、向阳的环境和排水良好的沙壤土。常生于住宅旁、路边或草地上。

○ 分布：全国各地。

花冠漏斗状，上部白色或淡紫色

花单生于枝叉间或叶腋，直立，有短梗

茎圆柱状，淡绿色或带紫色

叶互生，上部呈对生状，叶片卵形或宽卵形

成熟后淡黄色，规则 4 瓣裂

种子卵圆形，稍扁，褐色

蒴果直立生，卵状，表面生有坚硬针刺

花期：6~10 月　小贴士：夏、秋季，在花初放或种子老熟时采摘，鲜用或晒干保存

別名：红姑娘、挂金灯、戈力、灯笼草　　科属：茄科酸浆属
性味：性寒，味酸　　　　　　　　　　　归经：入肺、脾经

酸浆

　　多年生直立草本植物，植株高50~80厘米。地上茎有纵棱，不分枝，基部多匍匐生根，有膨大的茎节，幼茎被有密集的柔毛。叶片呈卵形、长卵形至阔卵形，互生。有阔钟状花萼，密生有柔毛，还有白色辐状花冠。浆果颜色为橙红色，呈球状，淡黄色的种子呈肾形。

◎ 生长习性：适应性很强，耐寒、耐热，喜凉爽、湿润的气候，喜阳光，不择土壤。

◎ 分布：甘肃、陕西、河南、重庆、湖北、四川、贵州和云南等。

花萼阔钟状，密生柔毛

果梗长2~3厘米

地上茎常不分枝，有纵棱

叶互生，叶片卵形、长卵形至阔卵形

果萼卵状，薄革质，网脉显著

浆果球状，橙红色，柔软多汁

花冠辐状，白色或淡黄色

花期：5~9月　　小贴士：果实采收后用线将其穿成串状，挂在通风处，可保存数月

別名：二月兰、菜子花、紫金草　　　科属：十字花科诸葛菜属
性味：性平，味甘、辛　　　　　　归经：入脾、胃经

诸葛菜

花丝白色，
花药黄色

　　一年生或二年生草本植物，茎直立，单一。叶基生，下部茎生叶羽状深裂，上部茎生窄卵形或者长圆形叶，叶缘有钝齿。总状花序顶生，花的颜色为淡紫红色或者蓝紫色，最终会变为白色，花瓣中有幼细的脉纹。有线形的长角果。

◐ 生长习性：有较强的耐阴性、耐寒性和耐寒性，冬季常绿，在山地、平原、路旁和地边都可以生长，对光照和土壤的要求不高。

◐ 分布：东北和华北等。

◐ 药用功效：可全草入药，

总状花序顶生

花多为蓝紫色或淡红色，最终变为白色

花瓣 4 枚，长卵形，有长爪，花瓣中有幼细的脉纹

单一茎，直立

花期：4~6 月　小贴士：诸葛菜可在绿化带中大量使用，花开成片，有很好的绿化、美化效果

别名：排风藤、铁篱笆、臭草、苟草、英雄草　　科属：忍冬科接骨木属
性味：性平，味甘　　归经：入肝、膀胱经

接骨草

　　多年生草本植物，植株高 1~2 米。茎有棱条，没有毛。斜生。叶没有柄，互生或对生，叶片呈斜倒卵状长椭圆形或者斜长椭圆形，有细锯齿边缘。顶生有复伞形花序，杯状萼筒，大花冠的颜色为白色，花药的颜色则为紫色或黄色。果实近圆形，颜色为红色，成熟时为黑色。

◐ 生长习性：耐寒，喜欢湿润、凉爽的气候，忌连作和高温，对土壤要求不严格，但是涝洼地不适合种植。生长在草丛或山坡灌丛中。

◐ 分布：华东及华中大部分地区。

大花冠白色

复伞形花序顶生

茎斜生，有棱条

叶互生或对生，斜长椭圆形或斜倒卵状长椭圆形

果实红色，熟时黑色，近圆形

花期：4~5 月　　小贴士：叶洗净后拌酱调味可以生吃，果实成熟后可直接食用，也可榨汁

蔊菜

　　一年生草本植物, 茎上有纵条纹, 分枝,
斜生或者直立, 有时还带有紫色。基生叶片呈
大头状羽裂或者卵形, 有近于全缘或者浅齿裂
的边缘。侧生或者顶生有总状花序, 花瓣的颜
色为鲜黄色, 呈长倒卵形或者宽匙形。

◐ 生长习性: 性喜温暖湿润的环境, 生在
路旁或田野。

◐ 分布: 全国各地。

花瓣鲜黄色, 宽匙
形或长倒卵形

茎直立或斜升,
分枝, 有纵条纹

植株直立, 20~50
厘米, 整株无毛或
被疏毛

总状花序顶生
或侧生

基生叶片卵形
或大头状羽裂

别名：大花剪秋罗、小尖叶参、山红花   科属：石竹科剪秋罗属
性味：性寒，味甘   归经：入肺、肾经

剪秋罗

  多年生草本植物，植株高 50~80 厘米，整株被有柔毛。根呈纺锤形，簇生。叶片呈卵状披针形或者卵状长圆形，茎直立。有二歧聚伞花序，紧缩成伞房状。花瓣的颜色为深红色，瓣片的轮廓呈倒卵形。副花冠片的颜色为暗红色，长椭圆形，流苏状。

◎ 生长习性：喜凉爽湿润的环境，对土壤要求不严。生于海拔 400~2000 米的山林草甸、林间草地。

◎ 分布：云南、山西、内蒙古、黑龙江和四川等。

花瓣红色，瓣片轮廓倒卵形

二歧聚伞花序，紧缩呈伞房状

副花冠片长椭圆形，暗红色，呈流苏状

叶片卵状长圆形或卵状披针形

茎直立

花期：6~7 月 | 小贴士：用于园林中常采取自然布置的方式，可以丛植，也可作背景材料

罂粟

　　一年生草本植物，有近圆锥状的主根，茎不分枝，直立，没有毛，呈长卵形或者卵形，互生，有不规则的波状锯齿边缘。顶生有花，花瓣呈宽卵形或者圆形，颜色为白色、紫红色或者粉红色。有长圆状椭圆形或者球形蒴果，成熟时的颜色为褐色。

⊙ **生长习性：** 喜阳光充足的环境和湿润透气的酸性土壤。

⊙ **分布：** 青海、西藏、陕西、甘肃、北京、四川、贵州、广东、福建、广西、海南、江苏、上海、云南、新疆、浙江、吉林、河北和江西等。

花顶生，花瓣
圆形或广卵形

花白色、粉红色或紫红色

蒴果球形或长圆状
椭圆形

花梗长可达 25 厘米

花期：3~11 月　｜　小贴士：花朵在沸水中焯熟后，在清水中浸泡几个小时，可凉拌或炒食

白屈菜

多年生草本植物，植株高 30~100 厘米。有粗壮的圆锥形主根，侧根较多，颜色为暗褐色。茎常被短柔毛，节上较为密集，多分枝，聚伞状。叶呈宽倒卵形或者倒卵状长圆形，羽状全裂。有纤细花梗和伞形花序，花瓣呈倒卵形，全缘，颜色为黄色。

● 生长习性：喜阳光充足、温暖湿润的环境，耐寒，耐热。不择土壤。

● 分布：全国大部分地区。

伞形花序，花梗纤细

花丝丝状，黄色，花药长圆形

叶柄长 2~5 厘米，被柔毛或无毛

叶片羽状全裂，裂片倒卵状长圆形，边缘圆齿状

花瓣倒卵形，全缘，黄色

別名：半边山、谢婆菜、水莴苣、水菠菜　　科属：玄参科婆婆纳属
性味：性凉，味苦　　　　　　　　　　　归经：入心、肝、肾经

水苦荬

　　一年生或二年生草本植物，茎高
25~90厘米，直立，中空，基部略微倾
斜。叶呈长圆状卵圆形或者长圆状披针形，
对生，有波状齿或者全缘。腋生有总状花序，
花冠的颜色为白色或者淡紫色，带有三紫色的
线条。蒴果近圆形，长圆形种子扁平。

◎ 生长习性：喜温暖湿润的环境，生于水边及
沼地。

◎ 分布：河北、江苏、安徽、浙江、四川、云南、
广西和广东等地。

叶对生，长圆状披针形
或长圆状卵圆形，全缘
或有波状齿

苞片椭圆形，
细小，互生

茎直立，中空，
有时基部略倾斜

总状花序腋生，花冠
淡紫色或白色，有淡
紫色的线条

花期：4~6月　　小贴士：嫩叶洗净后焯熟，再用清水冲洗一下，凉拌食用

別名：野芫荽
性味：性寒，味苦

科属：玄参科婆婆纳属
归经：入肺、肝、脾、肾经

直立婆婆纳

　　一年生或二年生草本植物。茎直立或下部
斜生，略伏地。叶呈三角状卵形或卵圆状，对生，
有钝锯齿的边缘。疏松穗形总状花序，花的颜
色为略带紫色的蓝色。苞片呈披针形或倒披针
形。蒴果呈广倒扁心形。

○ 生长习性：喜阳光充足又凉爽的气候，生于
海拔 2000 米以下的路旁、田边及荒野草地。

○ 分布：华东、华中。

茎直立或下部
斜生，略伏地

花萼裂片狭椭
圆形或披针形

疏松穗形总状花序，
花蓝而略带紫色

叶对生，卵圆状或三角
状卵形，边缘有钝锯齿

花期：4~5 月　｜　小贴士：嫩苗洗净后用沸水烫熟，再用清水浸泡半天去涩，可炒食或做汤

别名：牛耳草、大毛叶、一炷香、虎尾鞭　　**科属**：玄参科毛蕊花属
性味：性寒，味苦　　**归经**：入肝、肺经

毛蕊花

　　二年生草本植物，整株被密而厚的星状毛，颜色为浅灰黄色。基生叶和下部茎生叶呈倒披针状矩圆形，有浅圆齿的边缘，还有圆柱状穗状花序，花较为密集，簇生数朵，有很短的花梗，花冠的颜色为黄色。有卵圆形的蒴果，种子多数，粗糙而细小。

◑ **生长习性**：既忌炎热多雨的气候，也忌冷湿黏重的土壤，有较强的耐寒能力，喜欢排水良好的石灰质土壤。

◑ **分布**：云南、四川、新疆等。

穗状花序圆柱状，花黄色

全株被密而厚的浅灰黄色星状毛

全草含挥发油，气味芬芳

基生叶和下部的茎生叶倒披针状矩圆形，边缘有浅圆齿

花期：6~8月　　**小贴士**：常用来作为花境的材料，也可以群植的方式栽植于林缘隙地

花密集，数朵簇
生，花冠黄色

穗状花序圆柱状，
长达 30 厘米，直
径达 2 厘米

花在夏、秋采集，
鲜用或阴干

別名: 安妮女王的蕾丝
性味: 性温，味甘、辛

科属: 伞形科胡萝卜属
归经: 入脾经

野胡萝卜

　　二年生草本植物，植株高 20~120 厘米。茎表面覆盖有白色的粗硬毛，直立。叶生于根，有长柄，基部呈鞘状。茎生叶的叶柄较短，叶片呈长圆形，薄膜质。小伞形花序，花的颜色为白色、淡紫红色或者黄色，相对较小，花瓣呈倒卵形。

◐ 生长习性: 对气候、土壤要求不严，主要生于田野荒地、山坡、路旁。

◐ 分布: 江苏、安徽、浙江、江西、湖北、四川和贵州等。

小伞形花序有花 15~25 朵

茎直立，表面有白色粗硬毛

叶片长圆形，羽状深裂，裂片线形或披针形

花有白色、黄色或淡紫红色

花小，花瓣 5 朵，倒卵形

根生叶有长柄，基部鞘状

根状茎锥形，橙红色，可食用

花期: 5~7 月 | 小贴士: 根茎用清水洗干净后，可与其他菜品一起炒食，也可与肉类一起炖食

别名：老鹳嘴、老鸦嘴、贯筋、老贯筋　　科属：牻牛儿苗科老鹳草属
性味：性平，味辛、苦　　　　　　　　归经：入肝、大肠经

老鹳草

　　多年生草本植物，植株高 30~50 厘米。根和茎直生，有簇生纤维状细长须根。茎单生，直立。基生叶和茎生叶对生，基生叶片呈圆肾形，茎生叶裂片宽楔形或者长卵形。花序顶生或腋生，花瓣的颜色为淡红色或者白色，呈倒卵形。蒴果被短柔毛和长糙毛。

○ 生长习性：喜温暖湿润、阳光充足的环境，耐寒，耐湿。以疏松肥沃、湿润的壤土栽种为宜。

○ 分布：东北、华北、华东、华中及陕西、甘肃、四川。

花瓣白色或淡红色，倒卵形

茎生叶对生

花腋生和顶生

茎生叶裂片长卵形或宽楔形

茎直立，单生，有棱槽，假二叉状分枝

花期：6~8 月　　小贴士：在夏、秋季果实快熟时采割，捆好，晒干，于通风干燥处保存

别名： 蓬苋四、千瓣苋、长寿菜、马齿菜 　　**科属：** 马齿苋科马齿苋属
性味： 性寒，味酸 　　**归经：** 入肝、大肠经

马齿苋

　　一年生草本植物，整株没有毛。茎多分枝，斜卧或者平卧，呈圆柱形，颜色为带暗红色或者淡绿色。叶扁平，互生，肥厚，呈倒卵形，似马齿状，有粗短的叶柄。花没有梗，花瓣的颜色为红色或者黄色，呈倒卵形。有卵球形的蒴果，盖裂。

◐ **生长习性：** 适合温暖、阳光充足、干燥的环境，适应性较强，耐旱。丘陵和平地的一般土壤都可栽培，但在阴暗潮湿之处生长不良。

◐ **分布：** 华南、华东、华北、东北、中南、西南和西北。

茎平卧或斜倚，多分枝，圆柱形，淡绿色或带暗红色

花无梗，花瓣黄色或红色

花瓣 5，稀 4，倒卵形

叶互生，叶片扁平，肥厚，倒卵形，似马齿状，叶柄粗短

花期：5~8 月 　 **小贴士：** 可以凉拌或者切碎做馅料，还可以洗净焯水，晒干后贮为冬菜

太阳花

一年生草本植物，茎斜生或者平卧，细而圆，节上有丛毛。叶对生，被疏柔毛，托叶三角状披针形，边缘带有缘毛。枝顶簇生数朵或者单生有花，基部有叶状苞片，花瓣的颜色十分鲜艳，有黄色、红色等。

● 生长习性：喜欢阳光充足、温暖的环境，阴暗潮湿的环境不利于生长。对土壤没有太高的要求，对瘠薄的土地有很强的适应能力，尤其喜欢排水良好的沙壤土。

● 分布：全国大部分地区。

茎细而圆，平卧或斜生，节上有丛毛

花单生或数朵簇生于枝顶，基部有叶状苞片

叶对生，托叶三角状披针形，被疏柔毛

花瓣颜色鲜艳，有白、黄、红、紫等色

花期：5~11月　小贴士：花朵晒干后可泡茶饮，嫩茎叶用沸水焯熟后可凉拌、炒食

别名：刺苜蓿、刺荚苜蓿、黄花苜蓿、金花菜　　科属：豆科苜蓿属
性味：性平，味苦、微涩　　归经：入脾、胃、肾经

南苜蓿

一年生或二年生草本植物，植株高 20~90 厘米。茎呈近四棱形，直立或平卧，基部分枝。羽状三出复叶，卵状长圆形托叶较大，小叶倒卵形或三角状倒卵形。花序头状伞形，总花梗腋生，花冠黄色，旗瓣倒卵形。荚果盘形，暗绿褐色，种子长肾形，棕褐色。

➲ 生长习性：喜生于较肥沃的路旁、荒地，较耐寒，适应路埂生，为常见的路埂及草地杂草。

➲ 分布：安徽、江苏、浙江、江西、湖北和湖南等。

总花梗腋生，纤细无毛
小叶倒卵形或三角状倒卵形

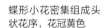

蝶形小花密集组成头状花序，花冠黄色
茎平卧或直立，近四棱形

花期：3~5 月 | 小贴士：全草可作绿肥和饲料，也可栽培作为蔬菜食用

鹿蹄草

　　常绿草本植物，植株高 10~30 厘米。根和茎细而长，横生或者斜升，有分枝。叶基生，圆卵形或椭圆形，革质，边缘近全缘或有疏齿。总状花序，花稍下垂且倾斜，花冠较大，广钟状，颜色为白色，有时还会稍带淡红色，花瓣呈倒卵形或者倒卵状椭圆形。蒴果扁球形。

◑ 生长习性：喜冷凉阴湿的环境，以排水良好的腐殖质土壤为好。

◑ 分布：陕西、青海、甘肃、山西、山东、河北、河南、安徽、江苏、浙江、福建、湖北、湖南、江西、四川、贵州、云南和西藏等。

叶基生，革质，椭圆形或圆卵形

总状花序，花倾斜，稍下垂

花冠广开，较大，白色，有时稍带淡红色

花瓣倒卵状椭圆形或倒卵形

花期：6~8 月　｜　小贴士：鹿蹄草常绿耐阴，可作地被，也是室内绿化的优选植物

别名: 欧缬草　　　　　　　　　**科属:** 败酱科缬草属
性味: 性温,味辛、苦　　　　　**归经:** 入心、肝经

缬草

　　多年生草本植物,植株高可达 120 厘米。根状茎呈头状,粗而短,簇生有须根。茎有纵棱,中空,被粗毛。叶披针形至线状披针形,坚纸质,全缘,叶柄较短。圆锥花序或顶生成伞房状,花冠的颜色为紫、紫红至蓝色或白色。有黑褐色的卵球形小坚果。

�»**生长习性:** 喜湿润,耐涝,也较耐旱,土壤以中性或弱碱性的沙壤土为好。

�»**分布:** 安徽、江苏、浙江和江西等。

花序顶生成伞房状或聚成圆锥花序

茎中空,有纵棱,被粗毛

叶坚纸质,披针形至线状披针形

花冠紫、紫红至蓝色或白色

根状茎粗短呈头状,须根簇生

花期: 6~9 月　　**小贴士:** 花朵具有特别浓烈的香味,甚至令人难以忍受

别名：红根草、扯根草、九节莲　　　科属：报春花科珍珠菜属
性味：性平，味辛、苦　　　　　　　归经：入肝、脾经

珍珠菜

　　多年生草本植物，整株被黄褐色的卷曲柔毛。茎呈圆柱形，直立，不分枝，基部带红色。单叶互生，叶呈阔披针形或卵状椭圆形。顶生有总状花序，花较为密集，花冠的颜色为白紫色，花丝略带有毛。蒴果近球形。

◎ 生长习性：喜温暖，对温度要求低。土壤适应性强。生于山坡、路旁及溪边草丛中。

◎ 分布：东北、华北、华南、西南及长江中下游地区。

总状花序顶生

单叶互生，叶卵状椭圆形或阔披针形

茎直立，圆柱形，基部带红色，不分枝

白紫色小花密集

花期：5~7月　小贴士：秋季采收珍珠菜的嫩枝、嫩叶，鲜用或晒干保存

別名：墨西哥向日葵、假向日葵、金光菊 　科属：菊科肿柄菊属
性味：性寒，味苦 　归经：入心、大肠经

肿柄菊

　　一年生草本植物，植株高2~5米。茎有粗
壮的分枝，直立，被稠密而短的柔毛。叶呈卵形、
近圆形或卵状三角形，有长柄，边缘有细锯齿。
顶生有头状花，舌状花1层，颜色为
黄色，舌片长卵形。瘦果呈长椭圆形，
被短柔毛，扁平。

◐ 生长习性：有很强的适应性，较耐干旱和
贫瘠。在一般土壤中都能生长，在湿润而又
肥沃的沙土至壤土中生长最好。在沟边、河
岸、田边及路边经常可见到。

◐ 分布：云南、广东、海南、福建和广西等。

叶有长叶柄

舌状花1层，
舌片长卵形

头状花序顶生

叶卵状三角形或
近圆形，叶边缘
有细锯齿

茎直立，被稠密
的短柔毛

花期：9~11月 ｜ 小贴士：肿柄菊可以作为动物的饲料，还可以用来改造沙荒地

波斯菊

一年生或多年生草本植物，植株高1~2米。根呈纺锤状，有较多的须根。茎稍被柔毛或没有柔毛。叶二次羽状深裂，裂片丝状线形或线形。单生有头状花序，舌状花颜色为粉红色、紫红色或白色，舌片呈椭圆状倒卵形，管状花颜色为黄色。瘦果黑紫色。

◐ 生长习性：喜欢温暖和光，忌酷热，不耐寒。耐干旱瘠薄，适宜栽培在排水良好的沙质土壤中。

◐ 分布：全国各地。

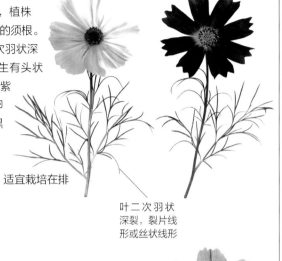

叶二次羽状深裂，裂片线形或丝状线形

头状花序单生

舌状花紫红色、粉红色或白色

花舌片椭圆状倒卵形

茎无毛或稍被柔毛

花序梗长6~18厘米

花期：6~8月　小贴士：可以作花境的材料，也可点缀于花坛、路旁、墙边

毛茛

聚伞花序较疏散

多年生草本植物，整株被白色而细长的毛。簇生须根，茎高 30~70 厘米，中空，有槽，直立，有分枝。有多数基生叶，叶片呈五角形或圆心形。多数花形成聚伞花序，疏散，花瓣呈卵状圆形，颜色为黄色。

◎ **生长习性**：喜欢温暖湿润的气候，在湿地、河岸、田野、沟边和阴湿的草丛中常见。

◎ **分布**：全国各地，以西藏为主。

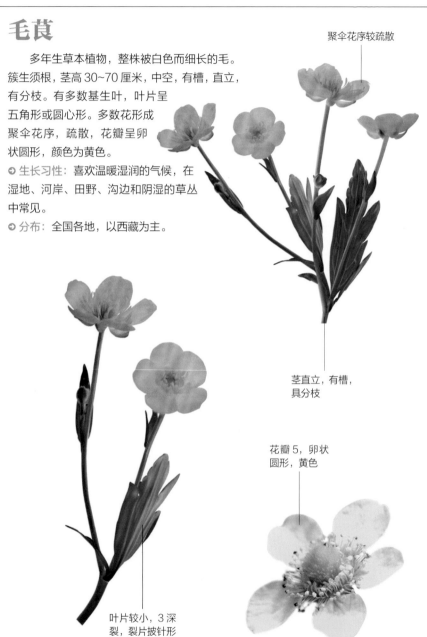

茎直立，有槽，具分枝

花瓣 5，卵状圆形，黄色

叶片较小，3 深裂，裂片披针形

花期：4~9 月　小贴士：夏、秋季采集，可以鲜用，也可以切段晒干后备用

麦仙翁

　　一年生草本植物，植株高 60~90 厘米。整株密被白色而长的硬毛。茎直立，单生，上部分枝或不分枝。叶片呈线状披针形或线形，有明显的中脉。花单生，花梗极长，花瓣颜色为紫红色，花瓣片呈倒卵形，先端微凹缺。蒴果卵形，种子呈圆肾形或不规则卵形，颜色为黑色。

◑ 生长习性：适应性很强，生于麦田中或路旁草地，为田间杂草。

◑ 分布：黑龙江、吉林、内蒙古和新疆等。

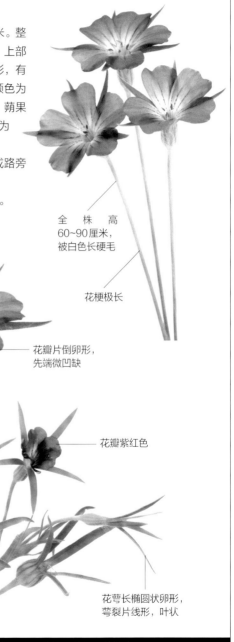

全株高 60~90 厘米，被白色长硬毛

花梗极长

花瓣片倒卵形，先端微凹缺

花单生，直径约 30 毫米

花瓣紫红色

花萼长椭圆状卵形，萼裂片线形，叶状

花期：6~8 月　　**小贴士：可以作为切花的材料，也可栽植于花坛、花境中**

紫堇

一年生草本植物，植株高 20~50 厘米。茎有分枝。花枝常与叶对生，呈花葶状。基生叶有长柄，叶片呈近三角形。总状花序，花颜色为粉红色至紫红色，平展。外花瓣略宽展，顶端微凹。蒴果线形，种子呈密生环状，有小凹点。

○ **生长习性**: 生于海拔 400~1200 米左右的丘陵、沟边或多石地。

○ **分布**: 全国各地。

总状花序疏有 3~10 花

株高 20~50 厘米，有主根

花粉红色至紫红色

花枝花葶状，常与叶对生

叶一至二回羽状全裂

茎分枝，有叶

花期: 4~5 月　小贴士: 秋季采挖根部，洗净晒干；夏季采集全草，晒干保存或鲜用

別名：小金鱼草 科属：玄参科柳穿鱼属
性味：性寒，味甘、微苦 归经：入肝、胆经

柳穿鱼

多年生草本植物，株高 20~80 厘米。茎直立，圆柱形，灰绿色，常在上部分枝。叶多皱缩，易破碎，叶条形至条状披针形，全缘，没有毛。总状花序顶生，小花密集，花冠黄色。

◐ 生长习性：耐寒，喜欢阳光、冷凉的气候。排水良好和适当润湿的沙壤土中十分有利于其生长。

◐ 分布：东北、华北及山东、河南、江苏、陕西和甘肃等。

花冠黄色，裂片长 2 厘米，卵形

总状花序顶生，小花密集

叶多皱缩，易破碎，条形至条状披针形

茎直立，圆柱形，灰绿色

植株高 20~80 厘米

花期：6~9 月 ┃ 小贴士：夏季花盛开时采收花朵，阴干，然后置于通风干燥处保存

別名: 地丁、地丁草、箭头草、菫菜地丁　　科属: 菫菜科菫菜属
性味: 性寒，味辛、微酸　　归经: 入心、肝经

菫菜

多年生草本植物。根状茎，短粗，斜生或垂直；地上茎数条丛生，直立或斜升。基生叶，叶片宽心形、卵状心形或肾形。花小，白色或淡紫色，生于茎生叶的叶腋。蒴果长圆形或椭圆形；种子卵球形，淡黄色。

◉ 生长习性: 常生于灌丛、田野、山坡草丛、杂木林林缘、湿草地及住宅旁。

◉ 分布: 全国各地。

花生于茎生叶的叶腋

小花多为淡紫色，也有白色

基生叶，叶片宽心形、卵状心形或肾形

花期: 5~10 月　　小贴士: 嫩茎叶经沸水焯熟后，用清水浸泡，可凉拌、炒食

別名: 荠苨、裂叶沙参　　科属: 桔梗科沙参属　　性味: 性寒，味甘　　归经: 入肺、胃经

展枝沙参

多年生草本植物。根呈胡萝卜状。茎没有毛或有疏柔毛，直立。叶早枯，基生。叶片呈狭卵形至菱状圆形或者菱状圆形，锐锯齿的叶边缘。有塔形的圆锥花序，花萼没有毛，裂片呈椭圆状披针形，花的颜色为蓝色、蓝紫色，有很少近白色。

◉ 生长习性: 喜温暖、凉爽、光照充足的环境，耐旱、耐寒。

◉ 分布: 河北、山西、吉林、辽宁和山东等。

花蓝色、蓝紫色，极少近白色

叶片菱状卵形至菱状圆形，叶边缘有锐锯齿

茎直立，无毛或有疏柔毛

花期: 7~8 月　　小贴士: 嫩叶洗净，用沸水焯熟，可凉拌，也与肉类炖食

別名：山茶根、土金茶根、黄芩茶、黄花黄芩　　科属：唇形科黄芩属
性味：性寒，味苦　　归经：入心、肺、胆、大肠、膀胱经

黄芩

　　多年生草本植物。根茎肥厚，肉质。茎基部伏地，钝四棱形，有细条纹，颜色为绿色或带紫色。叶呈披针形至线状披针形，坚纸质。茎及枝上顶生有花序，再在茎顶聚成圆锥花序，花冠的颜色有紫色、紫红色至蓝色。

◎生长习性：喜欢温暖的环境，耐严寒。在山坡、路旁等干燥且向阳的地方常见。

◎分布：河北、辽宁、陕西、山东、内蒙古和黑龙江等。

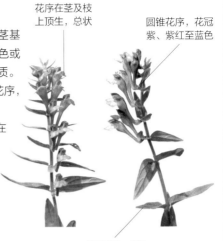

花序在茎及枝上顶生，总状

圆锥花序，花冠紫、紫红至蓝色

叶坚纸质，披针形至线状披针形

花期：7~9月　小贴士：春、秋二季采根，除去须根及泥沙，稍晾晒撞去粗皮，晒干保存

別名：蓝星球、漏芦　　科属：菊科蓝刺头属　　性味：性寒，味苦　　归经：入胃经

蓝刺头

　　多年生草本植物，植株高 50~150 厘米。茎单生，基部和下部茎叶全形宽披针形，上部分枝粗壮，边缘有刺齿。茎枝顶端单生有复总状花序，小花的颜色为淡蓝色或白色，裂片呈线形，花冠管有稀疏腺点或者没有腺点。瘦果倒圆锥状。

◎生长习性：耐干旱、瘠薄和寒冷，喜欢凉爽的气候和排水良好的沙壤土。

◎分布：新疆天山地区。

复头状花序顶生

小花淡蓝色或白色

叶宽披针形，边缘有刺齿

茎钝四棱形，绿色或带紫色

花期：8~9月　小贴士：春、秋二季采根，除去须根及泥沙，稍晾晒撞去粗皮，晒干保存

別名：黄瓜香、山地瓜、猪人参、血箭草　　科属：蔷薇科地榆属
性味：性寒，味苦、酸　　归经：入肝、肺、肾、大肠经

地榆

　　多年生草本植物，植株高 30~120 厘米。根呈纺锤形，粗而壮。茎上有棱，直立。叶基生，为羽状复叶。有圆柱形、椭圆形或者卵球形的穗状花序，苞片呈披针形，萼片呈椭圆形至宽卵形，颜色为紫红色。果实包藏在宿存萼筒内。

◐ 生长习性：地榆的地下部耐寒，地上部耐高温多雨，生命力旺盛，不择土壤，尤喜沙性土壤。

◐ 分布：华东、中南、西南及黑龙江、辽宁、河北、山西和甘肃等。

基生叶为羽状复叶，小叶长圆状卵形

穗状花序椭圆形、圆柱形或卵球形，直立

果实包藏在宿存萼筒内，外面有斗棱

花期：7~10 月　｜　小贴士：秋季枯萎前后挖根，去掉茎叶，洗净切片或晒干保存

別名：地胡椒　　科属：紫草科附地菜属　　性味：性温，味甘、辛　　归经：入脾、胃经

附地菜

　　一年生或二年生草本植物。茎的基部多分枝，通常为多条丛生，被短糙伏毛。有莲座状的基生叶，叶片呈匙形，有叶柄。茎顶生有聚伞花序，幼时卷曲，有短花梗。花冠的颜色为粉色或者淡蓝色，呈倒卵形。

◐ 生长习性：生于田野、路旁、荒草地或丘陵林缘、灌木林间。

◐ 分布：西藏、云南、广西北部、江西、福建、新疆、甘肃、内蒙古和东北等。

聚伞花序生茎顶，幼时卷曲，花梗短

花冠淡蓝色或粉色，倒卵形

茎上部叶长圆形或椭圆形，无叶柄或有短柄

茎被短糙伏毛

花期：5~6 月　｜　小贴士：全株幼嫩茎叶可食，味道鲜美，用沸水炒熟后可凉拌、炒食、炖汤

別名：鬼叉、鬼针、鬼刺、乌阶、郎耶草　　科属：菊科鬼针草属
性味：性平，味苦、甘　　归经：入心、肺、大肠经

狼把草

　　一年生草本植物。叶对生，茎直立，茎的中部和下部叶片呈卵状披针形至狭披针形，羽状分裂或深裂。顶生或者腋生有头状花序，总苞片的外层呈倒披针形，花的颜色为黄色，都为两性管状花。

⊙ 生长习性：喜酸性至中性土壤，也能耐盐碱，适合在低湿地生长。

⊙ 分布：华北、华东、西南、东北及甘肃、陕西等。

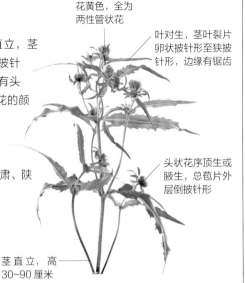

花黄色，全为两性管状花

叶对生，茎叶裂片卵状披针形至狭披针形，边缘有锯齿

头状花序顶生或腋生，总苞片外层倒披针形

茎直立，高30~90厘米

花期：8~10月　小贴士：青干草或霜打后的枯草，可作牛、羊、马、骆驼的饲料

別名：感应草、知羞草　　科属：豆科含羞草属　　性味：性寒，味甘　　归经：入脾、肝经

含羞草

　　多年生草本植物，植株高可达1米。茎有分枝，呈圆柱状，有钩刺及刺毛。托叶有刚毛，呈披针形，触摸到羽片和小叶便会闭合下垂。有圆球形的头状花序，有长总花梗，花较小，颜色为淡红色，外面被有短柔毛。

⊙ 生长习性：喜湿润，喜光线充足，略耐半阴。要求土壤深厚、肥沃、湿润。

⊙ 分布：福建、广东、广西和云南等。

小花白色或淡粉色

头状花序圆球形，有长总花梗

羽状复叶，小叶触之即闭合下垂

花期：3~10月　小贴士：含羞草易成活，可作为小型盆栽装饰阳台、窗台等处

別名：野麦、石柱花、十样景花　　　科属：石竹科石竹属
性味：性寒，味苦　　　归经：入心、肾、小肠、膀胱经

瞿麦

多年生草本植物。茎直立，丛生，颜色为绿色，没有毛，茎的上部有分枝。叶多皱缩，对生，展平的叶片呈条形至条状披针形。花单生或者数朵聚集成疏聚伞花序，颜色有红色、白色或深浅不同的紫色、红色，有芳香。

◎ 生长习性：忌干旱，耐寒，喜欢潮湿的环境。栽培在黏壤土或者沙壤土中较好。在海拔400~3700米的丘陵山地疏林下、草甸、林缘、沟谷溪边都有生长。

◎ 分布：江苏、江西、河南、湖北、四川等。

叶对生，多皱缩，展平叶片片呈条形至条状披针形

花单生或数朵集成疏聚伞花序，紫红色

茎丛生，直立，绿色，无毛，上部分枝

花期：6~9月　　小贴士：夏、秋二季采收地上部分，除去杂质，晒干后切段生用

別名：宝塔菜、地蚕　科属：唇形科水苏属　性味：性平，味甘　归经：入肺、肝经

甘露子

多年生草本植物，植株高30~120厘米。根茎的颜色为白色，节有鳞叶和须根。茎基部倾斜或者直立，单一或者多分枝。叶呈椭圆状卵形或者卵形，有圆齿状的锯齿。伞状花序，花为唇形，花冠的颜色为紫红色或者粉红。有黑褐色的卵球形坚果。

◎ 生长习性：喜生温湿地或近水处，不耐高温、干旱，遇霜枯死。

◎ 分布：全国大部分地区。

伞状花序，花唇形，花冠粉红或紫红色

茎直立或基部倾斜，单一或多分枝

叶卵形或椭圆状卵形，有圆齿状锯齿

花期：7~8月　　小贴士：肥大的地下块茎常制作成酱菜或泡菜食用

別名：黑毛七、九百棒、九龙丹、黑儿波　　科属：毛茛科铁筷子属

性味：性凉，味苦　　归经：入心、膀胱经

铁筷子

　　多年生常绿草本植物，有根状茎，上面密生有肉质长须根。茎上部分枝，高30~50厘米。叶有长柄，基生，叶片呈五角形或者肾形。花瓣的颜色为淡黄绿色，有短柄，呈圆筒状漏斗形。蓇葖扁，覆有横脉。种子为椭圆形。

◉ 生长习性：耐寒，喜半阴潮湿的环境，忌干冷。生于山坡灌丛或水沟边。

◉ 分布：四川西北部、甘肃南部、陕西南部和湖北西北部。

花瓣多淡黄绿色，圆筒状漏斗形，有短柄

花药椭圆形，长约1毫米，花丝狭线形

花期：4月　｜　小贴士：铁筷子可作小型盆栽，放于室内，也可作草坪和地被材料

別名：小秋葵　　科属：锦葵科木槿属　　性味：性寒，味甘　　归经：入肺、肝、肾经

野西瓜苗

　　一年生草本植物，植株高25~70厘米。茎稍卧立或者直立，略微柔软。有近圆形的基部叶，中下部有掌状叶，裂片呈倒卵状长圆形，有大锯齿的边缘。叶腋单生有花，花瓣的颜色为淡黄色，紫心，呈倒卵形。有长圆状球形的蒴果，被粗硬毛，颜色为黑色。有黑色的肾形种子，有腺状凸起。

◉ 生长习性：抗旱、耐高温、耐风蚀、耐瘠薄。

◉ 分布：江苏、安徽、河北、贵州和东北等。

花单生于叶腋，花瓣淡黄色，紫心，花瓣倒卵形

小苞片线形，长约8毫米，被粗长硬毛，基部合生

中下部的掌状叶，裂片倒卵状长圆形

花期：7~9月　｜　小贴士：嫩茎叶洗净，沸水焯熟后，换凉水浸泡2~3个小时，凉拌、做汤均可

地笋

　　多年生草本植物。根茎节上密生有须根，横走。茎通常不分枝，为四棱形，直立，颜色为绿色。叶呈长圆状披针形。轮伞花序没有梗，轮廓为圆球形，花萼呈钟形，花冠的颜色为白色，花盘平顶。有褐色倒卵状四边形的小坚果。

◯ 生长习性：喜温暖湿润的环境，不怕水涝。

◯ 分布：黑龙江、吉林、辽宁、河北、陕西、四川、贵州和云南等。

轮伞花序无梗，轮廓圆球形

茎直立，通常不分枝，四棱形，绿色

花冠白色，花盘平顶

叶有极短的柄或近无柄，长圆状披针形

花期：6~9 月 ｜ **小贴士**：春、夏季采摘嫩茎叶，洗净后焯熟凉拌，也可炒食或做汤

金纽扣

　　多年生草本植物。茎的颜色带紫红色，被疏细毛。单叶对生，呈广卵形，有浅粗锯齿的边缘。顶生或腋生有头状花序，深黄色的小花，花梗较细。总苞呈长卵形，花托上有鳞片；舌状花为雌性，舌片颜色为白色或者黄色。

◯ 生长习性：生于海拔 800~1900 米的田野沟旁、路边草丛的潮湿处。

◯ 分布：福建、广西、四川、云南和西藏等。

单叶对生，广卵形，边缘有浅粗锯齿

头状花序，顶生或腋生；花梗细

茎带紫红色，被疏细毛

花期：6~8 月 ｜ **小贴士**：采收全草，洗净后鲜用或晒干保存

大尾摇

花冠浅蓝色或
近白色

　　一年生直立草本植物，植株高
15~50 厘米，被粗毛。茎多分枝，直立。
叶互生或者对生，呈卵形至卵状矩圆形。
顶生或与叶对生聚伞花序，花冠的颜色为
近白色或浅蓝色，花柱顶端还有一个扁圆锥状
的盘。小坚果呈卵形。

◐ 生长习性：生于海拔 600 米以下的丘陵山坡、
旷野、田边、路旁荒草地或溪沟边。

◐ 分布：福建、广东、海南、广西和云南等。

叶对生或互生，卵形
至卵状矩圆形

花期：4~10 月　　小贴士：全草入药，夏秋采收，鲜用或晒干保存

鬼针草

头状花序，
无舌状花，
盘花筒状

　　一年生草本植物。茎高 30~100 厘米，直
立，钝四棱形。茎下部叶较小，中部叶常 3 出，
边缘有锯齿，顶生小叶较大，长椭圆形或卵状
长圆形。头状花序，有长 1~6 厘米的花序梗，
无舌状花，盘花筒状。黑色条形的瘦果上有棱。

◐ 生长习性：喜温暖湿润的气候，以疏松肥沃、
富含腐殖质的沙壤土及黏壤土栽培为宜。

◐ 分布：华东、华中、华南和西南各地。

有长 1~6 厘米
的花序梗

叶片长椭圆形
或卵状长圆形

花期：8~10 月　　小贴士：用沸水烫过后，再用清水漂洗，可凉拌、炒食或晒成干菜，还可泡茶

别名：杏参、土桔梗、空沙参、长叶沙参　　科属：桔梗科沙参属

性味：性寒，味甘　　归经：入肺、肝经

杏叶沙参

　　多年生草本植物。根为圆柱形。茎不分枝，高60~120厘米。茎生叶互生，叶片卵圆形、卵形至卵状披针形，边缘有疏齿。有狭长的总状花序，花冠呈钟状，颜色为蓝紫色、蓝色或者紫色。有近球状或者球状椭圆形的蒴果，种子呈椭圆状。

◎ **生长习性**：喜疏松肥沃的土壤，生于海拔1700米以下的林缘、林下或草地。

◎ **分布**：广西、江西、广东、河南、贵州、四川、山西、陕西、湖北、湖南和河北等。

总状花序狭长，有疏或稍密的短毛

花冠钟状，蓝色、紫色或蓝紫色

茎生叶卵圆形、卵形至卵状披针形，边缘有疏齿

茎不分枝

花期：7~9月　**小贴士**：春、秋季采收全草，除去茎叶鲜用或晒干去茎皮后保存备用

别名：海花　科属：秋海棠科秋海棠属　　性味：性凉，味微苦　　归经：入心经

秋海棠

　　多年生草本植物。有近球形的根状茎，茎有分枝，直立。茎生叶互生，叶片的轮廓呈宽卵形至卵形，有三角形浅齿的边缘。花序为聚伞状，花的颜色为红色、黄色、粉红色或白色。

◎ **生长习性**：性喜温暖、稍阴湿的环境和湿润的土壤，不耐寒，怕干燥和积水。

◎ **分布**：河北、河南、山东、陕西、四川、贵州、广西、湖南、湖北、安徽、江西、浙江和福建等。

聚伞状花序，花色为粉红、红、黄或白色

叶片轮廓宽卵形至卵形

茎生叶互生，有长柄

茎直立，有分枝

花期：7~11月　**小贴士**：春季采集嫩茎叶，经沸水焯熟后可凉拌、炒食或炖汤

別名：抱茎小苦荬、苦碟子、抱茎苦荬菜　　科属：菊科苦荬菜属
性味：性微寒，味苦、辛　　归经：入心经

抱茎苦荬菜

多年生草本植物。根细圆锥状，淡黄色。茎高 30~60 厘米，上部多分枝。基部叶有短柄，倒长圆形，边缘有齿或不整齐羽状深裂，叶脉羽状。头状花序组成伞房状圆锥花序；总花序梗纤细；舌状花多数，黄色。果实黑色，有细纵棱。

◎ 生长习性：适应性较强，多生于路边、山坡、荒野。

◎ 分布：东北、华北、华东和华南等。

头状花序组成伞房状圆锥花序

舌状花多数，黄色

花期：4~5 月｜小贴士：嫩茎叶用沸水汆烫约 2 分钟，再用清水浸泡，捞出沥干后凉拌、炒食

別名：辣子草　　科属：菊科牛膝菊属　　性味：性平，味淡　　归经：入肺、脾、大肠经

牛膝菊

一年生草本植物，植株高 70~80 厘米。茎上有细条纹，圆形，稍被毛，有膨大的节。单叶对生，草质，呈披针状卵圆形至披针形或卵圆形，有浅圆齿的边缘。顶生或者腋生有头状花序，有长柄，外围有少数的舌状花，颜色为白色，盘花为黄色。有楔形瘦果。

◎ 生长习性：喜温暖潮湿的环境。生于田边、路旁、庭园空地及荒坡上。

◎ 分布：浙江、江西、四川、贵州、云南和西藏等。

◎ 药用功效：全草入药

外围有少数白色舌状花，盘花黄色

头状花序小，顶生或腋生，有长柄

单叶对生，卵圆形或披针状卵圆形至披针

茎圆形，有细条纹，略被毛，节膨大

花期：7~9 月｜小贴士：嫩茎叶用沸水浸烫 3 分钟后，再用凉水浸泡，可素炒、凉拌或做汤

別名：乌田草、旱莲草、乌心草　　　　科属：菊科鳢肠属
性味：性寒，味甘、酸　　　　　　　　归经：入肝、肾经

鳢肠

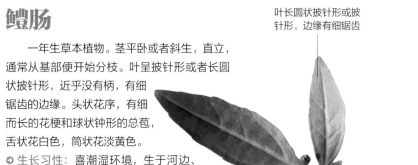

叶长圆状披针形或披针形，边缘有细锯齿

头状花序，细长花梗

舌状花白色，筒状花淡黄色

一年生草本植物。茎平卧或者斜生，直立，通常从基部便开始分枝。叶呈披针形或者长圆状披针形，近乎没有柄，有细锯齿的边缘。头状花序，有细而长的花梗和球状钟形的总苞，舌状花白色，筒状花淡黄色。

◐ 生长习性：喜潮湿环境，生于河边、田边或路旁。

◑ 分布：全国各地。

花期：6~9月　　小贴士：嫩茎叶洗净后用开水浸烫，再用清水漂洗后炒食或做汤

別名：千层塔、野蒿　　科属：菊科飞蓬属　　性味：性凉，味苦　　归经：入胃、大肠经

一年蓬

一年生或二年生草本植物，茎上部有分枝，直立，整株被短硬毛。基部叶呈宽卵形或者长圆形，边缘有粗齿。圆锥花序由头状花序排列而成，雌花舌状，颜色为淡天蓝色或者白色。瘦果呈披针形，被疏贴柔毛。

◐ 生长习性：喜生于肥沃向阳的土地，在干燥贫瘠的土壤亦能生长。

◑ 分布：除新疆、内蒙古、宁夏、海南外，还有东北、华北、华中、华东、华南及西南等地。

头状花序排列成疏圆锥花序

雌花舌状，白色或淡天蓝色

茎直立，上部有分枝

基部叶长圆形或宽卵形，边缘有粗齿

花期：6~9月　　小贴士：夏、秋季采收嫩茎叶，洗净，鲜用或晒干保存

别名：清明草、绵丝青　　　　　　**科属：**菊科鼠麴草属
性味：性平，味甘　　　　　　　　**归经：**入肺经

鼠曲草

　　一年生草本植物。茎上部不分枝，被厚绵毛，颜色为白色，直立或基部发出的枝向下部斜升。叶没有柄，呈倒卵状匙形或者匙形倒披针形。顶生有头状花序，花的颜色为黄色至淡黄色；总苞球状钟形。瘦果呈倒卵状圆柱形或者倒卵形，有乳头状的凸起。

◎ 生长习性：生长在低海拔的干地或潮湿的草地上，尤以稻田里最常见。

◎ 分布：华东、中南、西南及河北、陕西等。

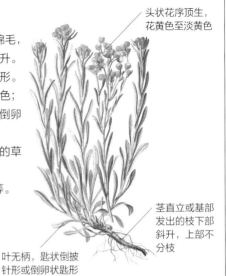

头状花序顶生，花黄色至淡黄色

茎直立或基部发出的枝下部斜升，上部不分枝

叶无柄，匙状倒披针形或倒卵状匙形

花期：4~7月　**小贴士：开花时采收，除去杂质，晒干，置干燥通风处保存**

别名：班蕉草　　**科属：**蓼科蓼属　　**性味：**性温，味辛　　**归经：**入肺、肝、大肠经

辣蓼

　　一年生草本植物，整株散布有腺点和毛茸。茎的颜色通常为紫红色，直立或下部伏地。叶有短柄，互生，叶片呈广披针形，两面被粗毛。枝顶生有穗状花序，有细而长的花梗。花较稀疏，被白色，上面散布有绿色腺点。

◎ 生长习性：在海拔 50~3500 米的河滩、山谷湿地和水沟边都能生长。

◎ 分布：全国大部分地区。

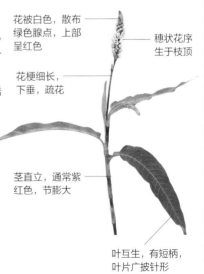

花被白色，散布绿色腺点，上部呈红色

穗状花序生于枝顶

花梗细长，下垂，疏花

茎直立，通常紫红色，节膨大

叶互生，有短柄，叶片广披针形

花期：5~9月　**小贴士：全年可采，将根和叶采摘回来，出去杂质，晒干备用**

別名：黑子草　　　　　　　　　　　　科属：毛茛科黑种草属
性味：性温，味辛　　　　　　　　　　归经：入心、肺经

黑种草

　　一年生草本植物，植株高 35~60 厘米。茎中上部分枝较多，有疏短毛。叶为一回或二回羽状深裂，裂片细，茎上部的叶没有柄，茎下部的叶有柄。枝顶有单生花，花萼颜色为淡蓝色，形状好像花瓣，呈椭圆状卵形。蒴果上分布有圆形鳞状的凸起。黑色扁三棱形的种子数量多。

◐ 生长习性：喜向阳，较耐寒，适宜肥沃、排水良好的土壤。

◐ 分布：新疆、云南、西藏等。

叶羽状深裂，裂片细，茎下部叶有柄

茎有疏短毛，中上部多分枝

花单生枝顶，花萼淡蓝色，形如花瓣，椭圆状卵形

花期：6~7 月	小贴士：果实成熟后收采全草，阴干，将种子打下去净杂质，置干燥处保存

別名：莨菪　　科属：茄科天仙子属　　性味：性温，味苦、辛　　归经：入心、胃、肝经

天仙子

　　一年生或二年生草本植物，被有柔毛和黏性腺毛。茎的上部有分枝。丛生的基生叶，呈莲座状。茎生叶互生，叶片呈长圆形，边缘羽裂。叶腋有单生花，筒状钟形的花萼和漏斗状的花冠，花冠的颜色为黄绿色。

◐ 生长习性：不耐严寒，喜欢阳光充足和湿润温暖的气候，适合栽培在排水良好、肥沃疏松、土层深厚的中性和碱性土壤中。

◐ 分布：全国各地。

花冠漏斗状，黄绿色，有紫色脉纹

花单生于叶腋或于茎顶聚成蝎尾式总状花序

茎生叶，叶互生，叶片长圆形

基生叶丛生，呈莲座状

花期：6~7 月	小贴士：夏、秋间采摘果实，曝晒，打下种子，去杂质后晒干入药

假酸浆

花单生于叶腋，淡紫色；花冠漏斗状

单叶互生，边缘有不规则的锯齿且成皱波状

一年生草本植物，植株高 50~80 厘米。有长锥形的主根，茎上有纵沟，呈棱状圆柱形，颜色为绿色。单叶互生，草质，有不规则的锯齿皱波状边缘。叶腋有单生花，颜色为淡紫色，花冠呈漏斗状。有球形蒴果和淡褐色的小种子。

◑ 生长习性：性喜高温，以沙壤土为佳。

◑ 分布：云南、广西、贵州等。

蒴果球形

种子小，淡褐色

| 花期：夏季 | 小贴士：灯笼状的宿存萼，是较为高级的插花材料 |

大叶碎米荠

花瓣淡紫色、紫红色，少有白色，倒卵形

总状花序多花

多年生草本植物，植株高 30~100 厘米。有匍匐延伸的根状茎，密被纤维状的须根。茎圆柱形，直立。小叶卵状披针形或者椭圆形，有锯齿边缘。总状花序，花瓣的颜色为紫红色、淡紫色，白色较少。

◑ 生长习性：在海拔 1600~4200 米的山坡灌木林下、石隙、沟边和高山草坡水湿处都有生长。

◑ 分布：内蒙古、河北、山西、湖北、陕西、甘肃、青海、四川、贵州、云南和西藏等。

茎较粗壮，圆柱形，直立

茎生叶有叶柄，小叶椭圆形或卵状披针形，边缘有锯齿

| 花期：5~6 月 | 小贴士：嫩苗可食用，炒食、凉拌或炖汤，同时也是上好的饲料 |

女娄菜

　　一年生或二年生草本植物，整株密被短柔毛，颜色为灰色。茎直立，叶呈狭匙形或者倒披针形，基生。花梗直立，花瓣的颜色为淡红色或者白色，倒卵形。有卵形蒴果和圆肾形灰褐色种子。

叶片倒披针形或披针形

茎直立，分枝或不分枝

花瓣白色或淡红色，倒卵形

�)生长习性：生于海拔 3800 米以下的山坡草地或旷野路旁草丛中。

�) 分布：全国各地。

花期：5~7 月　　小贴士：嫩苗用热水焯熟后换清水浸洗、捞出，加油盐调拌食用，也可以炒食

青葙

　　一年生草本植物，植株高 30~100 厘米。茎有分枝，直立，颜色为红色或者绿色，有明显的条纹。叶片呈披针状条形或者矩圆披针形。花密生成圆柱状或者塔状穗状花序，数量较多，花被片呈矩圆状披针形，初为全部粉红色或者白带红色，后颜色变成白色。

茎直立，绿色或红色，有明显的条纹

叶片披针形或披针状条形

�) 生长习性：喜温暖，耐热不耐寒。

�) 分布：陕西、江苏、安徽、上海、浙江、江西、福建、湖北和湖南等。

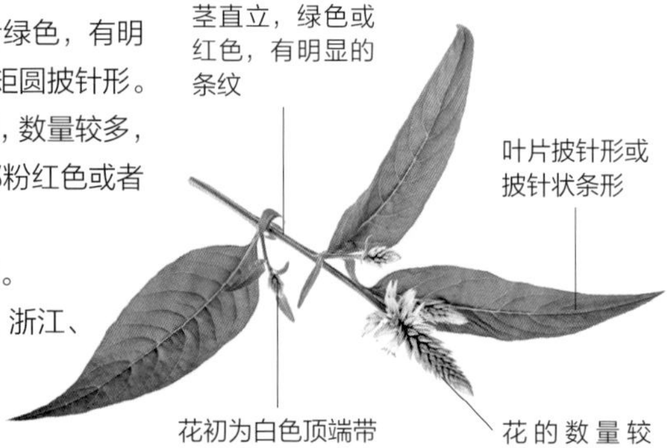

花初为白色顶端带红色，或全部粉红色，后成白色

花的数量较多，密生成塔状或圆柱状穗状花序

花期：5~8 月　　小贴士：嫩茎叶用沸水焯熟后，再用清水洗净，可炒食或凉拌

别名：鹅儿肠、鹅肠菜、抽筋草、伸筋藤　　　科属：石竹科鹅肠菜属
性味：性平，味甘、淡　　　　　　　　　　　归经：入肺、大肠经

牛繁缕

多年生草本植物，整株光滑。茎柔弱，多分枝，大多伏生于地面。叶呈宽卵形或者卵形，顶端逐渐变尖，基部呈心形，波状或者全缘，上部的叶没有柄，而下部的叶有柄，花梗细而长。枝端或叶腋生有花，花瓣颜色为白色。蒴果呈卵形，种子近圆形，颜色为褐色。

○ 生长习性：喜潮湿的环境，生于荒地、路旁及较阴湿的草地。

○ 分布：全国各地。

花瓣5，白色，2深裂

叶卵形或宽卵形，全缘或波状

花期：4~5月　　小贴士：嫩芽的纤维强韧，可用剪刀剪取；全草可作野菜和饲料

别名：石碱花　　科属：石竹科肥皂草属　　　性味：性温，味甘、苦　　　归经：入肺、肾经

肥皂草

多年生草本植物，植株高30~70厘米。根茎细且有较多分枝。茎上部分枝或者不分枝。叶片呈椭圆状披针形或者椭圆形。有聚伞圆锥花序，苞片呈披针形，花瓣的颜色为淡红色或者白色，呈楔状倒卵形。蒴果长圆状卵形。

○ 生长习性：既耐寒也耐旱，忌水涝喜欢温暖湿润的气候。有较强的适应性，对土壤和环境没有严格的要求。

○ 分布：地中海沿岸均有野生，在我国的大连、青岛等城市也常为野生。

聚伞圆锥花序

花瓣白色或淡红色，楔状倒卵形

叶片椭圆形或椭圆状披针形

茎直立，不分枝或上部分枝

花期：6~9月　　小贴士：肥皂草对环境的适应能力很强，可作为屋顶绿化的优良植物

土丁桂

多年生草本植物。有细而长的茎，上升或者平卧，还贴生有柔毛。单叶互生，叶片呈椭圆形、长圆形或匙形，叶柄很短或者近乎没有柄。有聚伞花序和丝状总花梗，花冠呈辐状，颜色为白色或者蓝色。

◎ 生长习性：生长在海拔 300~1800 米的地区，灌丛、草坡和路边都可见其身影。

◎ 分布：广西、广东、福建等。

花冠辐状，蓝色或白色

单叶互生；叶片长圆形、椭圆形或匙形

茎平卧或上升，细长，有贴生柔毛

花期：5~9月　　小贴士：可作香料，用于炖鸡、炖鸭或炖排骨

別名：元胡　　科属：罂粟科紫堇属　　　性味：性温，味辛、苦　　归经：入心、肝、脾经

延胡索

多年生草本植物，植株高 10~30 厘米。有圆球形的块茎，茎常分枝，直立，鳞片和下部茎生出的叶子通常腋生块茎。总状花序，苞片呈狭卵圆形或者披针形，全缘，花的颜色为紫红色，外花瓣有齿，宽展，顶端短而尖。

◎ 生长习性：耐寒，大风、强光和干旱不利于生长，喜欢湿润温暖的气候，生长季较短，对肥料有较高的要求。

◎ 分布：安徽、江苏、浙江、湖北和河南等。

小叶三裂或三深裂，有全缘的披针形裂片

总状花序多花密集

花紫红色，外花瓣宽展，有齿，顶端微凹

块茎圆球形，可入药，断面深黄色

花期：3~4月　　小贴士：块茎以个大、饱满、质坚、肉色黄亮者为佳

别名：对坐草、金钱草、走游草、铺地莲　　科属：报春花科珍珠菜属
性味：性平，味淡　　归经：入肝、胆、肾、膀胱经

过路黄

多年生草本植物。茎平卧向外延伸，柔弱。叶呈卵圆形至肾圆形，对生。叶腋单生有花，花梗长1~5厘米，花较多，花冠的颜色为黄色，檐部裂片狭卵形至近披针形。

◎ 生长习性：不耐寒，喜欢湿润、阴凉、温暖的环境，适合栽培在有较多腐殖质和疏松肥沃的沙壤中，在山坡和路旁较为阴湿的地方均有生长。

◎ 分布：全国各地。

叶对生，卵圆形、近圆形以至肾圆形

花丝下半部合生成筒

花腋生，花冠黄色

茎柔弱，长20~60厘米

花期：5~7月　｜　小贴士：嫩苗及未开花的嫩叶洗净，用沸水稍烫后，换清水浸泡，可炒食、做汤

别名：香茹、香草　　科属：唇形科香薷属　　性味：性微温，味辛　　归经：入肺、胃经

香薷

多年生直立草本植物，中部以上的茎通常都分枝，有较为密集的须根，为钝四棱形。叶呈椭圆状披针形或者卵形。有穗状花序和纤细花梗，花萼呈钟形，花冠的颜色为淡紫色，而花药的颜色为紫黑色。

◎ 生长习性：不耐湿，喜欢温暖的环境，对于土壤没有严格的要求，在树林内、山坡、路旁和河岸都可生长。

◎ 分布：江西、河北、河南等。

穗状花序顶生

花冠淡紫色

叶卵形或椭圆状披针形

茎自中部以上分枝，钝四棱形

花期：7~10月　｜　小贴士：嫩茎叶用沸水汆烫后，清水漂净，可炒食、凉拌

第二章
藤本植物

藤本植物，又名攀缘植物，
是指茎部细长，不能直立，
只能依附在其他物体如树、墙等，
或匍匐于地面上生长的一类植物，
如葡萄。藤本植物是造园中常用的植物，
人们利用攀缘植物进行垂直绿化、
拓展绿化空间，从而增加城市绿量，
提高整体绿化水平，改善生态环境。

牵牛花

　　一年生缠绕草本植物，叶片呈近圆形或者宽卵形，3深裂或浅裂，叶面被微硬的柔毛，茎上有倒向的长硬毛和短柔毛。花腋生，漏斗状的花冠，颜色为紫红或蓝紫色，花冠管的颜色较淡。有近球形的蒴果和卵状三棱形的种子，颜色为黑褐色或者米黄色，被褐色短茸毛。

○ **生长习性：**喜欢光照充足、通风良好的温暖环境，对土壤有很好的适应性，不怕酷暑高温，耐干旱和盐碱。

○ **分布：**全国各地。

花腋生，单一或
2朵着生于花序
梗顶

茎枝柔软，多匍匐
贴地或缠绕他物

花期：6~11月　｜　小贴士：牵牛花是常见的野花之一，生命力旺盛，可用来美化棚架、墙垣

花冠漏斗状，
花冠管色淡

花蓝紫色、紫红色、
白色、红色

叶片近圆形或宽卵形，
3 深裂或浅裂

种子卵状三棱
形，黑褐色或
米黄色

别名：朱藤、招藤、招豆藤、藤萝　　**科属**：豆科紫藤属
性味：性微温，味甘、苦　　　　　　**归经**：入肝、肾、心经

紫藤

　　落叶攀缘藤本植物，茎右旋，有粗壮的枝，嫩枝被白色柔毛。小叶对生，卵状椭圆形至卵状披针形，互生，奇数羽状复叶，有长柄。总状花序发自顶芽或者腋芽，花序轴被白色柔毛，有披针形苞片、杯状花萼，花冠的颜色为紫色，荚果呈倒披针形，种子的颜色为褐色，扁平。

○ 生长习性：喜光，较耐寒，耐湿，耐瘠，耐阴。
○ 分布：河北、河南、山西和山东等。

茎右旋，枝较粗壮，嫩枝被白色柔毛

小叶对生，卵状椭圆形至卵状披针形

奇数羽状复叶长 15~25 厘米

花梗细，长 2~3 厘米

花冠紫色，旗瓣圆形，先端略凹陷，花开后反折

花长 2~2.5 厘米，芳香

总状花序，花序轴被白色柔毛

花期：4 月中旬至 5 月上旬　**小贴士**：紫藤花在洗净后可凉拌或炒食，也可作天然食品添加剂

铁线莲

　　草质藤本植物，植株长度在 1~2 米。茎的
颜色有紫红色或者棕色。二回三出复叶，小叶
有柄，对生，呈卵状披针形或者卵形，全缘。
花单独腋生，花梗较长，苞片宽卵形或
三角状卵形。花较开展，萼片白色，呈
匙形或者倒卵形。有倒卵形瘦果，扁平，
细瘦。

◑ 生长习性：喜肥沃、排水良好的碱性壤土，
忌积水或干旱而不能保水的土壤。

◑ 分布：广东、广西、江西和湖南等。

花单生于叶腋

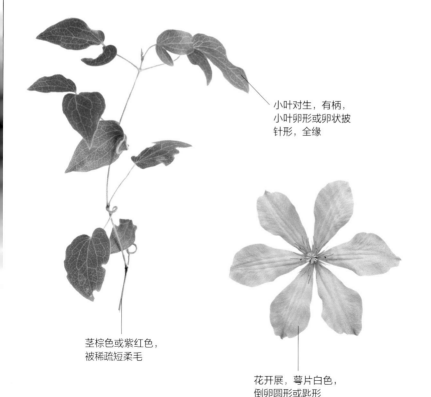

小叶对生，有柄，
小叶卵形或卵状披
针形，全缘

茎棕色或紫红色，
被稀疏短柔毛

花开展，萼片白色，
倒卵圆形或匙形

花期：1~2 月　｜　**小贴士：**铁线莲为藤蔓植物，常攀缘在其他物体上作装饰，还可作切花材料

别名：忽布、蛇麻花、酵母花、酒花　　**科属：**桑科葎草属
性味：性微凉，味苦　　**归经：**入心、胃、膀胱经

啤酒花

　　多年生攀缘草本，茎、枝和叶柄均密生有倒钩刺和茸毛。叶呈宽卵形或者卵形，先端急尖，基部呈近圆形或者心形，3~5裂或者不裂，表面密生有小刺毛，有粗锯齿的边缘。近球形的穗状花序由苞片呈覆瓦状排列，花期为7~8月。果穗球果状，没有毛，有油点。内藏有扁平瘦果，果期为9~10月。

◑ 生长习性：耐寒怕热，喜欢冷凉的环境，对土壤要求不严格，栽培在肥沃、疏松、通气性良好、土层深厚的壤土中较好。

◑ 分布：东北、华北及山东、新疆北部。

茎呈藤状缠绕，有分支，表面生有茸毛

叶卵形或宽卵形，先端急尖，基部心形或近圆形，有分裂和不分裂两种

苞片呈覆瓦状排列为一近球形的穗状花序

花期：7~8月　　**小贴士：**嫩茎叶洗净，用沸水焯一下，清水漂洗后捞出可凉拌、炒食

别名： 白环藤、奶浆藤、天浆壳、婆婆针线包　　**科属：** 萝藦科萝藦属
性味： 性温，味甘、辛　　**归经：** 入心、肺、肾经

萝藦

多年生草质藤本植物，长达 8 米，有乳汁。茎圆柱状，叶对生，卵状心形，叶柄长。总状聚伞花序腋生或腋外生，有长总花梗；花蕾圆锥状；花冠的颜色为白色，带有淡紫红色斑纹，呈近辐状，副花冠呈环状。蓇葖果呈角状；有褐色的扁平种子，卵圆形。

❍ 生长习性：生于林边荒地、河边、路旁灌木丛中。

❍ 分布：东北、华北、华东及陕西、甘肃、河南、湖北、湖南和贵州等。

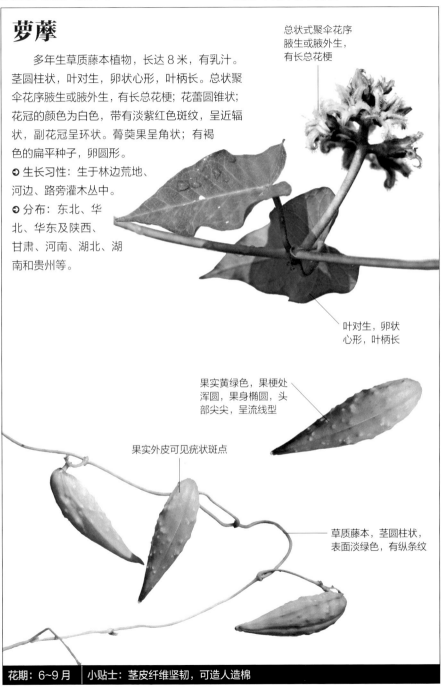

总状式聚伞花序腋生或腋外生，有长总花梗

叶对生，卵状心形，叶柄长

果实黄绿色，果梗处浑圆，果身椭圆，头部尖尖，呈流线型

果实外皮可见疣状斑点

草质藤本，茎圆柱状，表面淡绿色，有纵条纹

花期：6~9 月　　小贴士：茎皮纤维坚韧，可造人造棉

别名： 拱手花篮、花篮、吊篮花、裂瓣朱槿　　**科属：** 萝藦科吊灯花属
性味： 性平，味酸　　**归经：** 入肝经

吊灯花

　　草质藤本植物，茎缠绕，较纤弱，没有毛。叶膜质，对生，呈长圆状披针形，顶端逐渐变尖，基部圆形，叶脉明显。腋生有聚伞花序，萼片呈披针形，花的颜色为紫红色，花冠呈吊灯状。膏葖长披针形，种子有种毛。

● **生长习性：** 喜高温，不耐寒，不耐阴，喜肥沃，宜在肥沃、排水良好的土壤中生长。

● **分布：** 广西、广东、湖南和四川等。

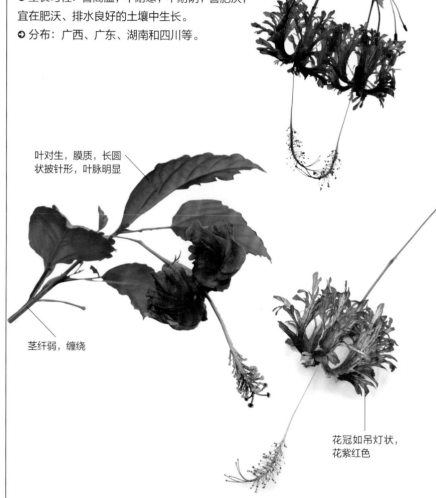

聚伞花序腋生

叶对生，膜质，长圆状披针形，叶脉明显

茎纤弱，缠绕

花冠如吊灯状，花紫红色

花期： 8~10月　**小贴士：** 适宜作中大型盆栽，摆放于庭院、阳台、客厅等处

別名：木通、羊开口、野木瓜、预知子 　　科属：木通科木通属

性味：性寒，味苦 　　归经：入心、小肠、膀胱经

五叶木通

　　落叶木质缠绕藤本植物，植株长 3~15 米，整株没有毛。幼枝的颜色为灰绿色，有纵纹。掌状复叶，簇生于短枝顶端，叶柄细而长。腋生有短总状花序。果肉质，长椭圆形，浆果状，略呈肾形，成熟后为紫色。种子多数，颜色为黑褐色或者黑色，长卵形而稍扁。

◐ 生长习性：喜半阴环境，稍畏寒。

◐ 分布：云南、四川、广东、广西、湖北、江西、安徽、江苏、湖南、甘肃、福建和浙江等。

幼枝灰绿色，有纵纹

短总状花序腋生，开紫色花

掌状复叶，簇生于短枝顶端

果肉质，浆果状，长椭圆形，略呈肾形，熟后紫色

花期：6~8 月 ｜ 小贴士：嫩茎叶洗净后用沸水稍烫，再用清水反复冲洗后，炒食或凉拌

别名: 白花藤　　　　　　　　　　　**科属:** 毛茛科铁线莲属
性味: 性温,味辛　　　　　　　　　**归经:** 入肾经

白花铁线莲

　　藤本植物。茎的颜色为紫红色或者棕色,上有 6 条纵纹,有膨大的节部。二回三出复叶,全缘,有不明显的脉纹,小叶呈狭卵形至披针形。花单生或聚合为圆锥花序,有大萼片,花瓣颜色为白色。有花瓣状的瘦果,近球状。

◑ **生长习性:** 耐寒性强,可耐低温。喜肥沃、排水良好的碱性壤土,忌积水或夏季干旱而不能留住水分的土壤。

◑ **分布:** 浙江。

二回三出复叶,小叶狭卵形至披针形

花单生或为圆锥花序

茎棕色或紫红色

花期: 6~9 月	小贴士: 适宜栽植与墙边、窗前、院内,或与其他植物配植于假山

别名: 铁交怀　　**科属:** 兰花科蝴蝶草属　　**性味:** 性寒,味辛、甘　　**归经:** 入脾、胃经

蝴蝶草

　　多年生缠绕草本植物。茎蔓生且细,茎上对生有三角状狭卵形至五角状披针形叶。幼时有 4 片基生叶,呈卵圆形至椭圆形,十字形对生。叶腋单生有花,花形较大,花冠的颜色为玫瑰紫色。

◑ **生长习性:** 生长在温带和亚寒带的平原地带,生于山坡、田野的阴湿地。

◑ **分布:** 华中、华南和西南等。

花冠呈玫瑰紫色

花大形,花冠檐部 5 裂,花冠管渐细

茎细,蔓生

花期: 8~9 月	小贴士: 嫩茎叶经沸水焯熟后可凉拌、炒食或炖汤

别名： 小旋花、中国旋花、箭叶旋花、野牵牛　　**科属：** 旋花科旋花属

性味： 性温，味辛　　**归经：** 入肾经

田旋花

　　多年生草质藤本植物。茎有棱，缠绕或平卧。叶片呈箭形或者戟形，有叶柄。腋生1~3朵花，有细弱的花梗，花冠呈漏斗形，颜色为白色或者粉红色，外面覆有柔毛。有圆锥状或者球形蒴果，没有毛，种子呈椭圆形。

◐ **生长习性：** 生于耕地及荒坡草地、村边路旁。

◐ **分布：** 东北、华北、西北及山东、江苏、河南、四川和西藏。

花冠漏斗形，粉红色或者白色

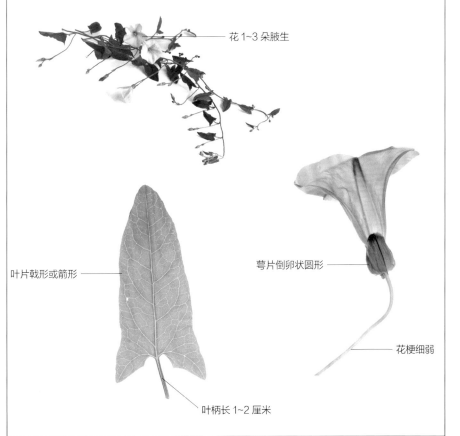

花1~3朵腋生

叶片戟形或箭形

萼片倒卵状圆形

花梗细弱

叶柄长1~2厘米

花期：5~8月 | **小贴士：** 夏、秋季采收全草，洗净后鲜用或切段晒干备用

第三章
灌木植物

灌木是没有明显主干的木本植物，
植株一般比较矮小，
从近地面的地方就开始丛生出横生的枝干。
一般为阔叶植物，也有一些针叶植物是灌木，
如刺柏。许多种灌木由于小巧，
多作为园艺植物栽培，用于装点园林，
如沿海的红树林。

別名：映山红、红踯躅、山石榴、翻山虎　　科属：杜鹃花科杜鹃属
性味：性温，味酸、甘　　　　　　　　　　归经：入肝、脾、肾经

杜鹃花

　　落叶灌木植物，有纤细而多的分枝，叶革质，呈倒披针形倒卵形或者卵状椭圆形。卵球形的花芽，鳞片表面中部往上的部分被糙伏毛，边缘有睫毛。枝顶簇生花，花冠呈阔漏斗形，有鲜红色、玫瑰色或者暗红色等不同的颜色。卵球形蒴果，密被糙伏毛。

❍ 生长习性：喜欢湿润、凉爽的气候，对于半阴半阳的环境十分适应，忌过阴和烈日。

❍ 分布：江苏、安徽、浙江、江西、福建、湖北、湖南、广东、广西、四川、贵州和云南等。

裂片 5，倒卵形，上部裂片具有深红色斑点

花冠阔漏斗形

花有玫瑰色、鲜红色、暗红色等颜色

分枝多而纤细

叶革质，卵状椭圆形、倒卵形或倒披针形

花期：4~5月，10月下旬　│　小贴士：杜鹃花花朵鲜艳、枝叶繁茂，是常见的盆栽植物之一

别名：满洲茶藨子、山麻子、东北醋李　　科属：虎耳草科茶藨子属
性味：性温，味酸　　　　　　　　　　归经：入肝、脾、肾经

东北茶藨子

　　落叶灌木植物，高 1~3 米。小枝灰色或褐灰色；叶宽大，基部心脏形，有叶柄。总状花序，苞片卵圆形；花萼浅绿色或带黄色；萼筒盆形；萼片倒卵状舌形或近舌形，花瓣近匙形。果实球形，红色，无毛，味酸可食；种子数量较多，较大，圆形。

◐ 生长习性：性喜阴凉而略有阳光之处，生于山坡或山谷针、阔叶混交林下或杂木林内。

◐ 分布：黑龙江、吉林、辽宁、内蒙古、河北、山西、陕西、甘肃和河南等。

花瓣近匙形，黄绿色

总状花序

嫩枝红褐色，具有短柔毛或近无毛

边缘具有不整齐粗锐锯齿或重锯齿

叶宽大，基部心脏形，有叶柄

果实球形，红色

花期：4~6 月　｜　小贴士：东北茶藨子的果肉可直接食用，也可制作饮品或酿酒

别名：鸭皂树、刺球花、消息树、牛角花　　科属：豆科金合欢属
性味：性平，味微酸、涩　　归经：入心、肝经

金合欢

灌木或者小乔木植物，植株高 2~4 米。树皮的颜色是灰褐色，粗糙且多分枝，小枝通常以"之"字形弯曲生长。小叶线状长圆形，二回羽状复叶。头状花序簇生于叶腋，总花梗被毛。花颜色为黄色，有浓郁的香气。花瓣连合呈管状。荚果近圆柱状，膨胀。

⊃ 生长习性：耐干旱、喜欢湿润。温暖的气候和光，在背风、向阳的环境中可以很好地生长，以湿润、肥沃的酸性土壤为佳。

⊃ 分布：浙江、福建、广东、广西、云南和四川等。

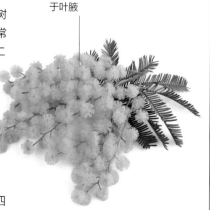

头状花序簇生于叶腋

种子多颗，卵形，长约 6 毫米

花黄色，花瓣连合呈管状

荚果膨胀，近圆柱状，成熟后褐色

二回羽状复叶，小叶线状长圆形

小枝粗糙，褐色，多分枝

花期：2~3 月　　小贴士：金合欢茎中流出的胶状物，具有药用价值

別名：连壳、黄花条、黄链条花、黄奇丹
性味：性微寒，味苦

科属：木樨科连翘属
归经：入肺、心、肝、胆、小肠经

连翘

　　落叶灌木，植株高可达 3 米。有丛生枝干，黄色的小枝拱形下垂，中空。叶椭圆状卵形至椭圆形或者卵形、宽卵形，对生，边缘有齿。花单生或数朵着生于叶腋，花冠的颜色为黄色，裂片呈长圆形或者倒卵状长圆形。

➲ 生长习性：耐干旱和贫瘠，也耐寒，喜欢湿润温暖的气候，怕涝，对土壤要求不严格，在碱性、酸性或者中性的土壤中都可以正常生长。

➲ 分布：辽宁、河北、河南、山东、江苏、湖北、江西、云南、山西、陕西和甘肃等。

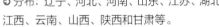

花冠黄色

花单生或数朵着生于叶腋

叶片卵形至椭圆形

单叶或三出复叶

枝干丛生，小枝黄色，拱形下垂

花萼绿色，裂片倒卵状长圆形或长圆形

花期：3~4 月　　小贴士：连翘是一种天然防腐剂，可延长食品保存时间

别名：海洋之露、艾菊　　**科属：**唇形科迷迭香属
性味：性平，味辛　　**归经：**入肺、胃、脾经

迷迭香

灌木植物，植株高可达 2 米。有圆柱形的茎和老枝，皮层的颜色为暗灰色。枝上叶丛生，无柄或有短柄。叶片全缘，呈线性，革质，向背面卷曲。花对生，近无梗，短枝顶端会有少数花聚集形成总状花序。苞片有柄，较小，有卵状钟形的花萼，花冠的颜色为蓝紫色。

- 生长习性：性喜温暖的气候，较耐旱，土壤以富含砂质、排水良好为佳。
- 分布：我国南方大部分地区和山东。

花对生，少数聚集在短枝的顶端组成总状花序

花冠蓝紫色
茎及老枝圆柱形，皮层暗灰色

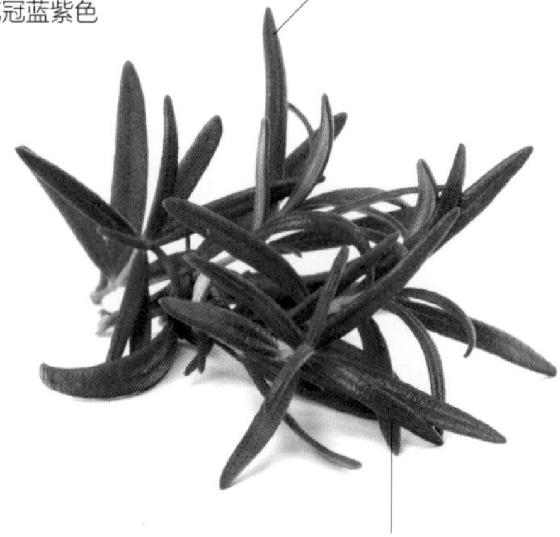
叶常常在枝上丛生，短柄或无柄
叶片线形，革质

花期：11 月　|　**小贴士：**迷迭香花在洗净焯水后，可凉拌、炒食或蒸食，晒干后则可作茶饮

牡荆

　　落叶灌木或小乔木，植株高可达 5 米，有浓郁香味，多分枝，密被细毛。掌状 5 出复叶对生，小叶披针形，边缘有粗锯齿，颜色为绿色，两面沿叶脉有短细毛。顶生或侧生有圆锥花序，有细小小苞，线形，钟状花萼，花冠的颜色为淡紫色，外面密生有细毛。有黑色球形浆果。

◑ 生长习性：喜光，耐阴，耐寒，对土壤要求适应性强。

◑ 分布：河北、湖南、湖北、广东、广西、四川和贵州等。

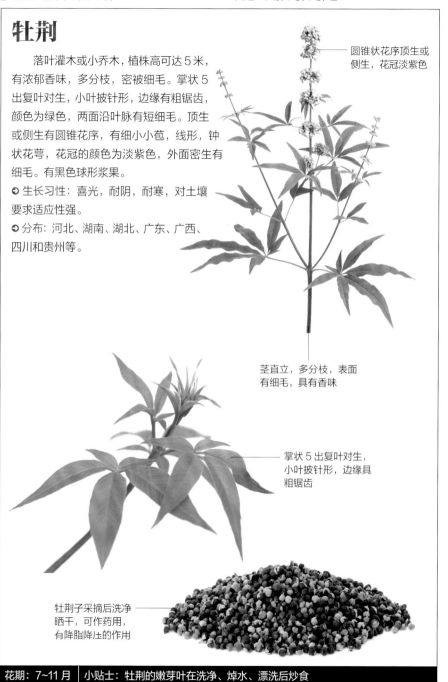

圆锥状花序顶生或侧生，花冠淡紫色

茎直立，多分枝，表面有细毛，具有香味

掌状 5 出复叶对生，小叶披针形，边缘具粗锯齿

牡荆子采摘后洗净晒干，可作药用，有降脂降压的作用

花期：7~11 月 ｜ 小贴士：牡荆的嫩芽叶在洗净、焯水、漂洗后炒食

别名：狗胡花、金线蝴蝶、过路黄、金丝海棠　科属：藤黄科金丝桃属
性味：性凉，味甘、苦　归经：入心、肝经

金丝桃

多年生草本灌木植物，植株高0.5~1.3米。茎为圆柱形，颜色为红色，皮层为橙褐色。叶没有柄或者有短柄，对生，叶片呈椭圆形至长圆形或者倒披针形。有星状花和疏松的近伞房状花序，花瓣的颜色为金黄色至柠檬黄色，呈三角状倒卵形。种子深红褐色，圆柱形。蒴果宽卵珠形。

➲ 生长习性：喜湿润半阴的环境，不耐寒。

➲ 分布：河北、陕西、山东、江苏、安徽、江西、福建、河南、湖北、湖南、广东、广西、四川和贵州等。

雄蕊多数，花丝极长，灿若金丝

花瓣金黄色至柠檬黄色，三角状倒卵形

蒴果卵珠形，先端近锐尖至钝形

花期：5~8月 | **小贴士：金丝桃是一种观赏植物，可栽植在庭院或路旁，也可作盆栽或切花**

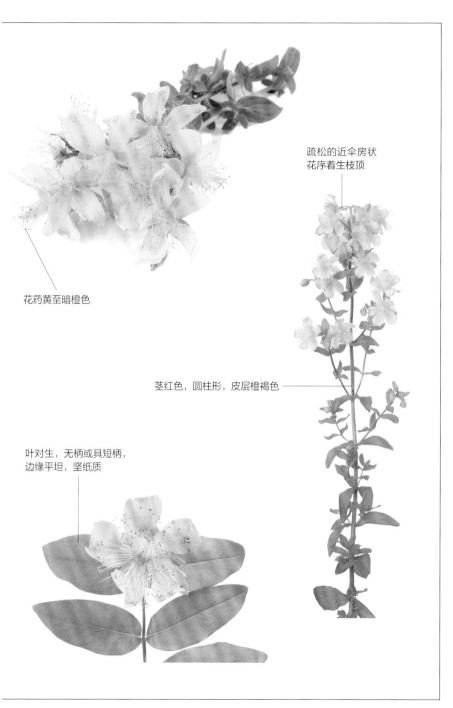

疏松的近伞房状
花序着生枝顶

花药黄至暗橙色

茎红色，圆柱形，皮层橙褐色

叶对生，无柄或具短柄，
边缘平坦，坚纸质

別名：番仔刺、篱笆树、洋刺、花墙刺、桐青　　科属：马鞭草科假连翘属
性味：性温，味甘、微辛　　　　　　　　　　归经：入肝经

假连翘

　　常绿灌木植物，植株高 1.5~3 米。下垂的枝条上无刺或者有刺，嫩枝上有毛。叶边缘有锯齿，对生，叶柄有柔毛，叶片呈卵状披针形、倒卵形或者卵状椭圆形，纸质。顶生或腋生有总状花序，长排列成圆锥状，管状花萼，有毛，花冠的颜色为淡蓝紫色或者蓝色。有近卵形或者圆形果实。

◒ 生长习性：耐半阴，喜欢光和温暖湿润的气候。对于土壤有很强的适应性，以钙质土、酸性土、重黏土和沙质土为佳。

◒ 分布：华南北部以及华中、华北的广大地区。

总状花序顶生或腋生，常排成圆锥状

花冠蓝色或淡蓝紫色

枝条常下垂，嫩枝有毛

叶片卵状椭圆形、倒卵形或卵状披针形

叶对生，边缘有锯齿；叶柄有柔毛

花期：5~10 月　小贴士：假连翘可作盆栽放在室内，也可作地栽植物，用来绿化庭院

別名：蚂蟥梢、火烧尖、日本绣线菊　　科属：蔷薇科绣线菊属
性味：性平，味苦　　　　　　　　　归经：入肝、脾、肾经

粉花绣线菊

　　直立灌木植物，植株高 1~2 米。有密集的小枝上略有棱角，颜色为黄褐色，嫩枝有短柔毛，冬芽呈长圆卵形或者卵形。叶片边缘密生有锐锯齿，呈长圆披针形至披针形。有金字塔形或者长圆形圆锥花序，花瓣先端圆钝，呈卵形，粉红色。蓇葖果直立。

○ 生长习性：喜光也稍耐阴，可抗寒、旱，喜温暖湿润的气候和深厚肥沃的土壤。

○ 分布：辽宁、内蒙古、河北、山东和山西等。

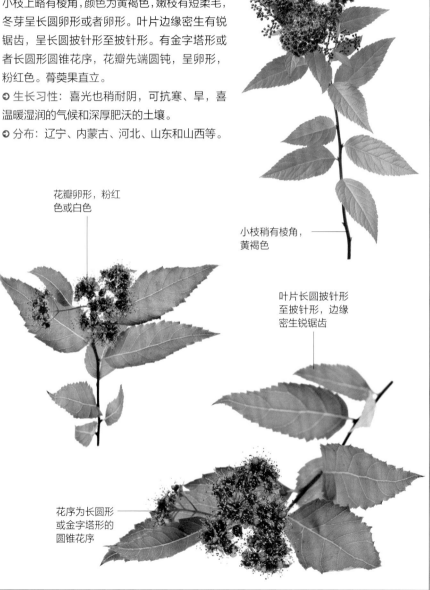

花瓣卵形，粉红色或白色

小枝稍有棱角，黄褐色

叶片长圆披针形至披针形，边缘密生锐锯齿

花序为长圆形或金字塔形的圆锥花序

花期：6~8 月　｜　小贴士：绣线菊是一种观赏植物，广泛栽植于园林中

別名：楔荆桃、莺桃、车厘子、牛桃、樱桃　　科属：蔷薇科樱属
性味：性温，味甘、微酸　　归经：入脾、肝经

毛樱桃

灌木植物，小枝的颜色为灰褐色或者紫褐色，嫩枝上密被茸毛到无毛。冬芽疏被短柔毛或者无毛，呈卵形。两朵簇生或单生花，有近伞形或者伞房状花序，花瓣呈倒卵形，先端圆钝，颜色为粉红色或者白色。核果近球形，红色。

◐ 生长习性：适宜栽培在早春气候变化不明显、平均气温13℃以上、夏季凉爽干燥、光照充足、雨量适中的地区，既怕涝、冻也怕干旱、风。

◐ 分布：安徽、辽宁、河北、陕西、甘肃、山东、河南、江苏、浙江和江西等。

叶片卵状椭圆形或倒卵状椭圆形，边缘具粗锯齿

果实近球形，红色

花单生或2朵簇生，白色或粉红色

花期：4~5月　小贴士：毛樱桃可直接食用，但注意清洗时，不宜在水里泡太久

别名：阿穆尔风箱果、托盘幌　　科属：蔷薇科风箱果属

性味：性温，味酸、甘　　　　归经：入肝、肾经

风箱果

　　灌木植物，植株高可达 3 米。有略微弯曲的圆柱形小枝，近乎没有毛。叶片呈三角卵形至宽卵形。伞形总状花序，披针形苞片顶端有锯齿，杯状萼筒，外面被有星状茸毛，萼片三角形，花瓣颜色为白色，先端圆钝，呈倒卵形，花药颜色为紫色。骨突果膨大，呈卵形，有黄色光亮的种子。

❍ 生长习性：喜光，也耐半阴，耐寒性强。要求土壤湿润，但又不耐水渍。

❍ 分布：黑龙江和河北。

花序伞形总状

花瓣倒卵形，先端钝圆，白色

小枝圆柱形，稍弯曲，近于无毛

叶片三角卵形至宽卵形，边缘有锯齿

花期：6 月　　小贴士：风箱果是一种观赏植物，一般栽植在园林中，如亭台、林缘等处

别名：忍冬、金花、银花、二花、密二花　　科属：忍冬科忍冬属
性味：性寒，味甘、微苦　　　　　　　　归经：入肺、心、胃经

金银花

　　多年生半常绿灌木植物。有细长的小枝，藤的颜色为褐色至赤褐色。叶呈长圆状卵形、卵形或卵状披针形，枝叶密生有柔毛和腺毛。花腋生，花的颜色初为白色，后逐渐变为黄色。唇形花，有淡淡的香气。球形的浆果，成熟后颜色为蓝黑色。

❍ 生长习性：喜阳，耐阴，耐寒性强，也耐干旱和水湿，对土壤的要求不严。

❍ 分布：华东、中南、西南及辽宁、河北、山西、陕西和甘肃等。

花色初为白色，渐变为黄色

花冠二唇形，有淡香

小枝细长，藤为褐色至赤褐色

叶对生，卵形、长圆状卵形或卵状披针形

浆果球形，熟时蓝黑色

花期：4~6 月　　小贴士：金银花可单独泡水喝，也可与菊花、薄荷、芦根等同饮

金露梅

　　落叶灌木植物，植株高约为 1.5 米。树冠
呈球形，树皮上有纵裂、剥落，分枝较多。幼
枝被有丝状毛。集生有羽状复叶，小叶全缘，
边缘部分外卷，呈长椭圆形至条状长圆形。花
单生或数朵聚集排列成伞房状，花瓣的颜色为
黄色，呈宽倒卵形。瘦果为棕褐色卵形，外被
长柔毛。

◎ **生长习性**：喜微酸至中性、排水良好的湿润
土壤，也耐干旱瘠薄。

◎ **分布**：东北、华北、西北和西南等。

花瓣黄色，
宽倒卵形

羽状复叶集生，
小叶长椭圆形，
全缘

花期：6~9 月　｜　**小贴士：金露梅的叶和果中均含有鞣质，可用来制作栲胶**

野牡丹

　　灌木植物，茎密被鳞片状糙伏毛，呈近圆
柱形或者钝四棱形。叶片坚纸质，呈广卵形或
者卵形。分枝顶端生有伞房花序，近头状，花
瓣的颜色为粉红色或者紫色，密被缘毛，呈倒
卵形。蒴果呈坛状球形。

◎ **生长习性**：稍微耐寒和贫瘠，喜欢湿润温
暖的气候，适合栽培在富含腐殖质和疏松的
土壤中。

◎ **分布**：云南、广西、广东和福建等。

花瓣紫色或粉
红色，倒卵形

叶片坚纸质，卵形
或广卵形，全缘

花期：5~7 月　｜　**小贴士：野牡丹可作为观赏植物布置园林**

別名：茶子树、茶油树、白花茶　　　科属：山茶科山茶属
性味：性平，味苦、甘　　　　　　　归经：入脾、胃、大肠经

油茶

　　灌木或中乔木植物，嫩枝上有粗毛，叶呈倒卵形、长圆形或者椭圆形，上面颜色为深绿色且发亮，中脉部分有柔毛或粗毛。顶生有花，几乎没有柄，花瓣的颜色为粉红色或者白色，呈倒卵形，花药的颜色为黄色。

○ 生长习性：不耐寒冷，喜欢温暖的环境，对土壤没有严格的要求，适合种植在侵蚀作用较弱、坡度和缓的地方，以土层深厚的酸性土为佳。

○ 分布：浙江、江西、河南、湖南和广西等。

嫩枝有粗毛

花药黄色

蒴果卵球形，3室或1室，3片或2片裂开

每室有种子，褐色

花期：10~11月　小贴士：茶饼是优良的肥料和农药，可防治病虫害，并可提高作物的蓄水力

叶深绿色，有光亮

花瓣白色或粉红色，
倒卵形

花顶生，近乎无柄

叶革质，椭圆形、长圆形
或倒卵形

树皮淡褐色，光滑

种子可榨油供食用，
色清味香

别名： 鬼箭、六月凌、四面锋、蓖箕柴 **科属：** 卫矛科卫矛属

性味： 性寒，味苦 **归经：** 入心经

卫矛

　　灌木植物，植株高 1~3 米。小枝略呈四棱形，颜色为绿色。叶对生，叶片近革质，呈菱状倒卵形至椭圆形或倒卵形，边缘有锯齿。腋生有聚伞花序，花的颜色为红色或者黄绿色，花瓣近圆形。蒴果裂瓣椭圆状，种子呈椭圆状。

○ **生长习性：** 喜光、耐阴，对气候和土壤的适应性强，能耐干旱、瘠薄和寒冷。

○ **分布：** 全国各地，以东北地区和新疆、青海、西藏、广东及海南为主。

叶对生，叶片近革质

花黄绿色或红色，花瓣近圆形

蒴果 1~4 深裂，裂瓣椭圆状，长 7~8 毫米

种子椭圆状或阔椭圆状，假种皮橙红色，全包种子

小枝略呈四棱形，绿色

叶片倒卵形、菱状倒卵形至椭圆形，边缘有锯齿

花期：5~6 月　**小贴士：** 嫩茎叶洗净后用沸水烫一下，换清水漂洗后，凉拌、炒食、做汤皆可

別名：地椒、地花椒、山椒、山胡椒、麝香草　　科属：唇形科百里香属

性味：性微温，味辛　　　　　　　　　　　　归经：入肺、脾经

百里香

　　半灌木植物，茎多数，被短柔毛，上升或者匍匐。叶细而小，对生，呈长椭圆形或卵形，钝头，全缘，基部有刚毛，短柄。头状花序，花有短梗，花颜色为粉色、白色或紫色，被疏短柔毛。小坚果成卵圆形或近圆形，光滑。压扁状。

❍ 生长习性：喜欢温暖干燥的环境。对土壤没有严格要求，排水良好的石灰质土壤十分有利于生长。

❍ 分布：黄河以北地区。

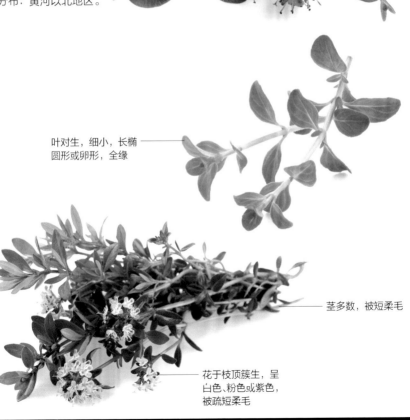

花序头状，花有短梗

叶对生，细小，长椭圆形或卵形，全缘

茎多数，被短柔毛

花于枝顶簇生，呈白色、粉色或紫色，被疏短柔毛

花期：7~8 月　｜　小贴士：百里香具有辛香的味道，常作为调味料用于炖肉、炖蛋或煲汤

別名：哮喘树、羊浸树、断肠草
性味：性平，味淡、涩

科属：萝藦科牛角瓜属
归经：入肺经

牛角瓜

　　直立灌木，植株高可达3米。整株有乳汁。茎颜色为黄白色，有粗壮的枝，幼枝部分被灰白色茸毛。叶呈椭圆状长圆形或倒卵状长圆形。腋生和顶生有伞形状聚伞花序，花萼裂片呈卵圆形，花冠的颜色为紫蓝色或紫红色，辐状，裂片呈卵圆形。有广卵形的种子。

◐ 生长习性：生长于低海拔向阳山坡、旷野地及海边。

◐ 分布：云南、四川、广西和广东等。

伞状聚伞花序，腋生和顶生

枝粗壮，幼枝部分被灰白色茸毛

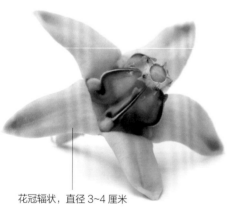

花冠辐状，直径3~4厘米

花冠紫蓝色或紫红色

叶倒卵状长圆形或椭圆状长圆形

花期：全年　　小贴士：茎皮坚韧结实，可用来制作人造棉、纸张、绳索或麻布等

别名：闭鱼花　　　　　　科属：马钱科醉鱼草属
性味：性温，味辛、微苦　　归经：入脾、胃经

醉鱼草

　　灌木植物，植株高 1~3 米。茎皮的颜色为褐色，小枝上有四棱。叶对生，呈卵形、椭圆形至长圆状披针形。顶生有穗状聚伞花序，花的颜色为紫色，有香气。花萼呈钟状，有宽三角形的裂片。

◎ 生长习性：有很强的适应性，不耐水湿，喜欢肥沃深厚的土壤和湿润温暖的气候。

◎ 分布：西南及江苏、安徽、浙江、江西、福建、湖北、湖南和广东等。

穗状聚伞花序顶生

小苞片线状披针形

小枝具四棱

叶对生，萌芽枝条上的叶为互生或近轮生

叶片膜质，卵形、椭圆形至长圆状披针形

花紫色，芳香

花期：4~10 月　小贴士：将其捣碎投入河中可以麻醉活鱼，故而有"醉鱼草"之称

美丽胡枝子

　　直立灌木植物，高 1~2 米。多分枝，被
疏柔毛。托叶披针形至线状披针形，褐
色；小叶椭圆形、长圆状椭圆形或卵形。
总状花序单一腋生或构成顶生的圆锥花序；
花冠红紫色或白色，旗瓣近圆形。荚果倒卵形
或倒卵状长圆形，表面有网纹且被疏柔毛。

◐ 生长习性：喜温暖，耐严寒。生于山顶、山坡、
林缘、路旁等向阳且较干燥的地方。

◐ 分布：河北、山西、山东和河南等。

花冠红紫色
或白色

小叶椭圆形、
长圆状椭圆
形或卵形

总状花序单
一腋生或构
成顶生的圆
锥花序

多分枝，
被疏柔毛

花期：7~9 月	小贴士：幼嫩芽叶洗净，沸水浸烫后换清水浸泡，凉拌、炒食均可

黄荆

　　灌木或小乔木植物。小枝上密生有灰白
色的茸毛，呈四棱形。掌状复叶，小叶片呈
长圆状披针形，表面的颜色为绿色。圆锥花
序由聚伞花序排列而成，顶生，花序梗密生有
灰白色的茸毛，花萼呈钟状，花冠的颜色偶带
粉白色、淡紫色或紫红色。有近球形的核果。

◐ 生长习性：耐旱、耐贫瘠。常生于向阳山坡、
原野。

◐ 分布：华东、华南、西南及陕西、甘肃等。

聚伞花序排成圆
锥花序，顶生

花冠淡紫色、
紫红色或偶带
粉白色

掌状复叶，小叶片长
圆状披针形至披针形

小枝四棱形，密生
灰白色茸毛

花期：4~6 月	小贴士：嫩芽叶洗净，用开水浸烫几分钟后，再用冷水漂清异味，可炒食

■ 别名：打结花、黄瑞香、家香、喜花、梦冬花　　科属：瑞香科结香属
性味：性温，味甘　　　　　　　　　　　　　归经：入脾经

结香

　　灌木植物，植株高 70~150 厘米。小枝颜色
为褐色，常作三叉分枝，粗而壮，幼枝上通
常被短柔毛。叶先于花凋落，呈披针形至
倒披针形。顶生或者侧生有头状花序，花
序梗灰白色，被长硬毛，30~50 朵花聚集
呈绒球状，花有香气。果为椭圆形。
○ 生长习性：喜温暖气候，耐半阴，也耐
日晒，但不耐寒。适宜肥沃、排水良好的土壤。
○ 分布：河南、陕西以及长江流域以南各省区。

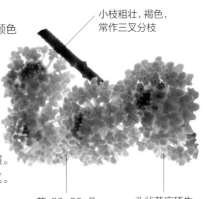

小枝粗壮，褐色，
常作三叉分枝

花 30~50 朵
呈绒球状，花
黄色，芳香

头状花序顶生
或侧生

| 花期：冬末春初 | 小贴士：茎皮纤维可用来制作高级纸和人造棉 |

■ 别名：木绣球　　科属：忍冬科荚蒾属　　　性味：性平，味甘、苦　　　归经：入肺、脾经

荚蒾

　　落叶灌木植物，植株高 1~3 米。幼时的小
枝上有星状毛，老枝的颜色为红褐色。单
叶对生，叶呈宽倒卵形至椭圆形，表面
覆有稀疏的柔毛，边缘部分有尖锯齿。有
聚伞花序，花冠呈辐射状，花的颜色为白色。
○ 生长习性：喜光，喜温暖湿润的环境，
也耐阴，耐寒。喜微酸性的肥沃土壤。
○ 分布：云南、贵州、四川、广东、广西、
湖南、江西、安徽和河南等。

单叶对生，叶宽
倒卵形至椭圆形

小枝幼时有星
状毛，老枝红
褐色

核果卵形，果
实成熟时殷红

| 花期：5~6 月 | 小贴士：荚蒾可作花篱、丛植、花坛、花境等的材料 |

第四章
乔木植物

乔木是指树身高大的树木，
通常高达6米至数十米的木本植物。
依其高度而分为伟乔（31米以上）、
大乔（21~30米）、中乔（11~20米）、
小乔（6~10米）四级。乔木的分布十分广泛，
包括戈壁滩、沙漠等环境恶劣的地方，
其中分布最多的还是环境温暖湿润的大陆。

别名：缅栀子、蛋黄花、印度素馨、大季花　科属：夹竹桃科鸡蛋花属
性味：性凉，味甘、淡　　　　　　　　　归经：入肺、大肠、胃经

鸡蛋花

　　落叶小乔木，植株高约5米。茎肉质，有粗壮的枝条和丰富的乳汁，没有毛，颜色为绿色，呈长椭圆形或长圆状倒披针形。顶生聚伞花序，圆筒形花冠，外面是白色的，里面是黄色的。花冠顶端圆，呈裂片阔倒卵形。圆筒形双生蓇葖，颜色为绿色且没有毛，种子扁平呈斜长圆形。

🔿 生长习性：喜高温、高湿、阳光充足、排水良好的环境。

🔿 分布：广东、广西、云南和福建等。

聚伞花序顶生

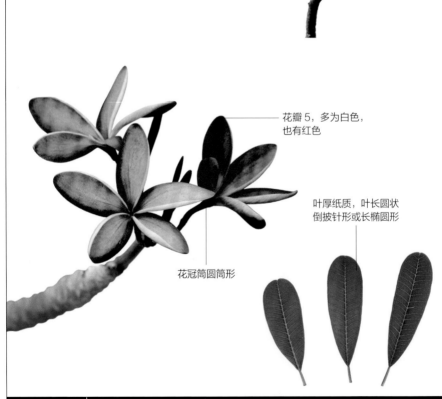

花瓣5，多为白色，也有红色

叶厚纸质，叶长圆状倒披针形或长椭圆形

花冠筒圆圆筒形

花期：5~10月 ┃ 小贴士：鸡蛋花气味清香，可作食材，如可与鸡蛋一起蒸食

枝条粗壮，灰黑色

肉质茎，具有丰富
的乳汁，绿色

花冠裂片阔倒卵形

别名：杏子、杏实　　科属：蔷薇科杏属
性味：性微温，味甘、酸　　归经：入肺、大肠经

野杏

落叶乔木植物，枝为浅红褐色，有光泽。叶片呈圆卵形或者宽卵形，颜色为深绿色，有圆钝锯齿的叶边。花瓣颜色为白色或带红色，呈圆形至倒卵形。成熟后果实为近球形，颜色为黄色。

➲ 生长习性：既耐寒冷和干旱，也耐高温。对土壤有很强的适应能力，在黏土、壤土、碱性土和微酸性土中都可以生长，甚至还可以在岩缝中生长。

➲ 分布：河北、山东、山西、河南、陕西、甘肃、青海、新疆、辽宁、吉林、黑龙江、内蒙古、江苏和安徽等。

花瓣圆形至倒卵形，白色或带红色

成熟果实黄色，带褐色斑点
核卵球形，离肉，表面粗糙而有网纹
叶片宽卵形或圆卵形，深绿色，叶边有圆钝锯齿

未成熟时青色，密被白色茸毛
果实肉质，近球形，稍扁
枝浅红褐色，有光泽

花期：3~4 月　|　小贴士：杏仁可食用，能够适用各种做法

別名：攀枝花、红棉树、加薄棉、英雄树　　科属：木棉科木棉属
性味：性凉，味甘、淡　　　　　　　　　归经：入大肠经

木棉

　　落叶大乔木，高可达 25 米。树干直，树皮灰白色，分枝平展。掌状复叶互生，小叶长圆形至长圆状披针形，全缘，有叶柄。花单生于枝顶叶腋，红色或橙红色，花萼杯状，肉质花瓣呈倒卵状长圆形。蒴果长圆形，密被灰白色长柔毛和星状柔毛。种子数量多，倒卵形，光滑。

◎ 生长习性：喜温暖干燥和阳光充足的环境，不耐寒，稍耐湿，忌积水。

◎ 分布：云南、四川、贵州、广西、江西、广东和福建等。

花瓣肉质，倒卵状长圆形

花萼杯状，长 2~3 厘米

花单生枝顶叶腋，红色或橙红色

掌状复叶互生，小叶长圆形至长圆状披针形

树皮灰白色，分枝平展

花期：3~4 月　｜　小贴士：木棉枝干软而有韧性，适宜作蒸笼、箱板、纸张等材料

别名：百结、情客、子丁香、丁子香　　科属：木樨科丁香属
性味：性温，味甘、辛　　　　　　　　归经：入胃、肾经

紫丁香

　　常绿乔木植物，植株高可达 10 米。树皮的颜色为黄褐色，叶对生，单叶，有明显的叶柄，叶片呈长方倒卵形或者长方卵形，革质、全缘，分布有密集的油腺。顶生有聚伞圆锥花序，有香气，花冠紫色，呈短管状。浆果的颜色红棕色，呈长方椭圆形，种子卵状椭圆形。

◯ 生长习性：喜阳光充足的环境，耐半阴，适应性较强，耐寒，耐旱，耐瘠薄。

◯ 分布：以秦岭为中心，北到黑龙江，南到云南和西藏。

叶片长卵形或长倒卵形，全缘

枝条灰褐色，较粗糙

花芳香，呈顶生聚伞圆锥花序

花冠紫色，花冠管圆筒形，檐部裂片多卵圆形

单叶对生，叶柄较长

花期：3~6 月　　小贴士：花蕾以干燥、饱满、棕紫色且有浓烈香气和充足油性者为佳

别名：紫花桐、冈桐、日本泡桐
性味：性辛，味苦

科属：玄参科，泡桐属
归经：入肺经

毛泡桐

　　常落叶乔木植物，高可达 20 米。树皮褐灰色。叶片心脏形，顶端锐尖头，全缘或波状浅裂，上面毛稀疏，下面毛密或较疏。花序为金字塔形或狭圆锥形，花萼浅钟形，外面茸毛不脱落，分裂至中部或裂过中部，萼齿卵状长圆形，花冠紫色，漏斗状钟形。蒴果卵圆形，幼时密生粘质腺毛。

◑ 生长习性：耐寒耐旱，耐盐碱，耐风沙，对气候的适应范围很大。

◑ 分布：中国辽宁南部、河北、河南、山东、江苏、安徽、湖北、江西等地，日本，朝鲜，欧洲和北美洲也有引种栽培。

叶片心脏形，
顶端锐尖头

蒴果卵圆形

花冠为淡紫色，
呈漏斗状钟形

果皮厚约 1 毫米

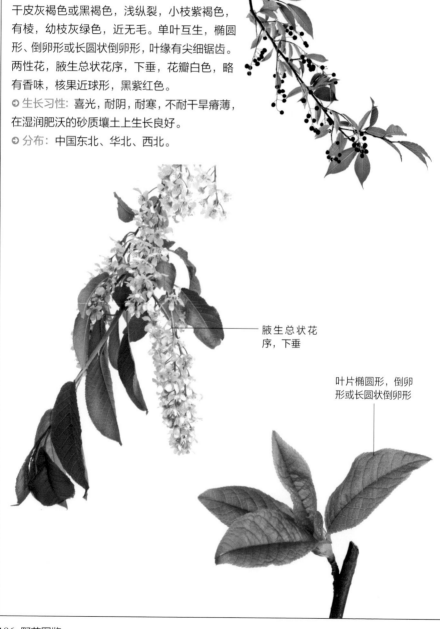

别名： 臭耳子、臭李子　　**科属：** 蔷薇科，稠李属
性味： 性凉，味苦、甘　　**归经：** 入大肠经

稠李

　　常落叶乔木植物，枝株高可达 13 米。树干皮灰褐色或黑褐色，浅纵裂，小枝紫褐色，有棱，幼枝灰绿色，近无毛。单叶互生，椭圆形、倒卵形或长圆状倒卵形，叶缘有尖细锯齿。两性花，腋生总状花序，下垂，花瓣白色，略有香味，核果近球形，黑紫红色。

◎ 生长习性：喜光，耐阴，耐寒，不耐干旱瘠薄，在湿润肥沃的砂质壤土上生长良好。

◎ 分布：中国东北、华北、西北。

树干皮灰褐色或黑褐色

腋生总状花序，下垂

叶片椭圆形，倒卵形或长圆状倒卵形

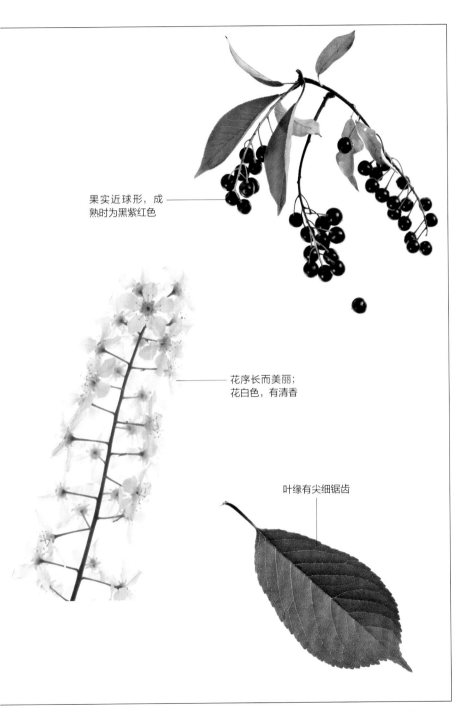

果实近球形，成
熟时为黑紫红色

花序长而美丽；
花白色，有清香

叶缘有尖细锯齿

术语表

苞片：生长在花朵下面的变态叶。

缠绕茎：茎柔软，不能直立，以茎本身缠绕在他物上而获得生长的方式。

翅果：指本身属瘦果性质，但子房壁延展成翅状，有利于随风飘飞的一类果。

唇瓣：花的一部分形成的裂片。

雌花：某些植物仅有雌蕊的花为雌花。

雌雄同株：雌花和雄花同生于一株植物上叫雌雄同株，例如玉米和栎树等。

雌雄异株：雌花和雄花分别着生在不同植株上，称为雌雄异株，例如桑树和柳树等。

单歧聚伞花序：聚伞花序的每个顶生花仅在一侧有分枝，属于单歧聚伞花序。单歧聚伞花序分为蝎尾状聚伞花序和螺状聚伞花序。当侧分枝总排在同一侧以致花序顶端呈卷曲蝎尾状，称蝎尾状聚伞花序。各次分出的侧枝都向着一个方向生长，称螺状聚伞花序。

单叶：一个叶柄上只有一片叶称为单叶。

多年生草本植物：植物的地下部分生长多年，每年都继续发芽生长，而地上部分则每年都枯死。

多歧聚伞花序：主轴顶端发育一花后，顶花下的主轴又分出三数以上的分枝，各分枝又自成一小聚伞花序。

二年生草本植物：生长周期为两年，第一年生长，第二年开花、结实、枯死。

二歧聚伞花序：每次中央一朵花开后，两侧产生二个分枝，这样的聚伞花序称为二歧聚伞花序。

佛焰苞与佛焰花序：包围在肉穗花序外面或位于肉穗花序下的一片大苞片，称佛焰苞。佛焰苞常呈漏斗状，颜色鲜艳。具有佛焰苞的肉穗花序又称佛焰花序，如天南星、芋、半夏等天南星科植物。

复叶：每一叶柄上有两个以上的叶片叫作复叶。复叶的叶柄称叶轴或总叶柄，叶轴上的叶称为小叶，小叶的叶柄称小叶柄。由于叶片排列方式不同，复叶可分为羽状复叶、掌状复叶和单身复叶等。

副花冠：经常从花管中伸出的花瓣状的薄片。

根状茎：简称根茎，即横卧地下，形状较长，似根的变态茎。

蓇葖果：指由单心皮离生心皮的单雌蕊发育而成的果实，成熟后从一面开裂。

灌木：茎直立，有数个主干，木质部极发达，多年生。

瓠果：是肉质果的一种，为葫芦科植物所特有。

花被：花萼和花冠的总称。

花冠：一朵花中所有花瓣的总称。

花序：是花序轴及其着生在上面的花的通称，也可特指花在花轴上形成的不同序列，如圆锥花序、穗状花序等。

花序轴：花序的总花柄或主轴。

花柱：是柱头和子房间的连接部分，也是花粉管进入子房的通道。

荚果：指由单心皮发育而成的果实。

坚果：指外果皮具有坚硬外壳且只含一粒种子的果实。

浆果：指由一个或几个心皮形成，肉质果中最为常见的一类果，果皮除表面几层细胞外，肉质柔嫩而多汁，内含多数种子。

角果：指由二心皮组成的雌蕊发育成的果实。

聚花果：果实是由整个花序发育而来，花序轴也参与果实的形成，称为聚花果。

两性花：即一朵花同时具有雄蕊和雌蕊，油菜、大豆等大多数植物的花都属于这一类。

单被花：仅有花萼或花冠的花为单被花。

鳞茎：球形或扁球形，由肥厚的鳞片状叶和底盘（鳞茎盘）构成。

轮伞花序：花无梗，数层对生，称轮伞花序。

密伞花序：梗短、花密集的聚伞花序，称密伞花序。

蜜腺：存在于许多虫媒花植物中且可以分泌蜜液的外分泌结构。

攀缘茎：茎幼小时较为柔软，不能直立，以特有的结构攀缘支撑物而上升。

平行脉：各叶脉平行排列，多见于单子叶植物，其中各叶脉由基部平行直达叶尖。

匍匐茎：茎细长而柔弱，沿地面蔓生，节处生不定根，如甘薯、草莓等。

乔木：茎直立，单一主干，木质部极发达，多年生。

球茎：球状的地下茎，短而肥厚，肉质的地下茎。

肉果：指果皮肥厚肉质的果。

肉穗花序：基本结构和穗状花序相同，所不同的是花轴粗短、肥厚、肉质化。

伞房花序：或称平顶总状花序，是变形的总状花序。

伞形花序：从一个花序梗顶部伸出多个花梗近等长的花，整个花序形如伞，称伞形花序。

舌状花：舌状花是菊科头状花序中一种，花冠呈舌状、两侧对称的小花。

瘦果：指由1~3个心皮构成的小型闭果；果皮坚硬，果内含1枚种子，成熟时果皮与种皮仅一处相连，易于分离。

双悬果：指由二心皮的子房发育而成的果实。

蒴果：指由合生心皮的复雌蕊发育而成的果实，子房有一室的，也有多室的，每室含种子多粒。

穗状花序：花无梗，花的数量较多，像穗一样排列于一个无分枝的花序轴上的花序。

藤本植物：有缠绕茎和攀缘茎的植物统称为藤本植物。依茎的性状，可分为木质藤本和草质藤本。

头状花序：花无梗，多数花集生于一花托上，形成状如头的花序。

网状脉：双子叶植物的叶脉分枝连接成网状。

雄花：有些植物，只有雄蕊，由雄蕊开出的花称为雄花。

叶脉：贯穿在叶肉内的维管束和其他有关的组织组成的叶内输导和支持结构。

叶腋：茎与叶或分枝之间的夹角。

一年生草本植物：生命周期一年或更短。

翼瓣：果实一部分，可把果实分成几个部分。

颖果：果皮薄，革质，只含一粒种子，果皮与种皮紧密结合不易分离的一类闭果。

羽状复叶：指小叶排列在叶轴的左右两侧，类似羽毛状。

圆锥花序：或称复总状花序，在长花轴上分生许多小枝，每小枝自成一总状花序。

枝条：着生叶和芽的茎上的侧茎或侧枝。

直立茎：茎直立，背地面而生，垂直于地面，多数植物都是如此。

柱头：位于雌蕊的顶端，是接受花粉的部位，一般膨大或扩展成各种形状。

总苞：苞片数多而聚生在花序外围的，称为总苞。

总状花序：多数花有花梗，着生于不分枝的花序轴上，称为总状花序。

索引

B

八宝景天　71
白花铁线莲　152
白屈菜　105
白头翁　93
百里香　173
百脉根　54
薄荷　57
薄雪火绒草　82
宝盖草　56
抱茎苦荬菜　133
贝母　30
蓖麻　66
波斯菊　119

C

车轴草　53
稠李　186
刺儿菜　81

D

大狼毒　67
大尾摇　131
大叶碎米荠　137
地笋　130
地榆　126
棣棠花　86

吊灯花　150
顶冰花　22
东北茶藨子　157
冬葵　52
杜鹃花　156

F

翻白草　88
饭包草　36
肥皂草　139
粉花绣线菊　165
风箱果　167
凤眼莲　26
附地菜　126

G

甘露子　128
鬼针草　131
过路黄　141

H

含羞草　127
蕹菜　102
黑种草　136
红花酢浆草　65
蝴蝶草　152
蝴蝶花　34
花葱　68

黄荆　176
黄芩　125
黄秋葵　51
活血丹　62
藿香　61

J

鸡蛋花　180
荚迷　177
假连翘　164
假酸浆　137
剪秋罗　103
接骨草　101
结香　177
金合欢　158
金莲花　97
金露梅　169
金纽扣　130
金丝桃　162
金银花　168
堇菜　124
锦葵　50
景天三七　70
桔梗　72
菊芋　80
卷丹　42

K

苦荞麦　　83

款冬　　73

L

辣蓼　　135

蓝刺头　　125

狼把草　　127

崂山百合　　43

老鹳草　　111

鳢肠　　134

连翘　　159

铃兰　　39

柳穿鱼　　123

柳兰　　47

龙葵　　94

龙牙草　　89

蒌蒿　　79

耧斗菜　　95

鹿蹄草　　115

罗勒　　63

萝藦　　149

落新妇　　45

驴蹄草　　92

M

马鞭草　　85

马齿苋　　112

麦仙翁　　121

曼陀罗　　98

毛茛　　120

毛泡桐　　185

毛蕊花　　108

毛樱桃　　166

美丽胡枝子　　176

迷迭香　　160

牡荆　　161

木棉　　183

N

南美蟛蜞菊　　75

南苜蓿　　114

牛繁缕　　139

牛角瓜　　174

牛膝菊　　133

女娄菜　　138

P

啤酒花　　148

蒲公英　　74

Q

千屈菜　　48

牵牛花　　144

青葙　　138

秋海棠　　132

球兰　　44

瞿麦　　128

S

山丹百合　　43

杓兰　　24

射干　　31

石蒜　　23

鼠曲草　　135

水苦荬　　106

水蓼　　84

水烛　　35

酸浆　　99

T

太阳花　　113

唐菖蒲　　32

天仙子　　136

田旋花　　153

田紫草　　67

铁筷子　　129

铁线莲　　147

土丁桂　　140

W

委陵菜　　87

卫矛　　172

乌头　　91

五叶木通	151	野韭菜	40	珍珠菜	117
X		野菊花	52	直立婆婆纳	107
夏枯草	60	野牡丹	169	肿柄菊	118
香薷	141	野西瓜苗	129	诸葛菜	100
小米草	76	野杏	182	紫丁香	184
缬草	116	一年蓬	134	紫萼	29
薤白	27	益母草	59	紫花地丁	69
杏叶沙参	132	银莲花	90	紫花苜蓿	55
雄黄兰	41	罂粟	104	紫堇	122
旋覆花	49	油茶	170	紫茉莉	90
Y		有斑百合	28	紫苏	58
鸭舌草	42	雨久花	38	紫藤	146
鸭跖草	37	月见草	46	紫菀	77
延胡索	140	**Z**		醉鱼草	175
野艾蒿	78	展枝沙参	124	酢浆草	64
野胡萝卜	110	獐耳细辛	96		

罂粟

手工咖啡

CRAFT
COFFEE
A MANUAL

咖啡爱好者的完美冲煮指南

[美]杰茜卡·伊斯托　[美]安德烈亚斯·威尔霍夫 — 著

Jessica Easto　Andreas Willhoff

李粤梅 — 译

中信出版集团 | 北京

图书在版编目（CIP）数据

手工咖啡：咖啡爱好者的完美冲煮指南 /（美）杰茜卡·伊斯托,（美）安德烈亚斯·威尔霍夫著；李粤梅译 . -- 北京：中信出版社，2019.10（2024.5 重印）

书名原文：Craft Coffee: A Manual: Brewing a Better Cup at Home

ISBN 978-7-5217-0504-1

Ⅰ.①手… Ⅱ.①杰… ②安… ③李… Ⅲ.①咖啡－基本知识 Ⅳ.① TS273

中国版本图书馆 CIP 数据核字（2019）第 082840 号

CRAFT COFFEE: A Manual: Brewing a Better Cup at Home by Jessica Easto with Andreas Willhoff
Copyright © 2017 by Jessica Easto
Illustrations © 2017 by Morgan Krehbiel
Published by arrangement with Agate Surrey, an imprint of Agate Publishing c/o Nordlyset Literary Agency through Bardon-Chinese Media Agency
Simplified Chinese translation copyright © 2019 by CITIC Press Corporation
ALL RIGHTS RESERVED
本书仅限中国大陆地区发行销售

手工咖啡：咖啡爱好者的完美冲煮指南
著者： 　[美]杰茜卡·伊斯托 [美]安德烈亚斯·威尔霍夫
译者： 　李粤梅
出版发行：中信出版集团股份有限公司
　　　　　（北京市朝阳区东三环北路 27 号嘉铭中心 邮编 100020）
承印者： 　北京盛通印刷股份有限公司

开本：787mm×1092mm 1/32 印张：10.25 字数：166 千字
版次：2019 年 10 月第 1 版 印次：2024 年 5 月第 12 次印刷
京权图字：01-2019-2963 书号：ISBN 978-7-5217-0504-1
定价：68.00 元

目　录

简介 ……………………………………………… 001

如何阅读这本书 …………………………… 005

历史上的咖啡浪潮 ………………………… 008

精品咖啡和手工咖啡 ……………………… 013

第一章　冲煮基础 ………………………………017

萃取 ………………………………………… 018

浓度和萃取率 ……………………………… 024

冲煮粉水比 ………………………………… 029

研磨度和冲煮时间 ………………………… 035

水质 ………………………………………… 040

温度 ………………………………………… 045

注水 ………………………………………… 048

后期调整冲煮方案 ………………………… 056

第二章　选择器具 059

完全浸泡式器具 VS. 注水式器具 061

滤网是如何发挥作用的 067

完全浸泡式器具 075

注水式器具 090

磨豆机 107

秤 118

水壶和温度计 124

冲煮容器、分享壶、保温瓶 133

第三章　咖啡 137

咖啡豆 138

变异种和繁育种 143

原产地 155

加工处理法 185

烘焙 188

低咖啡因 194

第四章　购买咖啡豆 199

哪里可以找到精品手工咖啡 200

季节性 209

破译咖啡包装袋上的标签 ·········· 212

保存 ·········· 236

第五章　风味 ·········· 239

酸和感知的酸 ·········· 241

（感知的）甜味 ·········· 246

苦味 ·········· 247

口感 ·········· 249

香气 ·········· 253

如何测评风味 ·········· 256

第六章　冲煮方法 ·········· 269

法压壶 ·········· 275

爱乐压 ·········· 281

聪明杯 ·········· 286

虹吸壶 ·········· 289

Melitta ·········· 293

BeeHouse ·········· 296

WALKÜRE ·········· 298

Kalita 蛋糕杯 ·········· 301

Chemex ·········· 304

Hario V60 ·· 307

附录 问题排除，提示和技巧 ···························· 311

参考文献 ·· 320

致谢 ·· 322

手工咖啡是一个有争议的话题。在美国，有很长一段时间，制作咖啡简单方便，价格便宜。对很多移民来说，咖啡就是一种液体燃料，让身体在清早就迅速运作起来，也能让他们忘记漫长而苦难的移民之痛，哪怕只是一小会儿。19世纪有一段时间，因为没有制作咖啡的工具，所以咖啡很不好喝，人们会把咖啡豆放到煎锅里烧，然后加水煮开（加入糖和奶油）。到了19世纪后期，制造商开始用谷物制作假咖啡。尽管人们知道造假的存在，却仍然继续购买，直到他们发现假咖啡的添加剂里有砷和铝这类有毒物质。后来预磨咖啡出现了，磨成粉的咖啡容易很快变味，需要真空密封包装，所以这种咖啡无非也只是一个营销噱头。咖啡不好喝，但便捷、便宜——这种观念一度在美国人的心中根深蒂固，以至后来人们开始谈论咖啡的风味，谈论咖啡做起来不太方便而且价格昂贵时，美国人会有些不知所措。

就让他们庸人自扰吧，读一读这本书，做一杯好咖啡。

我的咖啡之旅并非始于对一杯完美咖啡的刻意追求。相反，这条路上铺满了我的无知和实用主义，在这条迂回的路途中，我最终找到了制作一杯好咖啡的方法。我的父母不喝咖啡，所以我从小没怎么接触过咖啡。上高中时，我从当地的一个餐车里点了我人生中的第一杯黑咖啡——我不明白为什么很多人要点那么难喝的苦咖啡，再加入糖和奶油以把它喝完。当时我毫不费劲地接受了这种微苦的味道，成了一个黑咖啡爱好者。正因为没有往咖啡里加糖和奶油，我很快就发现不同的咖啡有不同的味道。我发现餐车咖啡和星巴克咖啡味道明显不同，星巴克咖啡和当地独立咖啡馆的咖啡味道也不同，但我从来没问过什么。

我住处附近没有供应手冲咖啡的咖啡馆，我甚至不知道有这种咖啡馆存在，更不知道手冲咖啡和机器制作的咖啡有什么本质上的不同。我读研究生时买了人生中第一套手冲咖啡设备，因为我只需要每天早上喝上一杯咖啡，而机器似乎没有太大必要，又很奢侈。我学会了如何用手冲设备做咖啡，但只偶尔几次做得比高中那杯餐车咖啡要好。有一天，我的朋友安德烈亚斯（现在是我的丈夫，他正好是一个咖啡师）看到我有一套咖啡冲煮器具，却发现我从未认真学习过如何正确使用它们，就向我展示了几种简单的方法来改善冲煮效果。事实证明，咖啡的冲煮过程是可以控制的，甚至可以控制每一次操作以达到最佳效果。这大大启发了我。

当我和安德烈亚斯读完研究生、搬到芝加哥后，独立烘焙商和咖啡馆已蓬勃发展多年，咖啡馆不仅使用来自世界各地的优质咖啡豆，还拥有多种不同的咖啡冲煮器具。咖啡的口感顺滑、饱满，香味扑鼻，比我人生中喝的第一杯黑咖啡美味得多。

很多人都发现餐车咖啡不尽如人意，有很多需要改进的地方，因此会选择去星巴克和皮爷咖啡（Peet's Coffee）这种连锁店。有些人在小型独立咖啡馆第一次品尝到了顺滑、美味的高品质咖啡，然后他们会尝试在家里冲煮咖啡，但不知何故，味道从来都达不到在咖啡馆里喝的水准，也不知如何改善。互联网上充斥着大量互相矛盾的信息，咖啡师也会给你制造各种疑惑，让在家自学冲煮的爱好者们很难改进。咖啡世界里存在着大量的术语，就像进入了一个新的社团，成员间彼此都用暗语交流。和咖啡界业内人士在一起探讨问题尤其让人备感压力。他们总是一副故弄玄虚的样子（其实有时也很冤枉）。

需要强调的是，这种情况对我们这些家庭冲煮爱好者来说是没有好处的。如今，许多咖啡师都在努力改变这种现象。尽管如此，在专业的咖啡领域中仍然存在一些诱导式的结论：这才是咖啡的味道，这才是制作咖啡的方法，这才是思考咖啡的方式。事实上，没有任何一种方法绝对正确。我们都会欣赏一杯好咖啡，但我们不必都以同样的方式去欣赏它。

实际上，一些比较专业的咖啡冲煮方法可能不太适合家庭厨房，甚至完全没必要。从科学层面看，大众对咖啡的原理知之甚少，还有很多披着科学外衣的伪技术让人难以分辨，它们其实与咖啡冲煮毫无关系，很多专业咖啡师对此也并不清楚。

本书不是从咖啡专业人士的角度来写的，是我从自己的角度，作为一个咖啡爱好者和家庭冲煮爱好者，根据和我一起生活的咖啡专业人士所说而写的。我不在乎你有多少咖啡知识、消费预算或热情，因为我认为咖啡爱好者有不同的层次，你需要弄清自己处于哪个层次，再根据所属的层次做出相应的选择。本书探讨了关于咖啡知识的全部内容，并提供了指导、观点、实践建议，以及我所建议的健康剂量，帮助你做出决定并发掘自己的偏好。我的目标是介绍做一杯完美咖啡所需的最基础的知识，希望读者能有点滴收获。

如何阅读这本书

　　这本书的框架和其他咖啡书籍不同。第一章讲述了为了改善家庭冲煮咖啡，你需要了解的最重要的信息：科学的萃取方法，以及对一杯咖啡产生影响的因素是什么。了解了一杯咖啡为什么会是这样，你就能在冲煮的时候知道如何避免做出一杯不尽如人意的咖啡，并能反复冲煮出让自己满意的咖啡。你可以根据你选择的设备、冲煮器具和咖啡豆来制定冲煮方案。把水注入咖啡粉之前，请阅读这些基础原理。毕竟这是一本关于冲煮咖啡的书，在你充分了解冲煮咖啡的基础知识之前，你不需要操心咖啡豆是如何生长的。

　　第二章指引你选择适合的咖啡器具。与人们的其他爱好一样，做咖啡也需要一些器具。咖啡行业通常希望新的咖啡设备和配件能一直在市场上占有一席之地，但那些都是必需品吗？不，事实上你很可能会只用一种器具来做咖啡（即使你像我一样，拥有很多器具）。本章的重点是帮你选出一款符合你生活方式、口味偏好和预算的咖啡冲煮器具。

冲煮器具的工作原理不尽相同，做出的咖啡也不一样。我会介绍每种器具的利弊，以及它们对一杯咖啡产生的影响。本章介绍了两种主要的冲煮方法（注水法和完全浸泡法）和十种手工冲煮器具，以及你在选择器具时会考虑的各种因素，包括是否方便使用、是否容易买到、价格等。除了冲煮器具之外，为了能在家里做出一杯和咖啡馆一样味道的咖啡，你还需要考虑购买其他配件，例如滤网、磨豆机、秤和手冲壶等，这些配件都会影响咖啡的味道。在第二章里，我们将对这些小配件进行评估。

选择好冲煮器具和其他配件后，你就可以开始选择咖啡豆了。第三章探讨了高品质咖啡豆的复杂世界。咖啡豆的味道因其种类、生长地点、加工方式、处理方式不同而截然不同。在我看来，咖啡从业者和咖啡爱好者在咖啡豆这方面的知识差距往往是最大的。本章将告诉你关于咖啡豆需要了解哪些内容，并帮助你建立起自己的咖啡豆知识库。如果你对咖啡豆没有了解，就无法购买到中意的咖啡豆。当你知道自己喜欢哪种豆子后，第四章会进一步为你讲述如何寻找和购买高品质的咖啡豆。买到一包咖啡豆后，读懂包装上的标签是一个新的挑战。本章的最后一节会教你读懂包装上的专业名词，以及在家里储存咖啡豆的方法。

接下来，我将在第五章讨论咖啡的风味以及如何培养你的味觉。我将这一章的信息看作额外的知识。仅仅通过品尝，你就会知道你是否喜欢一杯咖啡——是否理解其中的原因并不重要。但是，通过了解咖啡的风味以及它是如何起到

浓缩咖啡（Espresso）在哪里？

大多数关于咖啡的书都有介绍浓缩咖啡和牛奶的章节，但我完全没有花篇幅讨论这个话题。为什么？这本书的目的是要证明普通消费者不管预算、技术水平和热情程度如何，都可以在家里制作出美味的咖啡。然而如果没有昂贵的咖啡设备，在家里是做不出一杯好的浓缩咖啡的。即使你在网上买一台500美元的意式咖啡机也不行，而且大多数人其实买不起专业级别的咖啡机。使用意式咖啡机还需要添置额外的设备，假如你没有昂贵的自来水过滤系统，要么机器会被毁掉，要么你做出的浓缩咖啡味道会非常糟糕，要么两种情况都会出现。此外，一杯好的浓缩咖啡是通过不停地微调而得到的。微调中细微的差别可以决定一杯咖啡的好坏。专业咖啡馆每天都在对他们的浓缩咖啡进行微调。而对家庭冲煮者来说，每天一早做一大堆浓缩咖啡来进行微调是不现实的。另外，这本书已经写得够长了。

作用的，你可以更准确地辨别你最喜欢的咖啡，并与他人交流你的喜好，这很有趣。你开始在家冲煮和品鉴之前，就会知道应该寻找什么样风味的咖啡。

当你的冲煮器具、咖啡豆和喜欢的配件都齐全后，就可以着手冲煮咖啡了。最后一章提供了第二章里介绍的十种冲煮器具的家庭冲煮操作指南。有些器具有多种冲煮方法。对每一款器具而言，搭配哪些配件能达到最好的效果，我都会做出推荐并做上标记。运用新学会的咖啡知识，你就能在每天早上做出味道稳定而可口的咖啡了。

在这本书里我还提供了一些技巧和测试，帮助你解决做咖啡时遇到的问题。为了方便查阅，我在最后附上了附录，概括了常见的错误和调整下一杯咖啡的方法。

历史上的咖啡浪潮

美国全国咖啡协会（National Coffee Association）2014年的一份报告显示，61% 的美国人每天都喝咖啡。我们可能没有察觉到，但咖啡贯穿了美国的历史。它很可能在英国殖民时期的早期就已经在人们的生活中扮演了一个小角色，因为咖啡在16世纪已被引入英国。这种饮料在当时并不流行，直到1773年波士顿倾茶事件后，政府鼓励人们不再喝英国伯爵红茶，转而投入咖啡的怀抱。88年后，《纽约时报》报道了一项针对咖啡进口拟定的税收政策，旨在资助战争，称"所有的爱国人士都认为：在这样的艰苦时期，给予政府支持是义不容辞的责任，并且愿为联邦的统一做出任何牺牲"。这篇文章指出：美国从此成为世界上咖啡消费最多的国家——占世界咖啡总产量的四分之一。

业内人士经常用"三波浪潮"描述美国咖啡的历史。第一波咖啡浪潮始于19世纪，当时全球的咖啡消费量巨增，像麦斯威尔（Maxwell House）、希尔兄弟（Hills Bros.）和福爵（Folgers）这样的大型咖啡公司开始成长——至少在美国是如此。总的来说，在那时，市场份额（取决于快捷、便利和咖啡因含量等因素）比咖啡质量更重要。这些公司基本上把咖啡当商品来销售，就像在市场上销售小麦、糖和其他标准化的"软商品"一样。其中一种交易方式要通过期货交易所，如纽约商品交易所和洲际交易所。无论在当时还是现在，作为商品的咖啡都涉及出口商、进口商、投资者、买家和卖家的复杂网络，价格也会随政治、天气和投机买卖等相关原因发生巨大变化。出售给大众的商业咖啡并不总是品质最高的。坦白地说，在美国咖啡历史中的大多数时候，质量都不是最重要的因素。最终，大家发现消费者在市面上买到的大多数咖啡产品都没有通过质量检验。大众对低质量的咖啡越来越厌恶，进而激起了第二波咖啡浪潮。在皮爷和星巴克等公司的带领下，市场开始重视新的东西——质量和社群。看一下时间线：1966 年，皮爷咖啡在加利福尼亚州的伯克利市开设了第一家门店；1971 年，星巴克在华盛顿州的西雅图市开设了第一家门店；1978 年，一位从秘书转行为咖啡经纪人的传奇人物娥娜·努森（Erna Knutsen）开始向独立烘焙商出售来自特定产地的优质咖啡豆——为了让单支咖啡豆的品质获得认可，她创造了"精品咖啡"一词。要实现这个目标，需要把重点放在正确的加工、烘焙和制作方法上——简而言之，这就是精品咖啡。

自此以后，精品咖啡的概念越来越受欢迎。1982 年，美国精品咖啡协会（Specialty Coffee Association of America）成立，旨在为这个新兴行业制定标准，帮助其成员与消费者交流、创新、成长并销售高质量的咖啡。这样一来，精品咖啡公司能将咖啡和体验卖给消费者，众多消费者也愿意为此买单。从 1987 年到 2007 年，星巴克平均每天开两家新店。

精品咖啡极大程度地改变了一部分咖啡的买卖方式。很大一部分精品咖啡不会在商品市场上出售或交易。相反，大型精品咖啡公司直接与生产者签约，而小型烘焙商也会与专门采购优质咖啡豆的进口商直接交易。精品咖啡馆非常受欢迎（根据最近的数据统计，美国目前有超过 31 000 家精品咖啡馆，而 1991 年只有 1 650 家），从消费者的角度来看，咖啡店里的体验在这次增长中发挥了重要作用。在发展的过

咖啡术语：你在说什么？

像我们这样的咖啡消费者，花了将近 40 年才习惯了第二波咖啡浪潮（尤其是大型连锁店）中的语言和风格。举例来说，我还没成为我母亲眼中的耀眼之星以前，星巴克就已经火了。我们熟悉精品咖啡，它无处不在。咖啡因已渗透在我们的血液里，它的余味萦绕在我们的舌尖上。但对大众来说，第三波咖啡浪潮的语言和风格是全新的，随着第三波咖啡浪潮逐渐扩张，第二波浪潮也在慢慢向第三波浪潮靠拢。虽然大众对此越来越感兴趣，但现在有一整套新的技术和词汇需要理解，并不总能与咖啡专业人士顺畅沟通。这种神秘往往让消费者感到紧张、恐惧，而缓解沟通时的紧张和恐惧正是我写这本书的原因之一。咖啡不应如此神秘。

程中，对一些人来说，精品咖啡馆中的体验比咖啡品质更重要。

　　行业内的人士说，我们现在处于第三波咖啡浪潮中。这个词最早是在 2002 年由 Wrecking Ball 咖啡烘焙工厂的烘焙师特里西·罗思格柏（Trish Rothgeb）提出的，一般是指越来越多的进口商、烘焙商和咖啡师首先将咖啡豆视为一种手工食品，就像奶酪、葡萄酒和最近的啤酒一样。为了完成这一使命，第三波咖啡浪潮的专业人士经常提出一些新的理念。他们强调单品咖啡豆的独特品质高于一切，并由此产生了新的烘焙技术，相比于使用传统方法烘焙的咖啡豆，这些咖啡豆的烘焙程度更浅——消费者最容易从烘焙度上区分第二波和第三波浪潮的咖啡。此外，人们越来越重视培训和改善咖啡质量，这为咖啡贸易链条中各个环节的人群（从生产商、烘焙商到咖啡师）带来了新的研究对象、项目和资质认证方法，其目标是共享知识技术，使人们在咖啡产业的每一环节都能受益。第三波浪潮的从业者也十分重视职业素养和行业透明度，他们努力与生产商进行公平合作，给他们适当的补贴，因为生产商经常受到不公正待遇。第三波浪潮将优质咖啡带到消费者面前，以这种方式向咖啡生产商致敬。

精品咖啡和手工咖啡

行业内的专业人士和交易商喜欢用"精品咖啡"这个词来表述符合他们标准的高品质咖啡豆，并用以区别市场上其他的商业咖啡豆。同样，他们用"第三波"来强调自己属于咖啡浪潮中的最新一代。第三波关注的是工艺和道德标准，而不仅是"精品咖啡"。换句话说，第二波和第三波咖啡浪潮都倡导精品咖啡，但它们的意识形态不尽相同。

尽管第三波咖啡浪潮运动和我目标一致，但我特意没有在这本书中使用"第三波"这个词。一方面，这是因为它不太客观，"第三波"没有捕捉到运动的特征，在某些方面不准确。另一方面，媒体把这个词变成了贬义词。出于令人费解的原因，媒体不停地告诉我们：大多数千禧一代的潮人非常挑剔，他们喝着花哨、价格过高的咖啡，并试图把一些简单的东西复杂化。但是，让咖啡看起来复杂一些其实是件好事，请允许我解释一下。

当然，就配料而言，咖啡再简单不过了。但是咖啡豆本身非常复杂，它由成千上万种化合物组成。至少在科学层面上，我们对其中的大部分尚未完全了解。考古证据表明，人类酿造葡萄酒已有约 8 000 年历史，酿造啤酒约 11 000 年。而咖啡很可能直到 15 世纪才被萃取和品尝。也就是说，相较于葡萄酒和啤酒，咖啡在人类文化的积淀过程中足足缺席了六七千年时间。冲煮咖啡仍然是一个相对较新的概念，更别说冲煮出优质的咖啡了。种植和加工咖啡的最佳方法仍在不断更新，烘焙艺术（烘焙者如何通过有策略地控制咖啡的化合物来释放风味）也处于初级阶段。从咖啡豆中萃取风味、完善冲煮方法的进展也是如此。尽管关于咖啡的工艺还在不断发展中，人们为改善咖啡品质做出的努力也颇有成效（同时让咖啡进一步复杂化）：有目共睹的是，咖啡在历史上从未如此好喝。如今，对优质咖啡感兴趣的人数已达到了史上的最高峰，这不仅促使人们进行大量思考，还刺激了第二波咖啡浪潮中的商业巨头在所谓的第三波浪潮中做出大笔投资。他们收购像芝加哥的"知识分子"（Intelligentsia，美国四大品牌烘豆坊之一——译者注）这样有影响力的公司，还开创了类似星巴克的公司，这些公司热衷于做冷萃咖啡、咖啡果皮糖浆等，会开很多分店。虽然仍旧有很多人说咖啡不可能好喝，但现在有越来越多的人（包括你和我）说咖啡不可能不好喝。

话虽如此，要让咖啡好喝仍需要技巧——种植的技巧、加工的技巧、烘焙的技巧和使用咖啡机进行冲煮的技巧。在某种程度上，种植、加工、烘焙、冲煮都是需要学习的技能，是一种手艺。这本书的重点在最后一部分——冲煮，这是最依赖手艺的技能之一。你学习的是手工冲煮咖啡，而不是用机器制作咖啡。

总而言之，我相信咖啡是一门手艺，咖啡专业人士和爱好者都是手艺人。所以我称第三波咖啡浪潮为"手工咖啡"，这样更客观、更有意义。"手工"这个词意味着技艺和研究的程度——手工技艺和手工研究。"手工"也意味着一些细节。手工咖啡在市场中所占的份额可能很大——对咖啡巨头来说，这一份额已大到让他们怀疑自己错失了市场——但它仍在以小规模的形式运作。所有的手工咖啡都是精品咖啡，但并非所有精品咖啡都是手工咖啡。手工咖啡豆仅占每年生产的咖啡豆总量的一小部分，大部分都经过了精心的小批量烘焙。截至本书撰写之时，美国四大手工咖啡公司拥有的所有咖啡馆加起来只有 52 家，但仅星巴克就拥有 25 085 家分店。

我喜欢"手工"这个词的另一个原因，是它并不像"第三波"那样暗示着当代咖啡爱好者发现了伟大的咖啡。要知道，从严格意义上来说，对咖啡品质的追求并不是 21

世纪独有的现象。只要咖啡存在，人们就会低调地在家里尝试改善冲煮方法，揭开咖啡豆的神秘面纱。在过去，人们可能认为这么做是徒劳的（想象一下试图向牛仔或淘金者解释萃取咖啡的科学——他们可是用一块奶酪布来煮咖啡的，直到这块布散架）。但如今，有人为我们解决了很多相关问题。

咖啡爱好者威廉·H.乌克斯（William H. Ukers）殷切地希望解决这些问题。他花了17年时间，于1922年出版了一本700多页的书——《关于咖啡的一切》（*All About Coffee*）。他在书里说，虽然美国的咖啡制作在整体上已有所改善，但他仍然希望在不久的将来，大家会说"美国的咖啡现在是国家的荣誉，不再像过去那样糟糕了"。95年过去了，现在轮到我们怀抱同样的期许。只要你想参与其中，本书就会帮你成为像乌克斯那样解决问题的人。

CHAPTER 1
第一章 冲煮基础

在提高冲煮水平之前，首先你需要知道水和咖啡相遇时会发生什么。在这一章中，你要不停地告诉自己，咖啡其实很简单——做起来很简单，但咖啡豆却真的不简单。你花越多时间了解咖啡豆，就越能发现它的复杂性。咖啡豆好像在尽其所能地为难你，它天生就有着不一致性。如果你想改善咖啡的品质，就必须了解这种不一致性。本章会向你介绍咖啡"不一致"的特性，并尽可能根据行业和科学提供的信息，概述水和咖啡是如何相互作用而变成一种我们喜爱的饮料的。本章还描述了如何（以及为什么可以）通过控制粉水比、粉量、研磨度等因素来调整你的冲煮效果。有了扎实的理论基础，你就可以日复一日地做出中意的咖啡了。从最基础的知识开始了解咖啡不仅可以帮助你解决咖啡冲煮上的问题，还可以让你按照自己的生活习惯和偏好选择最适合你的咖啡冲煮器具。

萃取

萃取是将风味和化合物（不溶于水的油、可溶性气体、不溶性固体和可溶性固体）从咖啡粉中转移到咖啡液中的过程。换句话说，就是把水变成咖啡液体。一般来说，你不需要知道背后的科学原理也能萃取出一杯咖啡，只需要让水流过去就可以了。然而，如果你想萃取出一杯蕴含自己喜欢的风味的咖啡，并能日复一日地复制它，就需要扎实的萃取知识了。你选择的器具、滤纸、冲煮方法等都会影响萃取效果。如果你没有扎实地掌握萃取的原理，日后就很难自己调整萃取方法。我们先来看看咖啡中的几大类化合物，当水注入时，这些化合物就会被激活。

· 油脂。油脂存在于咖啡豆中，但不溶于水。在使用金属滤网时，咖啡中的油脂会特别明显地呈现出来；而滤布和滤纸能把油脂全部或者部分截获。油脂会影响咖啡在你嘴里的口感。一杯油脂丰富的咖啡经常被描述为有着"奶油感"或者"黄油感"。认真观察每一杯咖啡，尤其是已经放了一会儿的咖啡，通常你可以看到咖啡表面漂浮着一层淡淡的彩虹色油脂。

· 可溶性气体。可溶性气体在萃取过程中会溶解在水里，是咖啡香气的主要来源。一杯咖啡闻起来可能会有蓝莓味、泥土味或干草味等不同香味。咖啡在不同的温度下会释放不同的可溶性气体，咖啡的香气会随着温度的降低而变化。

· **不溶性固体**。这些物质不溶于水。例如大的蛋白质分子和磨碎的细微咖啡粉颗粒（通常被称为细粉）就属于不溶性固体。像油脂一样，不溶性固体会影响咖啡在你的嘴里和舌尖上的感觉。一杯含有大量不溶性固体的咖啡可能会带有涩感。许多流行的冲煮器具会使用滤网将大部分不溶性固体分离出去。

· **可溶性固体**。这些物质在萃取过程中会溶于水。它们特别重要，因为它们决定了咖啡的酸、甜、苦、咸、鲜。简而言之，它们在很大程度上决定了咖啡的味道。

　　水可以从咖啡粉中萃取出这些化合物，而热水能加快萃取的过程（冷水也可以，只是需要更长的时间）。萃取过程分三个阶段：首先，热水经过咖啡粉的表面，使之释放二氧化碳（烘焙过程的副产品），这就是为什么当你冲泡新鲜咖啡时，咖啡粉床像是在呼吸（又叫闷蒸）。二氧化碳会在咖啡粉和水之间形成屏障，所以最好等到气体基本消散完后再继续冲煮。接下来，可溶性气体和可溶性固体开始溶解在热水中，形成咖啡商标中描述的香气和风味。最后，一旦可溶性物质溶解，它就会从咖啡粉里渗透出来。

然而，这些化合物并不是一次就能全部溶解的。咖啡里含有许多不同的可溶性固体，它们以不同的速度溶解，并赋予一杯咖啡不同的风味。这里有几种最重要的物质：

· 水果酸。最小的风味分子之一，最先溶解，给咖啡带来果香和花香。顾名思义，水果酸为一杯咖啡呈现出可感知的酸味，但浓度太高会增加咖啡的酸涩感。

· 美拉德化合物。这些物质通过咖啡豆烘焙过程中的美拉德反应而产生（见 190 页）。美拉德反应会产生大量化合物，科学仍在研究它们对咖啡味道和香气的影响。一些科学家认为，美拉德化合物可以为咖啡增添谷物味、坚果味、麦芽味、烟熏味、肉味和焦糖味。

· 红糖 / 焦糖。在烘焙过程中，随着咖啡豆中的天然糖分被焦糖化，这些分子也随之产生。一些专家说，它们有助于增加咖啡的甜感。它们溶解的时间比果酸稍长。稍后你会了解到，咖啡烘焙得越久，焦糖化的程度就越高。如果继续烘焙，天然糖分就会从焦糖状态转入炭化状态，也就是煳了。低度焦糖化的糖分（味道更甜）首先溶解，高度焦糖化的糖分（味道苦中带甜）所需的溶解时间更长。这也是深烘焙的咖啡更苦的原因之一——甜度更低。咖啡中的甜味呈现为巧克力、焦糖、香草、蜂蜜等味道。

- 干馏。干馏分子来自美拉德反应和焦糖反应，较多存在于焦煳烘焙区段。它们在深度烘焙中更常见，呈现出烟草、烟熏和炭味。干馏分子往往很苦，是溶解得最慢的分子，即使在咖啡中的含量很低，也能打出一记重拳，足以掩盖其他的风味，使整杯咖啡只能尝出苦味。

萃取的目的是获得一杯风味平衡的咖啡，也就是说咖啡中的这些化合物应合理存在，让酸味、甜味和苦味以一种令人愉悦的方式混合。这有点儿奇怪，因为可溶性固体本身并不含有任何一种令人愉悦的味道（见 023 页的实验）。各种风味要达到正确的平衡，需要一种奇特而微妙的化学反应，与时间有直接关系。如果咖啡粉与水接触的时间不够长，许多可溶性固体没有足够的时间溶解，就只剩水果酸了。如果没有其他风味来稀释水果酸的酸度并增加其复杂性，这杯咖啡可能会尝起来很酸、令人不悦或沉闷。换句话说，这杯咖啡萃取不足。相反，如果咖啡粉和水接触的时间太长，你会得到一杯有着高浓度干馏风味的咖啡，往往只有苦味。这杯

趣味萃取实验

想要进一步了解不同的风味分子如何以不同的速度萃取出来，你可以尝试一个实验，用你最喜欢的手冲器具，分四个阶段冲煮 400 克咖啡液（大约 1/2 杯）。你还需要一个秤（或一双火眼金睛），称好准确的粉量，准备四个杯子，然后开始。像正常冲煮一样准备好所有东西（见 063 页图 2.2），但只冲煮 100 克（大约 1/4 的水）到一个杯子里（第一阶段）。快速把所有东西从秤上移开，把下一个杯子放上去，转移滤杯，把秤清零，再冲 100 克（第二阶段）。重复上述步骤，完成第三和第四阶段，最后每个杯子里都有 100 克咖啡。现在开始品尝。确保按照冲煮的顺序品尝每一杯咖啡，并记录你的发现。这四杯咖啡比较起来如何？第一阶段和第四阶段对比起来如何？用你的萃取知识分析一下这四杯咖啡的差异。最后将这四杯混成一杯，再尝一下味道。这个实验并不完美，但足以说明萃取的各个阶段有何不同。

咖啡就萃取过多，即过萃了。记住，这些变化都会在很短的时间内发生——30 秒就足以毁掉一杯咖啡。

判断一杯咖啡萃取得好不好的重要标准是什么？是味道。这里并没有什么剧情的反转——尽管我会告诉你关于咖啡的一切，但记住这一点，真正重要的事情只有一件，就是你的咖啡味道如何。

浓度和萃取率

咖啡专业人士测评一杯咖啡的品质时会看两个方面：浓度和萃取率。顾客是否会觉得这杯咖啡好喝，这两个数据是很好的衡量标准。如我所说，即使你对浓度和萃取率没有任何了解，你的味蕾也能告诉你这杯咖啡好不好喝。但如果我们能用术语描述，沟通起来会更简单。

浓度的概念很容易理解，指溶解在咖啡中的固体总量（TDCS）的比重，这是前一部分中提到的关于可溶性固体的另一个术语，通常以百分比来表示。如果一杯咖啡的 TDCS 含量是 1%，就意味着另外 99% 是水。浓度越高，含有的 TDCS 越多。"浓咖啡"是一个我们熟悉却经常用错的词语。

人们经常用"浓咖啡"表示咖啡的味道或一杯咖啡里能感知到的咖啡因含量。从技术上讲，浓度是指一杯咖啡的醇厚度，即这杯咖啡在你口中的感觉。一杯浓度高的咖啡，会让你在品尝时感觉到醇厚；一杯浓度较低的咖啡，则会让你感觉很单薄，更像喝水。不知你是否意识到，舌头的感觉是你判断是否喜欢这杯咖啡的一种方式。如果一杯咖啡太浓或者太淡，你就可能会将它拒之门外。有关这些区别的更多信息，请查看第 249 页的"醇厚度"部分。

浓度有一个奇妙之处，从 TDCS 来看，浓咖啡和淡咖啡之间的差别很小。例如在美国，大多数人会认为 TDCS 为 1% 的咖啡太淡，而 TDCS 到了 2% 的咖啡又太浓。好喝的咖啡，其 TDCS 大多落在 1% 到 2% 之间，但喜欢这个区间内的哪个浓度就完全取决于个人的喜好。

评估一杯咖啡品质的第二个指标是萃取率（有时候叫萃取产率或溶解物产率），它解释起来有点儿复杂。萃取率是衡量萃取的一种方式，指水从咖啡粉中萃取出了多少物质。可以这样理解：如果你有一份咖啡粉，它就是一份 100% 的咖啡原料。热水可以拿走（萃取）的咖啡物质的最大值在 30% 左右，这样一杯咖啡可能会超级难喝。咖啡专业人士通常希望从咖啡粉中萃取 18%~22% 的咖啡物质。

　　萃取率低（不到 18%）的咖啡通常萃取不足，而萃取率高（超过 22%）的咖啡通常萃取过度。这又回到了"时间"这一数据上：水和咖啡的接触时间越长，萃取出物质的机会就越多。

　　对喜欢用数据说话的人而言，咖啡冲煮控制图（见 028 页图 1.1）可以帮助你了解浓度和萃取率，了解如何解决萃取过度或萃取不足的问题，直到一杯咖啡萃取得恰到好处。怎样才叫"恰到好处"呢？麻省理工学院的化学家洛克哈特（Ernest Eral Lockhart）在 20 世纪 50 年代设计出了咖啡冲煮控制图，试图回答这个问题。他调查了一群美国咖啡饮用者的偏好，发现大多数人更喜欢处于图上"理想口感"方块里的咖啡：萃取率在 18%~22% 之间，浓度在 1.15%~1.35% 之间。洛克哈特的研究得到了精品咖啡协会的支持——尽管大众的偏好在世界各地可能有所不同。你会发现有些人喜欢喝高浓度、萃取不足的咖啡，或低浓度、萃取过度的咖啡（实际上，后者就是典型的餐车咖啡），虽然这看起来好像有悖常理。

有很多测算浓度和萃取率的特殊工具和算法（如图 1.1 里提供的数据），吸引很多从业者尝试计算。但在这里我不会教你如何去做。能了解到图中的数据很不错，但我要强调的是，不能让数字绑架了你的味觉。一些咖啡专业人士认为这样的测量标准会鼓励人们根据数据而不是品尝的口感去定义一杯"好"的咖啡。然而数据并不能说明全部，还有很多不同因素会影响一杯咖啡的萃取，例如咖啡豆的品种、处理方法和烘焙方式。也就是说，萃取率同样是 20% 的两杯咖啡味道可能完全不同。

了解浓度和萃取率后，你可以用这两个数据在家里测试你的咖啡冲煮效果。为了提高效率，你需要了解影响浓度和萃取率的因素，包括冲煮比例、研磨度、萃取时间、水质和温度。这些因素是每杯咖啡冲煮方案的基石。

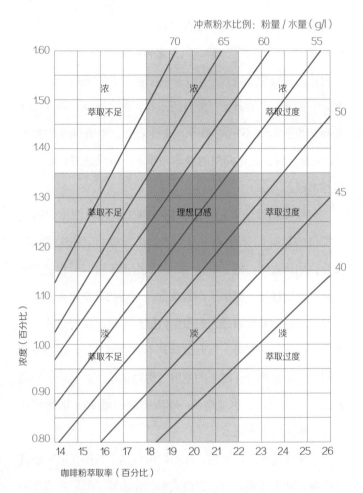

图 1.1　咖啡冲煮控制图

冲煮粉水比

准备做咖啡之前，你要知道需要用多少水和多少咖啡豆。我第一次在家冲煮咖啡时，是根据印象中看别人做咖啡用了多少咖啡豆来猜测的。如果你的目的是提升咖啡的品质，我不建议你这么做。相反，你应该注意两点:（1）你最终想得到多少咖啡液,（2）你喜欢浓的还是淡的。

你选择的粉水比（咖啡粉和水的比例）决定了一杯咖啡的浓度。记住，浓度是一杯咖啡里所含咖啡物质的百分比，它会影响一杯咖啡的口感，即咖啡在嘴里的感觉。粉水比越高，浓度就越高；粉水比越低，浓度就越低；你用的咖啡粉越多，杯里的咖啡物质就越多。

很多人会告诉你，正确的粉水比是两勺咖啡粉加180毫升的水。据说贝多芬会为每杯咖啡数出60颗完整的咖啡豆。如果这两种方法对你来说都很简单，你可以任选一种。但我（和大部分专业人士）为了使每一杯咖啡都达到期望的效果，会采用不同的测量方法。因为标准一致至关重要，而前面描述的两种方法无法达到这一点。

"两勺法"指用两勺咖啡粉，如果你用的是新鲜的咖啡豆，要把咖啡豆研磨后再测量。这就容易产生损耗且成本高

冲煮粉水比和味道

高粉水比（投粉量多）口感厚重，风味丰富，香气浓郁

低粉水比（投粉量少）口感单薄，风味单调，香气薄弱

（高品质的咖啡豆不便宜）。贝多芬的方法可以避免损耗，但咖啡豆的大小有很大差异。同样是 60 颗咖啡豆，两款不同的豆子在研磨后得到的粉量可能会差很多。有解决方案吗？有，在计算冲煮比例时，以克为单位。

在美国，大部分咖啡专业人士使用 1：15（即 1 克咖啡原豆，加入 15 克水）到 1：17 之间的粉水比，从而接近咖啡冲煮控制图里"理想口感"的范围。所以，这表示测量咖啡豆和水时，应该都使用重量单位，而不要用大家相对熟悉的体积。这意味着你只需要一种测量设备，一个便宜的厨房秤就可以简化测量过程。

重量准确有多重要

我相信很多人愿意用两勺法来测量，这没问题。但如果想让自己的冲煮技能进阶，我强烈建议以重量为测量单位控

制粉水比，原因有三：

· 更准确；
· 更容易排除问题，调整萃取方案；
· 适用于不同的器具。

　　有些人可能没有意识到，一勺咖啡的重量可以产生很大的误差。你可能听过很多繁复花哨的说法，但咖啡并不是人们编造出来的复杂事物，咖啡是科学的。经验丰富的面包师也倾向于以重量单位作为标准。如果用量杯测量面粉，第一杯和第二杯测量的重量可能会完全不同。你也许会无意间在第二杯中装得更多，于是就比第一杯粉量更多。烘焙时面粉太多也会导致不理想的结果。

　　误差的空间对于咖啡来说就更大了。前面已经提到，不同咖啡豆的大小会有很大差异（只要仔细看看你的咖啡豆就知道了）。同样是一勺咖啡豆，两种豆子的重量可能完全不同。这就像一杯多用途面粉和一杯全麦面粉会有重量上的差异一样。这种差异可能会达到一克或更多，在范围较小的测量中，一克的重量差异非常关键。另外，用两勺法测量咖啡粉也会受研磨度的影响。一勺细研磨的咖啡粉和一勺粗研磨的咖啡粉的重量肯定不一样。精准的测量值至关重要，半克或者更小的差异会决定这杯咖啡的好坏。水也是一样。一茶匙水的重量约 14.8 克，你可以试着用茶匙称称看水的重量，看有多少次称出来会是 14.8 克。

测量重量是确保粉水比的精确一致，从而获得一杯品质稳定的咖啡的唯一方法。即使你幸运地做出了一杯好喝的咖啡，除非你记录下详细比例以备下次使用，否则就很难重现。毕竟咖啡里只有两种元素，所以非常细微的变化都会影响到口感。坚持每次使用同样的参数，你就很容易知道哪里需要做出调整。例如，如果你觉得一杯咖啡喝起来很厚重、很浓，那么可能是咖啡粉量多了，下次可以减少粉量；如果喝起来感觉很水、很淡，那可能咖啡粉量少了，下次你可以增加粉量。

最后，理想的粉水比也受使用的冲煮器具的影响。在下一章里你会了解到，器具是为了能更好地萃取而设计出来的，至于如何实现，设计者们有不同的想法。萃取咖啡的器具不同，适用的粉水比也不同。

如何计算粉量

冲煮中用到的咖啡粉的重量叫粉量。粉量是需要计算的，我讨厌数学，因为我六年级的时候没有通过尖子班考试。但是老师还是让我进了尖子班，结果我在班里挣扎了整整六年，至今我对此仍然耿耿于怀。但我还是计算出了我要使用的粉量。幸运的是，一旦你计算出所需的粉量，就可以重复使用这一数据，而不需要每次都重新计算。值得高兴的是，用我前面提过的方法，以克为单位称量水和咖啡豆的话，整个冲煮过程就很方便了。感谢度量衡。

你需要了解的第一件事情是你的冲煮器具有多大容量，以及你想冲煮出多少咖啡液体。（按照你需要的分量选择冲煮器具，不要选择过大或者过小的。）拿 BeeHouse 滤杯来说，制造商说这是为一到两杯咖啡的分量而设计的。假如你想做一杯咖啡，一杯咖啡有 8 液量盎司（容量单位，在本书中为美制单位，1 液量盎司约等于 29.57 毫升——编者注），1 液量盎司水约 29.57 克。我们采用 1：16 的粉水比，算算需要多少咖啡粉（为了计算方便，我将数字取整数来计算）。

按照 1：16 的粉水比，如果你得到的咖啡液体是 237 克，只需要除以 16 就可以得到咖啡粉量。最后得出粉量是 15 克（实际上是 14.8 克，为了方便调整我取整数）。现在你可以准备 15 克咖啡豆、237 克水，研磨、冲煮，然后品尝。根据你对味道的品鉴，以增减半克或 1 克的方式来调整粉量。（注意，15 克咖啡豆可能比你以前使用的咖啡粉要多得多。人们在家里冲煮咖啡时最常见的一个错误是使用的咖啡粉量不够。如果采用 1 : 16 的粉水比时感觉咖啡粉量很大，我劝你不要着急减少粉量，先尝尝看。）

表 1.1　不同的咖啡杯数可选择的水量及粉量

咖啡杯数	水（液量盎司）	水（克）	1 : 15 粉量（克）	1 : 16 粉量（克）	1 : 17 粉量（克）
1	8	237	16	15	14
2	16	473	32	30	28
3	24	710	47	44	42
4	32	946	63	59	56
5	40	1 183	79	74	70
6	48	1 419	95	89	83

你可以根据不同的杯数或冲煮器具，对照上面的表格（表 1.1）选择参考数据。假如你使用大的 Chemex 壶，对照表格，你可以用 1 419 克水和 83~95 克咖啡粉冲煮出 6 杯咖啡。但是如果你拥有很多种冲煮器具，你应该根据不同的器具选择不同的粉水比。第六章中会介绍，根据使用器具的不同，使用的粉水比从 1 : 12 到 1 : 17 不等。

一旦弄清使用的冲煮器具采用哪种粉水比更合适，我会记录下来，每次做咖啡时都用这个比例。大部分手冲咖啡店也是这么做的。粉水比是冲煮器具的一个基础参数。你可以使用一个基础数据开始做咖啡，而不需要每次都计算。咖啡馆为了优化一杯高品质的咖啡，可能会每天都调整数据（或者每次来新咖啡豆的时候调整一下），这个过程叫"后期调整"。在家里我很少进行调整，基础数据通常就足够应付。

研磨度和冲煮时间

研磨就是将整颗咖啡豆磨碎成小的颗粒。咖啡豆的表面积很小，没有足够的空间和机会让水渗透进去，进而萃取出咖啡里好的物质。用咖啡豆来萃取咖啡需要一辈子的时间，而这是不现实的，所以要把咖啡豆研磨成大颗粒（粗研磨）

或小颗粒（细研磨）后再使用，这样就能更充分地进行萃取。了解了研磨度会对一杯咖啡产生怎样的影响，你就能按照自己的喜好去调整冲煮方案。

研磨度对咖啡萃取的影响很大，会影响咖啡的风味。细研磨的咖啡粉比粗研磨的咖啡粉接触水的面积更大，有更多的空间让水流过并萃取出风味。所以如果你不改变当前冲煮咖啡的方式，只把研磨度调细，就会做出一杯比之前萃取率高的咖啡。如果水有更多的空间渗透到咖啡粉中并溶解咖啡中的化合物，最终溶解在咖啡里的物质就更多。当然溶解物不是越多越好。因为细研磨度的咖啡粉会导致萃取速度变快，容易使咖啡萃取过度。使用细研磨度的咖啡粉需要缩短冲煮时间，才能获得一杯好喝的咖啡。同理可得，采用粗研磨度的咖啡粉需要延长水和咖啡粉接触的时间。

使用细研磨度的咖啡粉萃取速度会变快，但并不代表冲煮的速度也会变快。研磨度的粗细会极大程度地影响水通过咖啡粉的速度（适用于注水冲煮法，而非浸泡式冲煮法。见061页）。粗研磨度的咖啡粉颗粒之间的空间大，水就能快速通过；细研磨度的颗粒之间的空间小，水流过的速度就变慢。想象一下：水流过砾石和沙子时，哪个速度更快？

不幸的是，没有哪一种研磨度可以保证一定能做出一杯好咖啡。一杯好喝的（或不好喝的）咖啡可以是采用各种不同的研磨度做出来的。更"神秘"的是，没有关于研磨度的通用标准，没有标准化的术语，只有"粗研磨""中度研磨"和"细研磨"这三个非常主观的词。此外，不同的磨豆机也有不同的命名法。两台不同的磨豆机都用"刻度14"时，磨出来的咖啡粉的研磨度肯定不同。有的磨豆机甚至不使用数字刻度。有科学的方法可以测量颗粒的大小，但是你需要额外的设备，对家庭咖啡爱好者或者大部分人来说，这都是不切实际的。

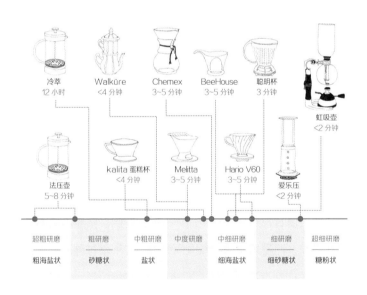

图 1.2　研磨度参考图

因此，在厨房里找一些大小和质地类似的东西（如盐和糖）与研磨度对比会更直观。在上一页的研磨度参考图（图1.2）中，我描述了研磨度的范围和触觉的比较；在下一章里，我将提到各种冲煮器具相应使用的研磨度。

每种冲煮器具都会有特别适合的研磨度，便于控制流速。如果你使用的研磨度对某个器具来说特别粗，那么水就会流得很快，最后导致咖啡萃取不足。相反，如果研磨度太细，水会像蜗牛一样缓慢通过（甚至停止），导致最后咖啡萃取过度。这就是为什么即使你很着急，也不能通过调细研磨来加速萃取。

一个很明显的迹象能表明研磨度过细了——如果注水的时候咖啡粉床看起来像泥一样，那么对你使用的这种器具而言，研磨度就太细了。还有一个迹象是，水需要很长时间才能从粉床里流下来。在第六章里，我会为每一种注水法提供一个标准水流时间。如果流速超过了标准时间，就证明你的粉太细；如果没达到标准时间就完成冲煮，证明粉太粗。

冲煮器具都有自己特定的冲煮时间范围。法压壶的冲煮时间最长，而爱乐压的冲煮时间最短。并不是每种冲煮器具都有固定的标准冲煮时间（即使制造商告诉你有）。你可以为一个器具找到很多种方法来做出一杯好喝的咖啡，只是对

研磨度和口感

太细＝口感浓郁，风味尖锐

太粗＝口感单薄，味道平淡或者酸涩

初学者来说，刚开始可能直接使用表中的数据会比较不容易出错。然而，有些器具的使用方法会比其他器具更灵活多变。例如，本书里会介绍法压壶的 5 分钟萃取法和 8 分钟萃取法；还有爱乐压，似乎整个咖啡界都为它创造了无数种疯狂的萃取方法。

注意，有一点很重要：研磨出的咖啡粉颗粒永远是不均匀的，因为咖啡豆烘焙时的自然爆裂反应是不规则的。所有磨豆机都会有自己的研磨范围，从相对较大的颗粒到细小的粉末。这就是为什么你需要一台好的磨豆机（因此我建议，如果你打算只买一个咖啡设备，就买磨豆机），我会在 107 页进一步探讨这个问题。

水质

咖啡液体里 98%~99% 是水。水既是成分也是工具，因为它是一种溶剂。因此我们需要关注水这一介质。首先，味道独特的水会做出味道独特的咖啡。在美国，大多数人都很幸运，有现成的水源。然而并非所有水都一样。做咖啡时使用新鲜、味道好的水很关键。对初学者来说，如果你从水龙头里能接到新鲜、味道好的水，就直接使用吧。如果不能，也就是说如果你接出来的水闻起来或喝起来有异味，你可以考虑使用活性炭过滤水壶或类似的器具。我们芝加哥的水喝起来有股氯的味道，感觉好像整个城市在用稀释过的泳池水，然后将这种水通过水管输送到你家。我使用的活性炭过滤水壶有效地过滤了这种味道。事实上，一个标准的活性炭过滤水壶就能过滤掉氯的味道或气味（这可能是美国自来水最常见的问题），以及几种金属元素。还有很多更贵的过滤壶可以选择，不过对家庭咖啡冲煮爱好者来说，靠这种过滤水壶基本就足够改善水质了。

使用过滤器不是为了去除水中的所有物质，因为水中含有大量矿物质和其他物质，它们是良好的溶剂。例如，镁和钙特别有助于萃取咖啡风味。软水或蒸馏水（除去了大部分或所有矿物质和杂质的水）则不是好的咖啡溶剂。蒸馏水可能在清洗恶心的洗鼻壶时很有用，但永远不要用它做咖啡，它无法从咖啡粉中萃取出足够的味道，你的咖啡最终会很酸。矿泉水尽管富含钙和镁元素，但也不是用于冲煮咖啡的最佳选择，因为它往往太硬，会导致咖啡过于沉闷、苦涩，缺乏令人愉悦的酸度。

一些使用地下水的人常抱怨水太硬，会带来一些与咖啡本身无关的问题，例如器具结垢或清洗困难。出于这个原因，很多使用地下水的家庭都会使用软水系统。如果你使用的是地下水，觉得做出来的咖啡不好喝，尝试对比一下用硬水和软水做出的咖啡。如果你能分辨出差异，就用效果更好的那种水冲煮咖啡。如果两者你都不喜欢，就试试瓶装天然泉水（注意不是矿泉水）。

有些咖啡馆会使用反渗透滤水系统，然后再加入适量的钙和镁。我甚至见过咖啡馆向客人出售反渗透水。这完全没有必要，甚至几乎是一种犯罪行为——对，我就是这么认为的。少数公司会销售矿物质混合物，将其适量加入蒸馏水中，兑成完美的咖啡冲煮用水。我自己还没有试过，但我觉得这也是一种选择。

精品咖啡协会提供了水质标准（见表1.2），我将在下面介绍。精品咖啡协会的水质标准建议表的中间一栏是完美状态，右边一栏表示某些指标可接受的空间。

表 1.2　精品咖啡协会的水质标准建议表

特征	目标	可接受范围
气味	干净、新鲜，没有异味	
颜色	清澈	
氯含量	0 mg/L	
溶解性固体总量	150 mg/L	75~250 mg/L
钙硬度	68 mg/L	17~85 mg/L
碱性物质浓度	40 mg/L	40 mg/L
酸碱度	7.0	6.5~7.5
钠	10 mg/L	接近 10 mg/L

初学者从这张表中至少能了解到，新鲜度、清洁度和氯的含量是评估冲煮咖啡的水质时最重要的因素。对水感兴趣的家庭冲煮爱好者请留意这张表：有的数据很模糊，有的又很具体。不管你对水是否感兴趣，都应该知道你家里的水不太可能在精品咖啡协会规定的范围内，而这张表也肯定有它的不足之处。例如最近有研究表明，TDS（水中有多少矿物质和其他元素——不要与 TDCS 混淆，TDCS 专指咖啡中

溶解的固体总量）这样的指标作为衡量标准的作用被夸大了。家庭咖啡冲煮爱好者也不太可能去测量家庭水质的全部特性。我认为精品咖啡协会对水的标准更多是采用一种"尽可能控制"的指导方法。也许你无法控制水中 TDS 的含量，但如果水尝起来有氯味，还是可以改善的。

对水非常感兴趣的人可以阅读咖啡师马克斯韦尔·科罗纳-达什伍德（Maxwell Colonna-Dashwood）和麻省理工学院咖啡科学家克里斯托弗·H. 亨顿（Christopher H. Hendon）的著作《咖啡之水》（*Water for coffee*）。它从科学的角度探讨了水如何改变咖啡以及为什么会改变咖啡，指出许多咖啡专业人士过分强调了 TDS 等指标，还指出冲煮咖啡的完美水质是一门正在发展的科学。这本书并不完全适用于家庭，但提供了一些值得向家庭咖啡冲煮爱好者强调的要点：

· 水使咖啡不同于其他手工饮品。

咖啡的风味决定了它的品质，就像葡萄酒和啤酒一样。这三种饮料都可以从加工方式、口感和风味的角度来讨论。但咖啡需要在制作之前准备好水（而不是在加工咖啡豆时），这点跟葡萄酒和啤酒不同，后两者不需要这一步。

除此之外，水是咖啡的主要成分，而水不是一成不变的，它会因地区而异。这意味着大约 99% 的咖啡成分在不断变化。这点相当惊人！

· 不同类型的水对咖啡的风味有不同的影响。
水质因地而异，想让各地水质一致是不切实际的（坦白说也没必要）。用水的种类决定了咖啡的味道。即使有办法确保其他冲煮变量恒定，只使用了与平时不一样的水，也会让咖啡的味道产生巨大变化。这意味着如果你搬家了或去度假了，在家里使用过的非常有效的冲煮数据，在新的地方可能就没那么好的效果了。当然，也可能效果更好！

以上这些仅仅是为了告诉家庭冲煮爱好者，应该重视水的问题，并尽可能地控制水质：过滤氯，避免使用蒸馏水或矿泉水。也可能有一天，你使用的水就是不能与某一种特定的咖啡豆配合。咖啡豆烘焙后与烘焙师的水能很好地配合，但可能跟你家里的水完全不合适。但这种差异不会对你的咖啡产生很大影响，导致无法饮用。水的问题更可能会以这样的方式表现出来：你尝试过所有的方法，咖啡的味道还是不对，那可能就是你的水有问题了。

温度

　　传统的咖啡智慧告诉我们，咖啡冲煮的理想温度通常是
90.5℃~96℃（冷萃除外，见 078 页）。请注意，这个范围
低于水的沸点 100℃。因此请记住：达到沸点的水对冲煮咖
啡来说太烫了。

　　水温很重要，因为它会影响咖啡中可溶物质的溶解方
式。理想温度的最低值是 90.5℃，如果温度更低，水就很
难充分溶解咖啡粉中能带来令人愉悦的风味的化合物，从而
需要更长的萃取时间。太烫（如达到沸点）的水会溶解过多
的化合物，溶解速度也会过快，会导致咖啡变苦或变涩。

　　专业咖啡师会使用专业设备。他们通常会使用带有温感
器的热水机或热水壶，温感器能测温和保温，确保温度一直
保持在需要的温度范围内。虽然你也可以买到类似的设备，
但对家庭冲煮来说不太必要，烧水的时候用数字温度计测一
测温度就可以了。另一种方法是，水烧开后等待 30 秒到 1
分钟再开始注水。对家庭冲煮来说，这种方法完全可行。

　　应当注意，将水注入冲煮器具或冲煮容器的动作会使水
温明显下降。在一次测试中，我发现直接将沸水倒入未加热
的陶瓷杯子时，水立即冷却到 93℃，水离开不锈钢容器后，

保　温

在家里，因为无法忍受等待水沸腾的过程，我用电水壶来加热水，这个水壶烧水特别快。如果使用注水法冲煮，我就把水从电水壶倒到鹅颈手冲壶里，在倒的过程中，水会正好冷却到适合冲煮的温度（接近96℃），这样我就不用再等水降温了。（现在市场上有电控鹅颈手冲壶，但我还是喜欢我现有的设备。）

你可能会注意到，专业咖啡师在不注水的时候，例如浇湿滤纸后（见070页），有时会将水壶放回热源上。我认为这样做完全没有必要（尤其如果你是用炉子来加热水的）。

不过我是一个好奇心很强的人，所以我做了一些水温保温测试（警告：这部分内容有点深入）。过去，我默认从烧开水到开始注水只等待30秒，因为1分钟似乎太长了。然而，当我在家里测试这一理论时，我对自己使用的水壶的保温性能感到惊讶。每次测试显示，30秒后水温都是98.8℃。整整1分钟后，水温只下降了一两度。1分30秒后，大约降到97.2℃，2分钟后，大约降到95℃。整整3分钟后，水温平均下降了7℃。此时大多数测试的记录为93℃，仍然在冲煮的理想温度范围内。水温下降的速度与环境有很大关系。测试那天室温是25℃，我使用了一个不锈钢水壶，这种材料可以很好地保温。如果你对水温感兴趣，在自己家里用水壶试试这个测试过程吧。

海拔和水温

海拔每升高 1 000 米，水的沸点就会降低 6℃。这意味着在丹佛（美国科罗拉多州的一个城市）这样海拔 1 609 米的地方，水的沸点大约是 94℃，不是标准的 100℃。太疯狂了吧。这对生活在云端的咖啡爱好者来说意味着什么？水的沸点正好在理想的咖啡冲煮温度范围内！正如大家讨论的，在海平面以沸水煮咖啡通常是大忌，但是在丹佛这样的地方，你就随便玩吧。（丹佛的 Boxcar 咖啡烘焙公司就使用沸腾法制作咖啡。）玩得开心！

会继续快速散失热量，一直降到 71℃。这就是为什么许多咖啡师会用热水预热器具和咖啡杯来减少热量的散失。预热器具和预热咖啡杯都是为了减少热量的散失，因为热量不仅会从冲煮用水传递到冲煮器具，也会从咖啡传递到杯子里。

综合以上因素，我认为器具或容器的保温能力并不能明显改变咖啡的味道。在正常的厨房环境下，我通常不会特意进行预热，最多在冲洗滤纸时顺道热一下冲煮器具。但是不管怎样，如果你进行预热肯定没有坏处，预热器具和咖啡杯肯定会减缓温度流失。我用预热过的杯子做过测试，水温也会立刻降到大概 93℃，但是继续下降的速度明显变慢，意味着这杯咖啡的保温时间会更长一些。

注水

使用注水法做咖啡的时候，将水注入咖啡粉的方法会直接影响咖啡的味道。具体来说，注水的速度和控制手法对咖啡的影响最大。有多少咖啡师就有多少种娴熟的注水技巧，但关于这方面的文献并不多。这是一个抽象的概念，当你开始考虑这个问题的时候，可能会觉得有点儿好笑。不管怎样，你总要在某个点开始注水吧，那不妨了解下注水是如何影响冲煮效果的。注水技巧是给初学者学的东西吗？或许不是的。家庭冲煮是否一定需要超精细的注水技术？当然不。但是初学者可以应用一些简单的注水技巧，感受它们给咖啡带来的不同。

我在前面提到过，水与咖啡粉的接触时间直接决定了有多少风味分子会被溶解。稍后你会了解到，水翻动的程度也会影响到萃取。换句话说，快速、随意的注水动作会对最终结果产生不良影响。作为一个以前只会将水往咖啡粉上一浇的人，我可以负责任地告诉你，缓慢、可控的注水动作对做出一杯好咖啡有明显的帮助。

使用鹅颈手冲壶会很容易实现缓慢、可控的注水（见126页）。一定需要手冲壶吗？不，不一定，如果你没有这种壶，我在这本书里也介绍了一些简单的注水方法。但这种壶肯定能帮助你控制和引导水流。

专业咖啡界对两种不同类型的注水方法（不间断注水法和间断注水法）有很多争论。我觉得这两种方法都适合家庭冲煮，但无论你使用哪种方法，都要记住一些事情：

· 不要淹没粉床。注水法的精要不是往咖啡粉里灌水，导致咖啡粉泡在一汪水里。你要保持水位相对稳定，确保咖啡液从器具滤下去后，新加入的水能持续不断地进入咖啡粉床。这点很重要，因为跟咖啡液相比，新注入的水是更好的溶剂。（当然也有例外，见307页的V60方法。）

· 向中间注水。在注水的大部分时间里，你应该相对靠近咖啡粉床的中央。如果你在器具侧面注水，水会沿着杯壁流走，绕过大部分咖啡粉。水完全流下去之后你可以看一下滤纸，检查水流是否碰到器具的侧面。滤纸侧面应该是薄薄的粉床，主要由细粉组成。如果滤纸的侧面很干净（俗称"秃顶"），那就说明你的水浇到滤纸上，沿着阻力最小的路径往下流走了。另一种情况是细粉迁移。因为细粉一般是粘在滤纸的侧面，如果水将它们冲到滤纸的底部，造成堵塞，萃取时间将大幅增加。

· 水要分布均匀：虽然最好在咖啡粉床的中央注水，但你不能永远只在一个点注水，那样会创造出一条通道，让水绕过大部分咖啡粉而直接流走。为了避免这一点，尝试有节奏地画小圆圈、"8"字形或使用任何你喜欢的方式来注水。专业咖啡师有很多种方法可以做到这点（许多人强烈执着于哪一种方法最正确），但对家庭冲煮爱好者来说，关键是持续让流动的水均匀地分布在整个咖啡粉床上。当水流过咖啡粉时，粉床应尽量平整。如果你注意到水排干之后粉床出现倾斜或断层，就说明你在冲煮过程中比较多地浇到了某一个区域而忽视了其他区域。

· 让咖啡留在咖啡粉床里。虽然细粉粘在滤纸上很常见，但你不希望看到厚厚的粉末堵在冲煮器具的两侧。（除非有例外，总会有例外的；见 307 页 V60 的方法）附着在滤纸粉床上方的大粉块被称为"巨石"。滤纸侧面的大粉块越厚、越高，咖啡与水接触的时间就越少。在我常用的一些冲煮方法中，我会绕着粉床的外侧快速浇一两圈，将这些粉末推回粉浆中。

· 控制时间。除了确保咖啡完全、均匀地与水接触，控制注水时还应该控制咖啡与水接触的时间，即冲煮时间。在这本书的第六章中，我对每种方法的目标冲煮时间都做了概述，包括使用注水法时你的注水时间，以及达到最终重量后水通过粉床的时间。如果注水太快，水就没有机会从咖啡粉里萃取所有的精华。如果注水太慢，可能会导致萃取过度。记住，如果你觉得注水已经很慢了，但水仍然流得太快，那可能是研磨度太粗。如果冲煮时间已经到了，水却还在慢慢往下流，那可能是研磨度太细。（详见035页。）

掌握注水技巧需要时间，但你做得越多就越容易。最终你会和职业咖啡师一样，发展出一种肌肉记忆，使其成为你的第二天性。这会发生在你身上吗？谁知道呢！但不管怎么说，好的注水技术还是相对容易掌握的。

不间断注水法

很多咖啡师认为，做手冲咖啡应该用水壶缓慢、稳定、不断地往冲煮器具里注水，这叫作"不间断注水法"，目标是将咖啡粉浆保持在较低的、一致的高度，并在整个注水过程中保持流速恒定。理想情况下，水流不应该间断，甚至不能出现因断流而形成的滴水。

提倡这种方法的人认为，这种注水方式更温和（搅动轻微）。你可以使用研磨度更细的咖啡粉，得到一杯更香醇的

关于翻动

咖啡粉在水中移动时会翻动。翻动能使咖啡颗粒迅速地接触水，实际上加速了萃取。水流进入冲煮器具的那一刻，咖啡粉会发生一些骚动，产生一定程度的翻滚。随着水位的上升和下降，咖啡粉随之移动——这是另一种翻动。大多数时候要尽量避免额外的晃动，除了最后倒出咖啡液体时带来的晃动。然而有一些方法，特别是全浸泡法，会直接进行一两次快速搅拌。怎么知道该搅动多少下呢？你需要勤加练习来掌握。从一开始就把这个技巧牢记于心，不断精进。

咖啡。许多人还声称像 V60 和 Chemex 这样的器具就适合这种缓慢、可控的注水法，因为器具本身不具备控制流速的功能。

如果没有鹅颈手冲壶，这种不间断的注水法基本很难做到，显然还需要一些努力才能掌握。为了达到最好的效果，水壶应该装到大概四分之三（随着水壶中水位的下降，壶嘴的流速变化会很大，对初学者来说可能很棘手），而且一开始拿壶的时候会感觉有点重。随着时间的推移，大家可能会锻炼出咖啡师那样的肌肉，在整个注水过程中能很轻松地单手握住并操控一个装满水的水壶。我自己直到今天还是举不起水壶。做一下这样的练习：滤纸里不要放咖啡粉，用熟悉的水量（比如 250~400 克），练习连续注水。给自己计时，如果水流中断了，就重新开始。看看你能做到多慢。如果你能在 3 分钟或更长的时间内连续注水 250 克，就可以应对各种情况了。

间断注水法

间断注水法是另一种注水技巧，它不是连续注水，而是每隔一段时间停一下，让水排出。多久停一次、每次停多长时间不一定，每个人使用每一种器具时都有自己喜欢的方法。一般来说，每注 50~60 克水停一次是相对标准的做法。

虽然间断注水法在两次注水间会有一次停顿，但冲煮时间并未暂停。间断注水法要求注水速度更快（因为有中断）。不管你采用不间断注水法还是间断注水法，目标冲煮时间都是一样的。

根据我的经验，间断注水法比不间断注水法的容错度高，更容易掌握。间断注水法操作起来轻松一点，你可以在注水时随时自如地调整流速。使用间断注水法，冲泡较小克重的咖啡时也容易掌握合适的萃取时间。

闷蒸

不管你使用哪种技巧，都需要闷蒸咖啡。闷蒸指开始注水之前用少量热水彻底预湿咖啡粉，这也是一种简单的改善咖啡味道的方法。听起来有点奇怪，怎么可能仅仅弄湿咖啡粉并等待一会儿，就能影响咖啡最终的味道呢？然而确实可以。从根本上说，闷蒸带来的温度和湿气为咖啡萃取做好了以下两种准备：

· 释放二氧化碳。

新鲜的咖啡豆含有大量二氧化碳，这是在烘焙过程中产生的。当你浇湿咖啡粉时，粉会随着二氧化碳的释放而膨胀、鼓起小包（闷蒸的时候如果没有泡泡排出的话，就证明你的咖啡豆不新鲜了）。咖啡本身会自然地排出二氧化碳，热水加速了释放过程。喝过苏打水的人都知道，二氧化碳的味道会有点苦。闷蒸让二氧化碳里苦涩的味道最终不会出现在咖啡里。

· 开始萃取过程。

闷蒸可以让咖啡豆里的二氧化碳在萃取之前就从其他可溶物中排出。如果豆子中的二氧化碳没有释放，气体会排斥水，为其他的可溶物建起保护罩，水就无法溶解它们，这样你就很难做出好喝的咖啡。

闷蒸需要倒多少水？有一个比较好的原则：使用粉重两倍的水量进行闷蒸。例如，你的粉量是 14 克，那就使用 28 克水进行闷蒸。你需要足够的水来浸泡咖啡粉，但不要太多，不要让水流到下面的容器里（滴水是可以的）。一次加太多水会阻隔二氧化碳，就达不到闷蒸的目的了。要等多长时间才开始冲煮呢？这要根据咖啡的新鲜度、烘焙度和粉量，闷蒸时间一般是 30~45 秒。假如咖啡豆新鲜，烘焙度

电子秤清零

在开始闷蒸前，将秤归零。冲煮器具和咖啡的重量都不要计算到闷蒸用水的重量里。

浅，就需要稍长的闷蒸时间，粉量大同样需要较长时间。当冒泡速度开始减缓，就说明闷蒸可以结束了。

这时你可能会想，为什么只闷蒸 30~45 秒呢？为什么不等到不再冒泡呢？首先，泡泡通常会一直冒。其次，如果二氧化碳一直在释放，其他的挥发性芳香分子一定也在释放。挥发性芳香化合物非常复杂，容易飘散到空气中，所以它们被称为挥发性物质。它们对咖啡风味有很大的贡献（香气是风味的一大因素，见 253 页），所以将它们保留在咖啡里非常重要。

后期调整冲煮方案

如前面提到的，咖啡专业人士谈论"调整"（dialing it

in）时，他们指的是通过反复测试确定一杯咖啡（或一杯浓缩咖啡）的正确冲煮变量和参数。换句话说，他们说的是"微调"。前文讲过，本章中讨论的所有冲煮变量都会影响咖啡的味道，因此正确处理这些变量非常重要。

专业咖啡师每天都需要微调一些变量，因为冲煮的变量不是常数。如前文所述，研磨度会不均匀，水温在整个冲煮过程中会产生变化。此外，冲煮器具、咖啡豆的品种和新鲜度、注水的一致性（这里指注水法），甚至外面的天气都会影响咖啡的制作。是的，温度和湿度确实会影响咖啡的冲煮结果。这是因为咖啡有吸湿性，会从空气中吸收水分，使咖啡豆膨胀（至少从分子这么小的层级来看），研磨后的密度就更大了。对此问题的解决方法就是将研磨度调粗。这个问题在制作浓缩咖啡时更为常见，不过这很好地说明了一些不显眼的变量在影响着咖啡的味道，迫使我们相应地改变一些基本参数。

另一个需要调整参数的典型例子是用新鲜的豆子替换旧的豆子。一个专业咖啡师更换新鲜豆子后会采用比平时更细的研磨度。因为新鲜的豆子含有大量二氧化碳，气体会干扰萃取。细研磨有助于在萃取的前期中和干扰。随着时间的推移，咖啡师会相应地调粗研磨度。

当你在家学习做后期调整时，一定要每次只改变一个冲煮变量，这样才能有效跟踪调整效果。如果一次更改两个或者更多的变量，你就永远无法知道味道是因为哪个变量而改变了。只有单独测试一个变量的效果，才能更容易地了解和记住它。例如，如果咖啡太浓，不是粉水比的问题就是研磨度的问题，一次只改变一个参数就可以看出问题出在哪儿。

随着你冲煮的咖啡越来越多，在这个过程中，你会渐渐地减少试错环节，而更像是在做具体的决策。最终你将能很快地发现问题并找到解决方法，而不需要猜测。你也可以在附录中学习一些排除问题的技巧和策略（见 311 页）。

CHAPTER 2

第二章 选择器具

你可能会想不通，为什么这一章出现在介绍咖啡豆的章节前，咖啡豆好像才是制作一杯好咖啡的第一步。但我们可以这样说：把全世界最好的咖啡豆放进一台糟糕的自动咖啡机里，它会快速给你做出一杯劣质咖啡（你将在本章中了解到原因）。如果没有一台能做出好咖啡的设备，即使给你再好的咖啡豆，你也做不出美味的咖啡。

事实上，选择冲煮器具及选择相应的冲煮方式对咖啡的制作有重大影响。面对一系列器具，你需要做出重要决定，本章将帮你做出选择。在手冲咖啡的世界里有一些很荒谬的选项，我会先帮你减少一些选择。本章重点介绍十种器具（包括我的最爱）。虽然其中任何一种都不错，但本章的重点是帮助你做出最好的选择。我会把重点放在使用简便、购买方便和价格实惠这三个方面，对想购买新冲煮器具的家庭冲煮爱好者来说，这几点是最重要的考虑因素。

不过，首先你要考虑好你想（或不想）购买的器具配件，才能做出最好的决定，因为大多数冲煮器具都需要搭配使用。本章列举了可以为咖啡吧台添置的器具：滤杯、滤纸、磨豆机、秤、手冲壶等，以及它们能够如何改善（或毁掉）一杯咖啡。

完全浸泡式器具 VS. 注水式器具

手冲咖啡有两种主要方法：完全浸泡式冲煮法和注水冲煮法。选择冲煮器具时，你需要做的第一个决定是使用哪种方法。你会发现，你选择的方法不仅对冲煮时的特点有所影响，也决定了你要花多少钱、时间和精力，以及需要多少额外的配件。

完全浸泡式（通常简称浸泡式）冲煮法和泡茶的过程基本相同（见图 2.1）。将水一次性注入，咖啡粉被完全浸没。然后水渗透到咖啡粉中，萃取出风味和化合物。最后将咖啡粉从咖啡里过滤。

另一种冲煮法是注水冲煮法（见图 2.2）：把水注入咖啡粉中，并经过滤纸。注水法的关键是整个冲煮过程需要缓慢、稳定的水流。当水经过咖啡粉时，会萃取出咖啡的风味和化合物。

浸泡式器具最大的优点是不需要太高水平的冲煮技巧或任何特殊的配件，比注水式更容易掌握。浸泡式冲煮法是一种"一劳永逸"的咖啡制作方式。而注水式器具则需要一定程度的冲煮技巧，确保水与咖啡粉的接触时长恰到好处。这种精度要求极其缓慢和可控的注水技巧，使用鹅颈手冲壶能

第一步：把水烧开

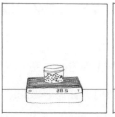

第二步：称重（或测量）然后磨豆

第三步：将咖啡粉倒入冲煮器具。如果在秤上做冲煮，把器具放到秤上并去皮

第四步：加水加到设定的重量（或容量）等待建议时长

第五步：过滤／按压冲煮

第六步：倒入分享壶或者马上饮用

图 2.1　完全浸泡式冲煮法：基本设置和技巧

使用完全浸泡式冲煮法的基本设置和技巧：

法压壶 275 页　　　　　　　聪明杯 286 页

爱乐压 281 页

使用注水式的基本设置和技巧：

Melitta 293 页　　　　　　　Kalita 蛋糕杯 301 页

BeeHouse 296 页　　　　　　Chemex 304 页

Walküre 298 页　　　　　　 Hario V60 307 页

注意：虹吸壶的使用方法有所不同 见 289 页

第一步：把水烧开

第二步：称重（或测量）然后研磨咖啡豆

第三步：折滤纸（如果需要用到滤纸的话），放入滤杯中

第四步（可选）：用热水浇湿滤纸，把水倒掉

第五步：将咖啡粉倒入冲煮器具。如果在秤上做冲煮，把器具放到秤上并去皮

第六步：开始计时，按照建议的时间和水量（或体积）进行闷蒸

第七步：加水加到设定的重量（或容量），在预设的时间内完成

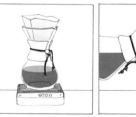

第八步：等待咖啡滤出来

第九步：立刻饮用

图 2.2　注水冲煮法：基本设置和技巧

关于自动咖啡机

尽管咖啡很简单，我还是花了几千字谈论咖啡的各个方面，并提出了一些建议，帮助你在家里做出一杯与在咖啡馆喝到的味道一样的咖啡。不用说，在自动咖啡机上按一下按钮比手冲咖啡来得容易。

问题是，在家里，大多数标准的自动咖啡机不可能做出一杯与在咖啡馆喝到的味道一样的咖啡——即使外面咖啡馆里的是滴滤咖啡而不是手冲咖啡，二者也仍旧无法相提并论。这是因为大多数自动咖啡机不是为做精品咖啡而设计的，原因主要有两个：

- 大多数自动咖啡机不能快速达到合适的冲煮温度，或者不能在整个冲煮过程中保持指定的温度；
- 大多数咖啡机没有达到合适的冲煮时间。

换句话说，温度和时间是自动咖啡机的两大难题。

相反，手冲器具在这两个方面能够轻松击败典型的自动咖啡机。我用一个例子来说明这一点。我在办公室里，基本都用 Melitta 冲煮器具，但我们也有一台自动咖啡机。我们每次做咖啡的时候，都没有精确地测量水和咖啡豆的重量，也没有使用鹅颈手冲壶，没有秤或量杯，更没有好的磨豆机。

简而言之，我们的冲煮方法没有任何特殊的技巧，毕竟我们还要工作，没有太多时间。尽管如此，这样手冲出来的咖啡仍明显比自动咖啡机制作的好很多。尽管比起人类，机器制作咖啡更稳定，但至少人类能将水烧到所需的温度。即使我们注水又快又多，Melitta 滤杯的设计还是拉长了注水时间。这样使用 Melitta 能做出精品咖啡馆的味道吗？不太可能（但有时候也能）。不管怎样，在现有的条件下，手冲咖啡的味道已经很好了，而且明显比机器做出来的好喝。我都不知道要怎么夸了，太神奇了。

这并不代表所有的自动咖啡机都做不出高品质咖啡。大多数咖啡馆使用的自动滴滤机也可以做出美味的咖啡，但那些是商用机器，并且咖啡师会定期对机器做调试。精品咖啡协会每季度都会测试消费级咖啡机，如果哪台机器符合标准（主要是考虑之前提到的时间和温度因素），就将被认证为家庭冲煮机，你可以用它来做一杯好咖啡。至本书撰写时，被认证的咖啡机型号如下：

- Bonavita 8 杯量智能精品咖啡机，型号 BV1900TD（零售价：199.95 美元）

- Bonavita 8 杯量智能精品咖啡机，型号 BV1900TS（零售价：189.99 美元）

- Behmor Brazen 可定制温控冲煮咖啡机（零售价：

199 美元）

- KitchenAid 定制冲煮咖啡机，型号 KCM0802（零售价：230 美元）

- KitchenAid 滴滤冲煮机，型号 KCM0801OB（零售价：199.99 美元）

- OXO On12 杯量冲煮咖啡机（零售价：299.99 美元）

- OXO On9 杯量冲煮咖啡机（零售价：199.99 美元）

- Technivorm Moccamaster（零售价：309~360 美元）

- Wilfa Precision 自动冲煮咖啡机（零售价：329.95 美元）

这个清单并没有涵盖所有可以做出高品质咖啡的自动咖啡机，但如果你想买一台自动咖啡机，可以从中进行选择。不过你也看到了，它们都相当昂贵，很多在家做咖啡的人无法负担这笔费用。

还有重要的一点是，拥有一台机器后，你还需要很多东西才能做出一杯完美的咖啡。这台机器也许能将水温和冲煮时间控制好，但粉水比、研磨度和使用哪种咖啡豆仍然需要由你来决定，再按照说明书来操作。

帮你轻松做到这点。浸泡式冲煮就不需要关注这种细节。所以如果你暂时不想再添置配件的话，可以考虑使用浸泡式冲煮法。

不过一定要记得，所有器具都有它适用的范围，你将在090页的器具介绍中看到，有些冲煮器具并不需要太多冲煮技巧，也不需要那么多配件。

滤网是如何发挥作用的

几乎所有的咖啡冲煮器具都需要用滤网来滤掉咖啡渣，防止咖啡渣最后进入咖啡里。如果你使用的是自动咖啡机，那么你应该见过波纹平底的滤网，很多机器都使用这款滤网。手冲咖啡使用一系列不同的滤纸，它们分别是为特定的滤杯设计的，与波纹滤网大相径庭（在075页的器具介绍中我会更具体地讨论这些）。各种滤网形状不同，制作材料不同，并不是随处都能买到——这些都是你选择器具时需要考虑的因素。如果你根本买不到滤纸，那么你最好选择有内置滤网的器具。我觉得质量好的滤网比质量好的器具作用更大。像法压壶（金属）、Walküre（陶瓷）这种器具使用的是最古老、形式最原始的滤网，以分离出不溶性固体（咖啡渣），让液体通过，使咖啡更好入口。尽管这种滤网很细，可以截留大部分粉末，但还是会有不溶性油和固体（也就是沉淀物）滤出，你可以看到杯底有很多非常细小的悬浮颗粒。这种滤网适合冲煮口感重（因为有悬浮的沉淀物）、特点明显（因为含有散发香气的油脂）的咖啡。

而滤纸的历史可以追溯到 20 世纪早期。人们发明了可以过滤超细沉淀物和不溶性油脂的滤纸，咖啡专业人士因而得以做出口感更干净的咖啡。比起用金属或陶瓷滤网滤出的醇厚口感的咖啡，有些人更喜欢这种干净的口感。但也有人喜欢口味重的，这完全是个人喜好。

滤纸

1908 年，德国家庭主妇梅丽塔·本茨（Melitta Bentz）申请了滤纸的第一份专利，后来成为历史上最成功的咖啡器具和配件制造商之一。在滤纸发明之前，大多数人做咖啡时会使用亚麻滤网，或使用没有滤网的器具如咖啡渗滤壶（Percolator，一种不锈钢咖啡壶），这种冲煮器具不容易清理干净，容易做出焦苦味的咖啡。家庭主妇每天都要清理做好咖啡后堆积在壶底的残渣。有一天，本茨夫人在一个铜罐上打了一个孔，放了一张她儿子的吸墨纸进去——第一个滤纸和滤杯就这样诞生了。滤纸可以把咖啡粉隔在杯子外面，易于清洗和丢弃。本茨和她的家人立即开店，向热爱咖啡的德国人出售革命性的滤纸，最后它走向了全世界。

她创立的 Melitta 公司成为滤纸的创新开拓者。20 世纪

漂白（白色）、不漂白（原色棕色）和竹制滤纸

所有滤纸的原色都是棕色。原色滤纸和白色滤纸本质上是一样的，区别在于有没有进行漂白。制造商声称，漂白与否并不会造成咖啡口感的差异。但我不同意这个观点，原色滤纸会让咖啡带有一种纸的味道。

如果你使用的滤纸是白色的，那么它就是被加工过的。但这并不代表它用的是过去常见的氯漂白法。现在大多数高质量的白色滤纸采用的是氧化漂白法，所以不用担心使用漂白过的滤纸时会有化学物质渗入咖啡或环境中。

对很多人来说，使用滤纸造成的环境污染仍然是个大问题。大部分滤纸制造商都声称自己的滤纸百分之百可降解，可以和咖啡渣一起用于施肥，但你应该经常向你所使用的滤纸的制造商核实这一信息。竹子属于可再生资源，因此也有些制造商开始使用竹子制造滤纸。

初，本茨的滤纸变成圆形，到了 30 年代，它变成了现在标志性的锥形。Melitta 公司还发明了一个完全与之匹配的锥形滤杯。现代所有的锥形滤纸和滤杯都是基于这种简单优雅的设计。Melitta 也是第一家提供未漂白（天然棕色）滤纸的公司，后来又有了使用非氯漂白工艺漂白的滤纸——这两种都是当今的标准滤纸。

虽然 Melitta 仍然是咖啡和咖啡配件的领导者，但现在的滤纸有各种形状和尺寸，以适应不同的冲煮器具。例如爱乐压的滤纸小而圆，Kalita 蛋糕杯的滤纸则类似自动咖啡机用的那种。

润湿滤纸的重要性（或不重要性）

不管选择哪种冲煮器具，如果使用滤纸，大多数咖啡专家都建议在倒入咖啡粉之前先用热水彻底冲洗滤纸，然后在开始注水之前把水从冲煮容器里倒掉。关于为什么这样做，有以下几个原因。首先，润湿滤纸改善了大多数锥形滤杯的功能，有些滤杯甚至依赖于这一步才能完成过滤。

润湿滤纸让滤纸和滤杯壁紧密贴合，但并不是完全密封——每个器具都有（或应该有）独特的允许空气流动的方式。例如，Melitta、BeeHouse 和 V60 滤杯的内壁都有不同类型的条纹，形成能让空气通过的空间。Chemex 的滤纸经过适当润湿后，会与漏斗的光滑内壁紧紧贴合，也有助于两个空气通道发挥作用。这些功能都是为调节气流而设计的。如果没有气流通过，湿润的滤纸将锁住气压，导致水流减慢甚至停止。如果气流太少，水和咖啡粉混合太久，导致过度萃取，会使一杯美味的咖啡融入更多杂质。如果气流太大，水会快速流过咖啡粉，导致咖啡味道很淡、不好喝。润湿滤纸可以确保你的器具在使用时的每一个步骤都能充分发挥其作用。

最受欢迎的手冲咖啡器具都力求在密封和空气流动之间达到完美平衡，以获得一致的萃取率。可能你已经发现了，设计师们永远想重新发明低调的锥形滤杯。一些人看重科学冲煮，一些人则更看重美学。如果你考虑购买某个新奇美观的滤杯，先研究一下这个滤杯的气流流动方式，如果没有这个功能（一定会让你大吃一惊），就不要选择它了。

另外，润湿滤纸可以洗掉滤纸本身的味道，避免将纸的味道带到咖啡里。对我来说，这是润湿滤纸最有说服力的理由，因为我的味蕾可以判断纸味是否存在。我发现原色滤纸在使用前尤其需要好好冲洗一下。

不相信吗？试试润湿滤纸，品尝流过滤纸的水。你应该马上就能察觉到纸的味道。在一次盲测中，我、安德烈亚斯还有其他所有受试者都能识别出滤过原色滤纸的水（即使滤纸已经被冲洗过了），并且我们大多数人都能识别出滤过未润湿的白色滤纸的水。

如果你无法喝出滤过原色滤纸的水，试试用一杯新鲜、干净的开水进行比较。在这个实验中，大家很难区分干净的开水和润湿过的白色滤纸滤出的水——这就是我在家里基本只使用白色滤纸的原因。

毫无疑问，纸味会影响咖啡的味道——毕竟咖啡里99%都是水。警告：如果你像我一样，一朝喝出了咖啡中纸的味道，后半辈子都将活在这个味道的阴影里，尤其是喝纸杯装的咖啡时，你会只喝到纸味，而没有咖啡味。小心行事。

最后，润湿滤纸，让热水流到冲煮容器里，可以加热容器。最后这个原因也许不那么重要，但它是出于为咖啡保温的目的。

这些因素的影响到底有多大？你喝到的咖啡可以说明一切。我冲洗滤纸完全是为了避免喝到纸的味道。

非一次性滤网

除使用滤纸外，另一种选择是使用非一次性滤网，有金属、陶瓷、布等材质，有些器具会自带滤网。例如法压壶有一个带滤网的压杆，Walküre 自带横竖交错结构的陶瓷滤网。稍做研究后，你会发现单独出售的非一次性滤网实际上比本书介绍的许多滤纸都更加耐用。

使用非一次性滤网对冲煮的咖啡味道肯定有影响。不管滤网网眼多小、材料多密，任何类型的非一次性滤网都会比纸质滤纸渗出更多的细粉和油脂。这也不一定就不好——取决于你的口味偏好。

如果你使用的研磨度合适，豆子新鲜，烘焙度正好，在正常冲煮的情况下，沉淀物和油脂不会有什么问题。如果咖啡豆不新鲜（现成的预磨咖啡也属于不新鲜的咖啡），使用非一次性滤网冲煮时，会产生特别不好的效果。因为不新鲜的咖啡豆里的化合物（特别是油脂）已经开始氧化。氧化是氧气把一种东西变成另一种东西的过程，对任何食品来说氧化都不是一件好事，对咖啡豆来说尤其不好，因为氧气会很快将咖啡中好的风味转换为不好的味道。很多非一次性滤网分离油脂的效果不如滤纸，所有的异味最终都会落入杯中。

还有一点，非一次性滤网容易堆积残渣——咖啡油脂会氧化到腐臭的程度。残渣的堆积肯定会影响冲煮咖啡的味道（肯定不能让味道变好）。每次使用后，务必要彻底清洁，去

胆固醇和未过滤的咖啡

研究显示，大量饮用未经滤纸过滤的咖啡可能会稍微提高你的胆固醇水平。咖啡油脂中含有会使胆固醇升高的化合物（咖啡醇），滤纸有效地过滤了此化合物。值得注意的是，在咖啡盛行的几百年里，它一直亦毒亦药，广受争议。我读过关于胆固醇和咖啡的文献，但依然是云里雾里。如果你对未过滤咖啡在这方面的争议有所顾虑，请咨询医生。

除残留物。

滤布

出于环保原因，许多人转而选择可重复使用的滤网。如果你喜欢滤纸做出的咖啡的味道，但又希望它可以重复使用，那么可以选择滤布。像虹吸壶用的就是专门为它设计的滤布。你可以找到适合大多数器具（包括 V60 和 Chemex）又相对便宜的滤布。滤布和滤纸一样能分离不溶性固体和油类（我个人看不出有什么不同），但滤布使用起来要更精细一些。首先，在第一次使用前，你需要把滤布放到水里煮沸消毒。之后再每隔几个月煮沸一次来保持清洁。建议你在不用的时候将滤布放在水中并储存在冰箱里。如果维护不当，滤布变得不干净，使用时会给咖啡带来令人作呕的味道。

完全浸泡式器具

法压壶

众所周知，法压壶可能是最古老的使用滤网的冲煮器具之一。我说"可能"，是因为关于这种方法何时出现或者从哪儿来的并没有详细的记载。有一些记载称，早在 19 世纪 50 年代，法国就开始使用法压壶。在滤网发明之前，人们将咖啡粉和水

丰富、醇厚度浓郁的口感

价格　　★★☆☆☆
购买方便　★★★★★
技巧要求　★☆☆☆☆
使用方法见 275 页

一起放在一个锅里煮。据民间传说，有一天，一个法国人发现水烧开了，可是他忘记放咖啡粉。他赶紧把咖啡粉倒进去，然而所有的咖啡粉都漂浮在水面上，咖啡无法饮用。聪

明的法国人找了一块金属片放在壶上，用一根棍子把它往下推，把咖啡粉分离——看，他就这样发明了法压壶，咖啡尝起来很香醇（可能因为水不是一直在沸腾）。从那以后，这个法国人就开始用这种新的方法煮咖啡了。

2014 年，《纽约时报》（*The New York Times*）的一篇文章证实了这个故事——至少在时间上是吻合的。据报道，两名巴黎人——一名金属工匠和一名商人——在 1852 年 3 月获得了一项联合专利，描述了一个使用法压壶基本原理的器具，包含一个滤网和两面包着法兰绒的带孔眼的金属薄片。滤网连着一个压杆，使用者将压杆推入圆柱形的容器中。听起来很熟悉，是吧？

尽管如此，直到 20 世纪，法压壶才在欧洲广为人知。一些记载坚持称，直到 1929 年，第一个"正式"的法压壶才获得专利。它由当时的意大利设计师安提利欧·卡利马利（Attilio Calimani）发明，是一种"用于制作饮品，特别是制作咖啡的设备"。在 20 世纪 50 年代，意大利人法列罗·邦达尼尼（Faliero Bondanini）改进了该法压壶的设计，并为自己的"咖啡过滤罐"申请了专利。他开始制造这种咖啡器具，并通过"波顿"（Bodum）等大型厨具公司分销。法压壶在欧洲非常受欢迎，然而它在美国却花了很长时间才流行起来。

如今，几乎在任何出售厨房用品的地方都能买到各种大小和材质的法压壶，有玻璃的，有塑料的。尽管多年来法压壶一直在做各种调整，但现在的版本依然沿用了当年令人钦佩的简洁设计：注水、等待、按压、饮用。因此，法压壶特别适合初学者和喜欢厚重口感的家庭冲煮者。法压壶不要求你有任何冲煮技巧，也不需要用手冲壶。而且通常情况下，早上用法压壶做咖啡的时候，你还可以去做别的事。

法压壶也是功能最多的咖啡冲煮器具之一。你可以用它做冷萃（见 279 页），可以泡茶，甚至可以用来给拿铁和热巧克力打奶泡。如果你喜欢多功能厨房用具，强烈向你推荐法压壶。但它有一个缺点，就是相对不易清洗。但无论如何也不能让咖啡粉和油脂残留在壶里，建议你每次使用后都把压杆拆下来彻底清洗。

如何使用

使用法压壶的时候，咖啡粉和水接触的时间相对较长，所以要使用超粗的研磨度，这样会减慢萃取速度，确保咖啡不会苦涩或萃取过度。

通常，金属网眼的滤网难以彻底分离所有粉末，最后落

冷 萃

冷萃的历史很悠久，可能从发现咖啡开始就有冷萃了。精品咖啡店很久以前就已经使用这种方法做咖啡。近年来，随着大型咖啡连锁店也开始采用这种做法，冷萃变得越来越受欢迎。冷萃咖啡的口感丰富明亮，顺滑而酸度低，喝起来非常可口。因为咖啡是用冷水冲泡并冷藏的，所以加入冰块后稀释度较小（冰咖啡是将热的浓缩咖啡倒到冰上，会导致咖啡立刻被稀释）。怪不得冷萃是咖啡馆的夏日特饮。

你知道吗？冷萃在家里很容易制作。有各种各样的器具可以帮到你。在这本书里，我介绍了最基本的法压壶冷萃法，以及用聪明杯的方法，因为聪明杯的设计也适合做冷萃。冷萃是一种一劳永逸的方法，在家做又很经济实惠。冷萃的容错率很高，即使用的是很便宜的拼配豆也能做出让人惊叹的饮品。此外，把冷萃咖啡放入密封罐中，可以在冰箱里保存1~2周。

冷水是可以从咖啡中萃取味道的，萃取时间要比使用热水长很多——有时长达12~15小时。不过耐心会得到回报的。漫长的冲泡时间往往会让咖啡产生又甜又丰富的味道，而且几乎感觉不到酸度。咖啡分子的氧化和分解是热咖啡放太久就变得不好喝的原因，所以咖啡不要放太久。而用冷水冲泡咖啡却能缓解这一变化。还记得咖啡可溶性物质的溶解速率不同吗？那些与苦涩相关的物质会持续溶解。用热水冲泡太长时间的咖啡会萃取过度，味道苦涩。对冷萃来说，水溶解可溶性物质需要很长时间，所以即使经过 12~15 小时的冲泡，许多苦味化合物也不会溶解。

因为不是所有的咖啡分子都能溶解在冷水中，所以需要放更多的咖啡粉来补充。我使用的两种方法中，冷萃原液的粉水比大约都为 1：6，比任何热水冲煮方法使用的粉量都高得多。然而，你可以根据自己的喜好稀释冷萃原液，加水调整原液的浓度。

冷萃咖啡和热水冲煮的咖啡风味完全不同。有一次我喝到一杯冷萃咖啡，像吃到一个新鲜熟透的番茄——这是我以前从未在热咖啡中尝到的味道。你可以做个有趣的实验，将同一款豆子分别用冷萃和热水法冲煮，对比品尝一下它们的味道。

到容器里的细粉会继续被萃取，所以冲煮完成后应该尽快把咖啡喝完或倒出来。咖啡放置的时间越长，过萃的风险就越大（这也是推荐使用刀盘磨豆机的一个理由，见 114 页）。然而细粉并非一定不好。它们会让咖啡的口感变得更浓、更醇厚，与用滤纸做出来的咖啡形成鲜明的对比，有些人会对法压壶带来的这种口感情有独钟。

法压壶冲煮法开创了一个风味独特的咖啡时代。用法压壶做出的咖啡通常更浓郁、口感丰富，更能凸显花香，以及巧克力味、泥土味等深烘的特质。这很大程度是由于法压壶的滤网不能很好地分离油脂，不像滤纸那么有效。鉴于用法压壶做出的咖啡味道更浓烈，我建议选择豆子的时候应首选那些烘焙程度能突出咖啡豆自身质量的，而不是突出烘焙风味的。

一些咖啡专业人士很少用法压壶，可能因为这种方法很难做出一杯味道细腻的咖啡。也有人认为用法压壶是最纯粹的咖啡制作方法，因为这种方法更接近于杯测法。杯测是咖啡专业人士测评新咖啡豆的一套高度标准化的程序。

爱乐压

我可以肯定地说，爱乐压是唯一一个由知名的飞盘制造公司发明的咖啡器具，它是工程师艾伦·阿德勒（Alan Adler）多年研究的成果。艾伦·阿德勒是Aerobie公司的创始人，也是其著名飞盘（以及公司所有其他产品）的设计师。他的目标是要创造一款能完美做出一人份咖啡的器具。

制作时间超快

价格	★★★☆☆
购买方便	★★★★☆
技巧要求	★★☆☆☆

使用方法见第281页

尽管爱乐压在咖啡领域属于新产品（2005年发布），但它以其简单和冲煮快速的特点而广受欢迎。在所有能做出如此美味咖啡的器具中，恐怕没有比它冲煮时间更短的了。爱乐压轻巧耐用［由不含BPA（一种化学物质，即双酚A）的塑料制成］、方便携带，且有多种功能，使用方法多样。和其他冲煮器具不同，爱乐压在任何研磨度、任何冲煮时间和水温下都可以很好地发挥作用。咖啡社群甚至开发了一种使用爱乐压的新方法，叫"反压法"。在本书中，我会介绍阿德勒使用的正压法和另一种反压法。

此外，人们还尝试用爱乐压来制作各种饮品。制造商推荐用爱乐压制作口味类似浓缩咖啡的饮品，然后往里添加适量牛奶做成意式咖啡，例如拿铁、卡布奇诺。它还可以用来泡茶。我并不认为爱乐压能做出浓缩咖啡，但这不代表它味道不好或你不会喜欢。试试看，如果你喜欢搞实验或喜欢使用多功能的厨房用具，爱乐压无疑是个值得考虑购买的器具。

爱乐压越来越受欢迎，在网上和实体店变得随处可见。很多精品咖啡馆也会出售爱乐压，你还可以在各大零售商店买到（截至本文撰写之时），例如塔吉特（Target）、3B家居（Bed Bath & Beyond）、Crate & Barrel 家居和威廉姆斯-索诺玛（Williams Sonoma）。

此外，用爱乐压做咖啡不需要能控制流速的手冲壶。它的设计是冲煮完成后让咖啡直接进入咖啡杯，因此你也不需要额外的玻璃瓶或分享壶。它只有一种大小，其他冲煮器具一般都有 1~4 份的不同大小（包括自动咖啡机）。爱乐压使用超细研磨度和更低的粉水比，所以做出来的咖啡往往酸度低。这两个因素都是提升醇厚度和降低酸度的关键。如果你对酸味敏感，可以试试爱乐压。

爱乐压滤纸

这些小圆片滤纸是专门为爱乐压那狭窄的冲泡室设计的。它类似 Melitta 滤纸的纸质，但没有 Melitta 滤纸那样的卷边。爱乐压滤纸的售价大概是 8 美元一包（350 张），购买爱乐压的时候会附赠 350 张滤纸，在大部分精品咖啡馆里都能买到。

跟其他滤纸不同的是，爱乐压滤纸的形状使它们更容易清洗和晾干，所以这种滤纸可以重复使用。如果你真的打算重复使用，确保滤纸被彻底清洁并且完全晾干。如果边上有油脂残留或滤纸潮湿，恐怕就不能做出一杯好咖啡了。最后，正版的爱乐压滤纸只有白色，制造商建议想要原色滤纸的人自己动手去做。你可以选好一款你想用的原色滤纸，用爱乐压白色滤纸作为模板，直接剪出来。也有第三方供应商出售金属的爱乐压滤网。

如何使用

爱乐压以手压的方式使用——你可以把它看成一个巨大的注射器。将咖啡粉和水都倒入冲煮室，然后插入一个柱塞往下按压，迫使咖啡通过滤纸和冲泡室底部的塑料网眼盖，最后进入咖啡杯中。爱乐压有点像法压壶，但在几个关键的方面有所不同。

首先，爱乐压的设计是使用圆形滤纸，法压壶则使用一个自带的金属滤网。爱乐压用滤纸，所以研磨度可以更细，这样萃取时间就比法压壶短。爱乐压做出来的咖啡往往更醇厚，并带有细致入微的味道，不会像用金属滤网做出来的那样浑浊。此外，使用传统的正压法时，冲煮室里的水被气体压过粉层，而不是靠活塞推动的力量，气体施加的压力远高于活塞。

清洗的时候扭开盖子，将爱乐压放在垃圾桶上方，推动柱塞，将压缩的咖啡粉饼和滤纸一同推到垃圾桶里即可。彻底清洗并晾干器具，准备下一次使用。每隔一段时间用热肥皂水清洗柱塞即可。爱乐压维护起来十分简单方便。

聪明杯

聪明杯是由中国台湾 Absolutely Best Idea Development（简称 Abid）公司设计发明的，在 21

聪明神器，省时省力

价格	★★☆☆☆
购买方便	★★☆☆☆
技巧要求	★☆☆☆☆

使用方法见 286 页

世纪初风靡咖啡圈。跟其他冲煮器具不同的是，聪明杯只有一种材质：不含 BPA 的塑料，且只有一种大小。聪明杯看起来就像一个标准的锥形手冲滤杯——不仅外形相近，而且也使用滤纸（Melitta#4 滤纸）。但实际上，它的冲煮方式更接近法压壶。它的设计旨在尽可能简单地冲煮咖啡，是本书中最简易的冲煮器具之一。

聪明杯的用户体验感非常好。即使使用最普通的烧水壶，也不会阻碍你做出一杯好咖啡。它的设计也使咖啡最后直接进入咖啡杯，不需要额外的玻璃瓶和分享壶。同样是全浸泡式器具，聪明杯清理起来要比法压壶容易很多，你只需要把滤纸拿出来扔掉就可以了。有些人喜欢简单、解放双手的浸泡式冲煮方式，又喜欢滤纸做出来的那种口感干净的咖啡，这时聪明杯就是最好的选择。它也可以用来做冷萃（见288 页）。

聪明杯的不足之处是没有其他手冲器具那么普及，大多数零售商都不出售，精品咖啡馆里可能有售，但也不是很常见。不过在网上很容易买到。

如何使用

虽然聪明杯是锥形滤杯的形状，但它使用的是完全浸泡式冲煮法，在整个冲煮过程中，咖啡粉和水是浸泡在一起的。聪明杯的底部不漏水，将聪明杯放到咖啡杯或玻璃瓶上，触碰释放阀，咖啡液体就会流下来。你只需要把水倒入聪明杯里，等待预设的冲煮时间，将它放到咖啡杯上，滤出咖啡液即可。

一些专业人士认为聪明杯在冲煮过程中散热太快，有些人认为这种设计容易让细粉堵塞滤网，使咖啡粉和水接触的时间过长，从而造成萃取过度。但我和安德烈亚斯并没有找到散热太快的理论根据。当咖啡专业人士"品测"咖啡的时候，通常会把咖啡放 12~15 分钟后才开始喝，所以大家很少讨论散热的问题。然而，我们发现聪明杯确实存在细粉堵塞滤纸的情况。

虹吸壶（真空壶）

一个多世纪以来，人们一直使用虹吸壶（又叫真空壶）来制作美味的咖啡。1830 年，柏林的洛夫（S.Loeff）申请了虹吸壶的专利。直到 19 世纪 40 年代，这款器具才开始获得商业上的成功。当时一位名叫玛丽·范妮·阿姆利娜·马索（Marie Fanny Amelne Massot）的法国女性改进了设计，并以瓦瑟夫人（Madame Vassieux）的名字获得了专

利。她的设计非常注重美
学——有一个金属框架，
上面悬挂两个圆球状的玻
璃器皿，最上面的一个被
冠上了帽子。多年来，虹
吸壶的设计一直在调整，
但工作原理始终不变。就
算到了今天，虹吸壶还是
极具设计感，甚至有些夸
张（就像要做一场科学实
验）。只要将虹吸壶放在
那里，就能让人感觉仿佛
回到了维多利亚时代，客

仪式感强，口感一致

价格　　　★★★★★
购买方便　★★★☆☆
技巧要求　★★☆☆☆
使用方法见 289 页

人们正在起居室或什么地方享受它带来的乐趣。1910 年，虹
吸壶以"Silex"之名开始在美国生产并销售，虽然并不那么
受欢迎，但仍然是一种令人惊喜、很有娱乐性的咖啡器具，
这可能是它近几年来在咖啡行业里有所复兴的原因吧。

　　"玻璃王"（Hario）和"亚美"（Yama）是两大虹吸壶
制造商，这两家都是销售各种咖啡器具的公司，还有一个制
造虹吸壶的知名品牌是波顿。虹吸壶有几种大小，分别是三

杯量、五杯量和八杯量。请注意虹吸壶是需要热源的，热源大多分开销售，使用液化气加热的虹吸壶会比较便宜。也有可以加热虹吸壶的无焰热源（卤素灯），这一套需要几百美元。如果你选择在明火上加热，建议买一个散热板放在虹吸壶和热源之间。波顿的虹吸壶可以在 Crate & Barrel 这种高端零售商那里买到，其余的品牌可以在网上购买。

事实上，虹吸壶最大的缺点就是贵，但使用起来很有乐趣。虹吸壶易碎，使用的时候要很小心。如果你有些笨手笨脚，这个器具就不太适合你了。虽然虹吸壶不是最实用的咖啡器具，但我认为它做出来的咖啡差异最小，因为过程几乎是全自动化的，除了选择粉量和读取温度，基本没有其他人为参与的过程。KitchenAid 品牌新推出了一个全自动的虹吸壶，虽然不是手工冲煮，但仍然很有趣。

虹吸壶滤纸

玻璃王和亚美的虹吸壶都要用小的圆形滤布，而波顿使用的是塑料滤网。虽然滤布可以重复使用，但如果你想长期使用，需要特别仔细地维护它。第一次使用滤布时，先煮几分钟，然后再用来冲煮咖啡。使用后彻底清洗干净，并放在清水里，存储在冰箱中。然后每次使用前，把滤布浸泡在干净的温水中大约 5 分钟。我还建议每隔一段时间煮一次滤布，让它保持干净。（如果你不妥善处理滤布，做出的咖啡会有臭袜子的味道。）

如何使用

虹吸壶使用浸泡式冲煮法，但与其他浸泡式冲煮法截然不同。水在下面的玻璃球瓶中被热源加热，压力差将水通过玻璃吸管推入上方的球体。待上方球体的温度稳定下来（大约 95℃），把研磨好的咖啡粉倒进去。水看起来在沸腾，其实不是，只是空气在翻滚。空气也随着玻璃吸管进入了上方

渗透式咖啡壶，再见

你可能好奇为什么我没有在书中介绍渗透式咖啡壶。200 多年来它一直忠诚地满足喝咖啡者的需求，但并没有让消费者满意。这种咖啡壶从根本上说很难冲煮出像样的咖啡。因为沸腾的水会通过咖啡粉进行多次循环，通常这样做出来的咖啡会因萃取过度而变得焦苦。虽然我相信一些咖啡爱好者已经很好地掌握了这种方法，能让咖啡壶达到他们的要求，但我觉得这种器具并不适合在家冲煮咖啡的初学者。

球体中。水对咖啡进行萃取，当冲煮完成后，将热源移开，压力会再次发生变化。这时，萃取出的咖啡液体会流回底部的球体中。上球体中有滤布，防止粉渣漏入底部的容器。最后你会得到一杯口感丰富、顺滑、沉淀物少的咖啡。

注水式器具

Melitta

尽管 Melitta 是第一个发明这种锥形滤杯的——梅丽塔·本茨于1908 年发明了滤纸（见068 页），随后冲煮器具也很快问世了，但我却很少在咖啡手冲吧台看到 Melitta 滤杯，反而看到

最早的冲煮器具

价格	★☆☆☆☆
购买方便	★★★★☆
技巧要求	★★★★☆

使用方法见 293 页

了其他制造商的产品，这些产品都是在本茨的原始设计基础上调整制作出来的。本章会讨论其中的几个。我用 Melitta 获得了很多冲煮经验，它让我第一次品尝到咖啡的不同风

味。Melitta 不像其他器具那样浮夸或时尚，但它很实用，设计简约。

Melitta 的产品有一个很大的优势，即购买方便且价格合理。六人份装的塑料器具零售价大概是 10.99 美元，一般在大型零售商那里（或者网上）就能买到。

如果想从塑料厨具升级到高档产品，Melitta 也有陶瓷的滤杯。如果你是新手又不想花太多钱，Melitta 的这套器具是不错的入门选择。

Melitta 滤纸

Melitta 的锥形滤纸（又叫楔形滤纸）适合初学者，因为它适用于多种冲煮器具，且在任何杂货店（甚至药店）都可以买到。我记得在我开始喝咖啡之前，到处都能看到独特的绿色、红色的包装，我当时想："这些到底是用来干什么的？"你很可能也在自动咖啡机上使用过这个品牌的平底滤纸，或发现在杂货店里锥形滤纸和平底滤纸放在同一个货架上。如果你不想专门买滤纸，Melitta 的锥形滤纸是很好的入门产品。其售价大概为 6~8 美元一包（100 张）。

Melitta 的滤纸上面是圆形的，比较宽，下面逐渐变窄，底部扁平。底部和一侧是褶皱。使用时，取出一个未打开的扁平滤纸，简单地把底部和一侧的褶皱折叠上去。我喜欢打开滤纸再折叠一下，这样滤纸放入滤杯中时会更贴合，且能防止破损（虽然这样的事从没发生在我身上）。打开滤纸，放进滤杯里，你就可以开始冲煮咖啡了。

Melitta 的锥形滤纸有几种尺寸，可匹配各种大小的器具——#2 和 #4 是最受欢迎的。请选择和你的器具相匹配的大小。虽然有人告诉我必要时可以裁剪滤纸，但这是不可取的。没有合适的配件时，你就不要指望器具正常工作。

如何使用

Melitta 是最原始的 V 形滤杯。滤杯必须放在某种容器（杯子或者玻璃瓶）上，需要单独购买滤纸，使用的时候将滤纸放进去。当你往滤杯里注水的时候，水会穿过咖啡粉床，通过滤纸，经过排水孔，滴滤到下面的容器中。Melitta 锥形滤杯的斜面交叉于底部，需要使用与杯身相同形状的滤纸。滤杯内侧的沟槽有利于排出空气，底部有一个中等大小的孔（有些手冲器具只有一个孔，而 BeeHouse 底部有两个孔）。这种设计减缓了水通过咖啡粉床的速度，让器具的容错率更高。一旦器具为你控制了很大一部分流速，你的注水技术就不需要那么精细了。

Melitta 的设计看起来比其他器具更容易使细粉移动，因为水只能从一个相对较小的孔排出，所以些微细粉就会把孔堵住，导致水的流速降低。我建议你在注水时尽量避开滤杯的两侧杯壁。

BeeHouse

BeeHouse 是一款新型的 V 形滤杯，设计基于 Melitta，有两种尺寸。它跟 Melitta 滤杯很相似，但 Melitta 的底部只有一个排水孔，而 BeeHouse 有两个，滤杯内壁的沟槽

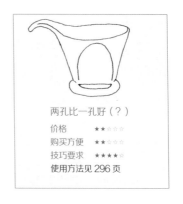

两孔比一孔好（？）

价格	★★☆☆☆
购买方便	★★☆☆☆
技巧要求	★★★★☆

使用方法见 296 页

也有一些不同。BeeHouse 只有陶瓷材质的。如果你喜欢把咖啡直接滤到咖啡杯中，BeeHouse 是个很好的选择。它适

合大多数咖啡杯，滤杯的底部有个开口，这样你可以看到咖啡杯里还有多少空间。作为手冲滤杯，BeeHouse 当然比浸泡式的器具更需要冲煮技巧，但对我们来说，BeeHouse 算是最好操作的手冲滤杯了。我觉得它比 V60（见 105 页）更容易操作。它是我第二喜欢的冲煮器具，实至名归。

另外，如果不想为购买特殊的滤纸而操心的话，BeeHouse 也是一个很好的选择。BeeHouse 和 Melitta 的滤纸是通用的（大的可以使用 #2 或 #4 滤纸，小的只能使用 #2），几乎在任何一家杂货店都能买到。因为操作方便、滤纸易于购买以及价格亲民，BeeHouse 堪称一扇通往手冲世界的任意门。

然而它有一个缺点，尽管在精品咖啡馆里 BeeHouse 比聪明杯更常见，但在大型连锁超市却买不到。好在我们可以在网上购买。

如何使用

BeeHouse 的工作原理就是手冲滤杯使用的标准方法。不过它的设计（及两个排水孔）比其他器具如 V60 和 Chemex（见 101 页、105 页）更易于限制水流，这意味着它比其他器具更能兼容不完美的技术。

你可能发现 BeeHouse 比其他的手冲器具用起来压力更小，因为它的设计减轻了注水时间给你带来的压力。BeeHouse 的冲煮流速由研磨度决定。所以你可以随意用不同的研磨度进行实验，看看研磨度是如何影响冲煮时间的。

与大多数 V 形滤杯一样，BeeHouse 做出来的咖啡口感干净，冲煮时间越长甜感越好。一些专业咖啡师觉得 BeeHouse 做出来的咖啡复杂性不够，无法达到 Chemex 或 V60 的高度。但我发现，不管在家里用什么豆子冲煮，Beehouse 都能做出稳定的咖啡。

Walküre

Walküre（德语发音为 VAL-kur-ee）由四部分上等白瓷组成，距今已有 100 多年的历史。1899 年，西格蒙德·保罗·梅耶（Siegmund Paul Meyer）在德国拜罗伊特建立了一家工厂，这家生产瓷器的工厂现在仍在生

纯粹主义者的梦想

价格　　　★★★★★
购买方便　★☆☆☆☆
技巧要求　★★★☆☆
使用方法见 298 页

产 Walküre。这一产品的需求量很高，促使梅耶在 1906 年推出了 Walküre 系列家用产品。凭借其精美的设计和简单的冲煮方式，Walküre 成为一款既满足外观要求也满足冲煮要求的完美选择。我可以毫不掩饰地说，它是我最喜欢的咖啡冲煮器具。

根据我的经验，Walküre 相对来说容错率比较高。它不需要滤纸，用它做出来的咖啡比其他不用滤纸的咖啡器具例如法压壶做出的口感更干净。Walküre 的陶瓷滤网能让油脂和其他不溶物滤过，如果缓慢地注水，很容易就可以做出一杯风味复杂、微妙的咖啡。你要留意落入下方容器里的细粉，它们可能会导致萃取过度。冲煮完成后马上将咖啡倒出来就可以规避这个问题。

我承认 Walküre 是本书介绍的器具中最不为人所知的。你肯定不会在家用商品店里看到它，当地的咖啡馆基本不会卖聪明杯这种不太受欢迎的器具，更不会卖 Walküre 了。当然你可以在网上买到，在咖啡供应网站上应该很容易购买到。Walküre 的另一个缺点是价格太贵。容量最小的 Karlsbad（0.28 升）外形风格更传统一些，售价约 89 美元，外观更时尚、现代一些的小号 Bayreut 售价将近 110 美元，还有中号（0.38 升）和大号（0.85 升）的，型号越大价格越贵。我自己用的是中号。

还需要注意的一点是，最小号的 Walküre 不能一次做出多份咖啡。我的中号壶可以做出两杯小份的咖啡，但其实是一杯的量。

如何使用

我们需要讨论一下 Walküre 的结构，从下往上说。首先，它有一个带手把的瓶子，瓶身有个出水口。然后上面是一个圆柱形的冲煮室，底部是双层横竖交叉的白瓷内置滤网。你可以将咖啡粉直接倒进去。它还有一个分隔片，悬置在冲煮室内。使用的时候把水倒在分隔片上，水会通过分隔片上的孔缓慢地沿着边缘流到下面的咖啡粉上。最后是盖子，它可以盖在分隔片上，在冲煮过程中保温，也可以盖在壶身上，作为分享壶使用。

每次使用 Walküre 的时候，我都会赞叹设计师的独创性。Walküre 有很多优点，我会从分隔片开始说。分隔片独特的功能甚至可以控制流速——当水从孔里排出时，会以一致的速度均匀地淋到咖啡粉床上，并且只产生最低限度的搅动。因此你就不需要能控制流速的手冲壶和一只很稳定的手臂了。另一个优点是不需要滤纸，内置过滤器感觉上不太可靠，却惊人地隔离了很多细粉。实际上，这个器具的设计使咖啡粉床本身起到了过滤的作用，能将细粉分离而不落入杯中（有时候这个过程被称为"滤饼过滤"）。由于壶嘴的位置，有些细粉还是会掉下去的（至少 Karlsbad 会有这种情况），我发现最后的咖啡里有细粉，清洗容器瓶的时候也会发现有细粉残留。

Kalita 蛋糕杯

Kalita 是一家日本东京的公司，1958 年开始制造滤纸，随后将产品线扩展到咖啡冲煮器具，比如手冲壶和蛋糕杯。第一只 Kalita 滤杯制造于 1959 年，尽管 Kalita 滤杯以三孔设计为傲，但据说它的

方便使用 口味丰富

价格	★★★☆☆
购买方便	★★☆☆☆
技巧要求	★★★★

使用方法见 301 页

原始设计灵感来自 Melitta 的单孔滤杯（我不知道这是不是巧合，但确实二者的名字和标志都很相似）。后来，Kalita 滤杯演变成蛋糕杯——这是一种独特的手冲器具，底部是平的。

Kalita 蛋糕杯有两种大小，#185（大号）和 #155（小号），需要使用同一型号的滤纸。蛋糕杯的材质有陶瓷、玻璃和不锈钢。直到我写这本书的时候，各大厨具零售商都没有售卖 Kalita 蛋糕杯。当地的精品咖啡馆可能会售卖 Kalita 蛋糕杯，如果店里使用蛋糕杯的话，售卖的可能性更大。像 BeeHouse 一样，你可以上网购买 Kalita 蛋糕杯。

专业人士认为，Kalita 蛋糕杯是一种多功能、容错性高的器具。滤杯的设计在调节水流的方面做得很出色，有助于弥补冲煮者手法上的不足。但这也让 Kalita 蛋糕杯在使用不间断注水法时比较难操作，尤其当水很接近容量的极限时会很难控制。如果初学者用这款滤杯冲煮，我建议使用间断注水法。

Kalita 蛋糕杯滤纸

Kalita 蛋糕杯的滤纸看起来就像标准的平底波纹滤纸，实际上却不是，它是专为 Kalita 蛋糕杯设计的滤纸。你会发现把滤纸放进滤杯的时候，滤纸不会触碰到滤杯的底部，它是故意设计成这样的。Chemex 和 Kalita 的滤纸有不可或缺的功能性作用。滤杯内壁手风琴式的沟槽设计旨在让滤纸浮在滤杯中。这种设计是为了控温：滤纸和滤杯侧面、底部之间的空气可以为湿粉保温。使用其他的锥形滤杯时，滤纸正好贴合在滤杯壁上。有些人认为滤杯的材质（特别是金属和塑料之类的材质）容易散热，从而会影响萃取。你可以在当地咖啡馆买到蛋糕杯滤纸。如果没有的话，你可以从网上购买，售价大概是 10~13 美元一包（100 张）。购买的时候请确保滤纸的大小和你的滤杯相符。

如何使用

Kalita 蛋糕杯属于 V 形滤杯家族，所以它的工作原理和其他的手冲滤杯一样——不同的是它的三个孔呈三角形，底部是平的，有人认为这些特点有其优势。这一设计会让咖啡粉床浅而平，能比其他 V 形滤杯更好地防止粉末翻动。水在这种咖啡粉床里很难制造出可以流走的沟，因此萃取会更加均匀。和其他的滤杯比，蛋糕杯更适合用较粗研磨度的咖啡粉，它的设计尽量减少了咖啡粉的翻滚。在滤纸的作用下，这种设计能让水更好地流向咖啡粉床，而不是像其他 V 形滤杯那样绕过粉床。此外，滤杯底部凸起的 Y 形脊不会让滤纸和滤杯完全贴合，可以让空气流通。

由于这些特点，Kalita 冲煮的时间较长，可以捕捉各种不同咖啡的特性和复杂性。咖啡可以冲煮到分享壶里，或直接冲煮到咖啡杯里。Kalita 品牌也有分享壶和玻璃壶，可以买回家使用。

Chemex

德国设计师彼得·施伦博姆（Peter Schlumbohm）于 1941 年发明了 Chemex，这是为数不多在流行文化和艺术界获得标志性地位的产品之一。如果你没有留意美国电视剧《广告狂人》（Mad Men）里梅根·德雷珀坐在加利福尼亚州的厨房时背景中的Chemex，那就去纽约现

20 世纪中叶的产物

设计时尚　口感干净

价格	★★★★☆
购买方便	★★★★☆
技巧要求	★★★★★

使用方法见 304 页

代艺术博物馆吧，那里陈列着 Chemex，是博物馆永久藏品中唯一的咖啡器具。

纽约视觉艺术学院的设计评论家拉尔夫·卡普兰（Ralph Caplan）教授将施伦博姆的发明描述为"逻辑和疯狂的结合"。施伦博姆的许多设计受其化学背景和对营

销兴趣的影响——他的产品很实用，能够吸引广大受众。Chemex 获得了"滤杯式器具"的专利，既可以用来冲煮，也可以用来盛装，就像实验室里使用的滤器。

现在 Chemex 有多种尺寸，包括 3 人份、6 人份、8 人份和 10 人份。每种大小都有两种款式：经典的木柄皮条造型和光滑的玻璃手柄造型。这两款都是玻璃制品，需要使用特殊的 Chemex 滤纸。Chemex 是目前最流行的手冲器具之一（在本书撰写时，马萨诸塞州的 Chemex 工厂正努力满足市场需求）。你可以在任何咖啡馆或连锁零售店里买到 Chemex，如 3B 家居和威廉姆斯–索诺玛。

Chemex 比其他的器具更需要冲煮者的技巧，需要更多的实践经验对味道进行微调。和其他的手冲器具不同，大号的 Chemex 可以做出多人分量的咖啡。许多人说 Chemex 做的咖啡有一种独特的味道，非常干净，不浑浊，没有咖啡油脂。这点跟法压壶恰恰相反，不知道是否能吸引你。

Chemex 滤纸

因为现在 Chemex 很受欢迎，你可以在当地咖啡馆或者大型家居零售商那里买到 Chemex 滤纸。没有的话你可以在网上购买。Chemex 的滤纸要比 Melitta 和 V60 的滤纸贵很多。售价大概是 8.9~17.7 美元一包（100 张），具体价格取决于购买地点。

与 Melitta 及其他的 V 形滤纸不同，Chemex 滤纸的下面是尖的。Chemex 滤纸有白色和原色，有圆形和方形，而且比其他滤纸厚很多（根据制造商的数据，厚度要大 20%~30%），从而能够截留更多的油脂和沉淀物。因此，Chemex 做出来的咖啡味道非常干净。大家普遍认为，Chemex 做出的咖啡与其他器具做出的不同，其原因就在于滤纸。

很明显，这种滤纸是专门为 Chemex 设计的，比其他大部分滤纸更厚、更大。与 Melitta 的滤纸相比，Chemex 滤纸没有接缝，使用前需要折叠（你可以自己折叠，也可以买折叠好的）。滤纸的形状对器具的使用效果有着至关重要的影响。把 Chemex 滤纸润湿后，滤纸会与玻璃紧紧贴合，除了两个通风孔——凹槽出水口和它对面的间隙——能适当地让气流通过，从而调节咖啡的萃取速度。正确折叠 Chemex 滤纸后，它的一面是一层纸，另一面是三层纸。把三层纸的那面放到凹槽出水口一侧，可以进一步加固气流通道。如果滤纸放反了，它可能会塌陷到凹槽中间，阻碍气流通过，大大增加萃取时间，导致咖啡萃取过度。Chemex 滤纸有多种尺寸，购买时一定要选择适合你的 Chemex 大小的滤纸。

如何使用

不难发现，Chemex 的设计看似简单，却十分科学。本质上它是一个玻璃烧瓶，中间向内收，形成沙漏状。漏斗的顶部放滤纸，下半部分作为玻璃瓶使用。然而天才的设计隐藏在两个微妙的元素中：出水口槽和漏斗的形状，这两者与 Chemex 滤纸配合，共同确保恰当的萃取速度。

不管 Chemex 的设计多巧妙多漂亮，也无法掩盖 Chemex 并不容易操作的事实。如果你用的咖啡粉研磨度太细，水显然会停止流动。Chemex 滤纸很厚，有一个小尖尖，因此非常容易受细粉移动的影响，如果你用 Chemex 冲煮桨叶式刀片磨豆机磨出来的咖啡粉，会让你生无可恋（原因见 112 页）。

换句话说，操作正确的话，Chemex 能让冲煮者完全掌控某些变量，例如流速。所以比起其他冲煮器具，Chemex 冲煮的咖啡味道更复杂。使用 Chemex 时，冲煮技术比器具本身对流速的决定作用更大。Chemex 以冲煮技术为首位和中心，所以它是精品咖啡馆中最受欢迎的器具。

Hario V60

尽管 V60 是基于老式 V 形滤杯而设计的一种相对较新的款式（于 2005 年首次发布），它仍然可能是当今最受精品咖啡馆重视的冲煮器具之一。V60 由日本 Hario 公司制造，该公司成立

控制狂的福音

价格　　★★☆☆☆
购买方便　★★★★☆
技巧要求　★★★★★
使用方法见 307 页

于 1921 年，是一家耐热玻璃制造商，并逐渐成为咖啡器具中最知名的品牌之一。V60 有两种大小：# 01（小）和 #02（大），这两种型号需要分别使用 Hario#01 和 #02 滤纸。滤杯材质有塑料、陶瓷、玻璃和钢材，材质不同则价格不同（惊喜：塑料材质最实惠）。

这个滤杯本身起不到调节流速的作用，所以流速取决于冲煮者。在我看来，V60 和 Chemex 是最难掌握的器具。V60 不是不容易进行冲煮，但确实需要一定的技术（尤其对咖啡冲煮新手来说）和一个水流稳定的壶。如果你不想学习冲煮技术或购买额外的配件，就不要选择 V60 了。

我在几乎所有的精品咖啡馆都看到有 V60 售卖，截至本书撰写时，在威廉姆斯–索诺玛、Crate & Barrel 和 3B 家居等零售商店都可以买到 V60。

Hario V60 滤纸

V60 滤纸生产于精品咖啡文化的中心——日本，使用轻盈、高质量的纸张。滤纸的形状与 Melitta 滤纸非常相似，但底部逐渐变尖（像 Chemex 滤纸）。使用时，要把滤纸的接缝处折叠后放入滤杯中。

V60 在精品咖啡馆很受欢迎，所以店里通常会出售 V60 滤杯和滤纸，如果你家附近有精品咖啡馆的话，购买就很方便了。V60 滤纸的价格和 Melitta 的差不多，大概 5~7 美元一包（100 张），到处都能买到，普及性仅次于 Melitta。

如何使用

V60 是传统滤杯过滤系统的变异。它的名字揭示了它的独特设计：从侧面看像一个 V 形漏斗，与底座形成 60 度角，底部有一个相对较大的孔。这种形状与滤杯的标志性螺旋形纹路相结合，据说可以让咖啡从滤杯的底部和侧面排出，令冲煮更均匀。

相较于其他器具，V60 对冲煮变量更敏感。事实上，我可以说这是最难掌握的冲煮方法。由于底部有个大孔，你真的需要将水缓慢、不间断地注入，从而确保水不会从底部嗖嗖地滴滤出去，因此基本上要求搭配鹅颈手冲壶使用。另一方面，V60 可以做出一杯非常微妙的咖啡，这很好地说明了为什么有那么多咖啡馆使用它。有些人认为，V60 比其他器具更容易做出最好的咖啡。

磨豆机

在全球咖啡消费的早期，大家都是买整豆，冲煮时现磨。直到 20 世纪，美国咖啡寡头和他们的营销人员才开始销售真空密封包装的预磨咖啡粉。"方便！"他们说，"正是你需要的。"比起咖啡品质，美国的咖啡市场更看重成本和便利。直到今天，这种观念依然根深蒂固。

事实上，咖啡很复杂。它由数百种风味和化合物组成，处理不当就会变质。要防止咖啡因处理不当而变味，最简单的方式就是现用现磨，这样也能提升你的咖啡品质。因此我强烈建议，如果你只打算投资一件咖啡设备，应该选择一台

配件指南

大部分冲煮器具都需要额外的配件，如果你还没有这些配件，在决定使用哪种冲煮器具时，必须把配件也纳入考虑。本章剩余的部分深入探讨了三种额外的配件：磨豆机、秤和手冲壶（我推荐的这三种配件能帮助你做出一杯好咖啡），以及为什么我认为它们在冲煮过程中应该占有一席之地。理想情况是三件都能拥有，但人生总是在面对选择。

基于这一点，我设计了这份指南（见表2.1），你可以根据接受的程度去选择器具。这份指南基于你想买一件、两件或三件配件来做出推荐。不管你想买几件，我都对冲煮器具和配件提出了一些建议，帮助你做出一杯好咖啡。另外，我的推荐都是针对这本书里介绍过的冲煮方法：第六章中的每种冲煮方法都能找到相应的配件。

如果此时此刻你还不知道该怎么选择器具，这份指南会是个很好的开始。如果你已经有一些配件了，那指南可以帮你花最少的钱买到最适合的器具。如果你已经有冲煮器具了，阅读本章剩余的部分能帮你决定接下来需要再配置些什么。

最后，指南还会教你在预算内控制成本。不管我们喜不喜欢，不管我们愿不愿意花钱，价格肯定是家庭冲煮的一道门槛。正如你了解到的，一个器具的价格可以从10美元到100美元以上不等。除了器具的成本，你还要考虑其他有助于改善咖啡味道的配件的成本。

当然，没有任何特殊配件的情况下也可以冲煮咖啡，但本书的目的是帮你改善咖啡的味道，而这些配件扮演着重要的角色。

表 2.1　配件指南

购买一件配件	购买两件配件	购买三件配件
刀盘磨豆机	刀盘磨豆机＋秤	刀盘磨豆机＋秤＋鹅颈手冲壶
如果你只想添置一件设备，那就选择刀盘磨豆机。我将在114页详细讨论这一点。现在先记住：磨豆机能明显地改善咖啡的味道。	如果你希望添置两件设备，第二个选择就是秤。缺乏准确性和统一性，就无法进一步做出改善（见118页）。	如果你愿意全情投入，第三件要添置的是鹅颈手冲壶。当然，不用这种壶也可以做出美味的咖啡。如果能缓慢稳定地注水，那么使用锥形滤杯做冲煮时效果会好很多（见126页）。
最适合搭配 爱乐压 冷萃	最适合搭配聪明杯 法压壶 虹吸壶 Walküre ＋第一列	最适合搭配 BeeHouse Chemex Hario V60 Kalita Wave Melitta ＋第一列 ＋第二列

像样的磨豆机。磨豆机会对两个因素起到至关重要的作用：咖啡的风味和萃取的效率。

很多咖啡爱好者会告诉你，咖啡豆一旦研磨成粉，很快就会失去风味和香气。很多给咖啡带来芳香的化合物被保护在咖啡豆的结构中，一旦研磨后，它们就会暴露在空气、水分和光照下。这些因素都是影响咖啡风味的祸根。研磨30分钟后，所有这些化合物，特别是风味强烈的分子会明显减少。就像谚语所说："一支烟的工夫，香气就没了，再也不会回来。"不过说实话，就研磨后一两个小时内的咖啡粉而言，一个味觉灵敏度普通的人一般察觉不出味道有任何减弱。（做浓缩咖啡时使用非常细的研磨度，这样咖啡的表面积就更大，风味更容易流失，所以这种现象对浓缩咖啡的影响更大。）

不使用预磨咖啡粉还有一个更现实的原因，我认为这一点比新鲜度更重要：预磨咖啡粉会加大萃取的难度。回忆一下第一章，为了获得最好的萃取效果，研磨度需要配合你的冲煮器具，冲煮时间长的器具需要使用粗研磨度，冲煮时间短的器具则需要细研磨度。那么问题来了，预磨咖啡豆的研磨度正好适合冲煮器具的可能性极小。一罐磨好的咖啡豆和法压壶一起使用，肯定做不出好喝的咖啡，因为这款咖啡粉

咖啡豆研磨机和香料研磨机

咖啡研磨机和香料研磨机是同一种东西，但一定不要用你的香料研磨机研磨咖啡或者用咖啡研磨机研磨香料，以防交叉污染。

不是特意为法压壶研磨的（很可能也不新鲜了）。而自己研磨豆子，你可以根据自己的冲煮器具选择适合的研磨度。同样，调整研磨度可以帮你解决冲煮过程中的问题，购买预磨粉就做不到这一点了。

总之，为了达到最好的效果，还是要购买整颗的咖啡原豆，现用现磨。如果这样解释还不够清楚，那我不妨引用马克·彭德格拉斯（Mark Pendergrast）的《左手咖啡，右手世界》（*Uncommon Grounds*）中的例子：内战期间，联邦士兵随身携带原豆，用装在枪托里的磨片研磨咖啡豆。既然他们能在血腥的肉搏战中磨豆子，那你也能在家里磨豆子，前提是你也要有一把内战时期的锐器卡宾枪，否则你就需要一台磨豆机。

桨叶式磨豆机

你在市场上看到的大多数咖啡磨豆机都是桨叶式磨豆机，其原理是使用旋转的金属刀片来切碎咖啡豆。最便宜的磨豆机是将咖啡豆和刀片放在同一个仓内，用户按住按钮来启动刀片。按住按钮的时间越长，咖啡豆研磨得越细。使用大多数桨叶式磨豆机时，很容易检查咖啡粉的状态——只要打开盖子，看一眼就可以了。如果粉末看起来太粗糙，就把它们再转一转。这听起来是一种很简单的研磨咖啡豆的方法。但如果你想在家里做出一杯好咖啡，我认为这种桨叶式磨豆机会让你很失望。

当你使用桨叶式磨豆机时，会发现有的咖啡豆已经被粉碎了，有的却还是粗颗粒。通常最后磨出来的是很多细粉和不同大小的颗粒。这是桨叶式磨豆机在设计本质上的问题：豆仓没有太多的空间，所以底部（离刀片最近）的豆子比顶部的豆子切得更细。实际上，我经常使用桨叶式磨豆机（我的工作地点有一台），我几乎尝试了所有方法，企图让研磨度更均匀：一次研磨少量咖啡豆，轻轻摇动机器来重新分配豆子，每隔几秒钟就停下来用勺子搅动磨碎的咖啡粉。这些技巧有一点点帮助，可是我每次将磨好的咖啡粉倒进滤纸时，上面总会出现一整颗咖啡豆，并且有结块的粉末——那些所谓的技巧基本都是白费工夫。

简而言之，桨叶式磨豆机很难均匀研磨咖啡豆。

让我来解释为什么这是一个问题。太多细粉会堵塞你的滤纸，像池塘中的淤泥一样，让水流减慢或者停止。这杯咖啡的萃取时间会变长，很可能会萃取过度，导致咖啡变得难喝和苦涩。更糟糕的是，一些金属滤网（例如法压壶的滤网）不能过滤细粉，这意味着细粉会落入杯中，被继续萃取。是的，法压壶的设计就是让一些细粉落入杯里，可是过多的细粉会让原本美味的咖啡变得浑浊。

总的来说，研磨度要尽量均匀，这样每一个颗粒都能以相同的速度被萃取。颗粒越小，水渗入萃取味道的速度就越快。研磨度越均匀，萃取度越一致。想象一下，把土豆切条油炸时，你会把每一条切成差不多一样的大小，这样它们可以均匀过油，同时出锅。如果切得大小不同，就可能一些已经焦了，而另一些还没熟。同样的概念也适用于咖啡粉。研磨度一致的咖啡粉能在同一时间完成萃取。如果最终做出来的咖啡不太好喝，均匀的研磨度会让你更容易发现问题并根据需要做出调整。

刀盘磨豆机（锥刀刀盘）

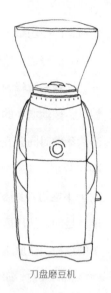

如果你希望轻轻松松改善每天的咖啡品质，我真切地建议购置一台刀盘磨豆机。刀盘磨豆机的设计可以令豆子被研磨均匀。机器通过两个齿状磨盘中的空间研磨豆子，磨盘之间的间距可以手动调整。磨盘之间的空间越小，研磨度越细，反之空间越大，研磨度就越粗。使用时只需将豆子倒入豆仓，设定研磨度，再打开开关就可以了。大多数机器都有一个可拆卸的接粉容器，方便将咖啡粉倒出来。

刀盘磨豆机

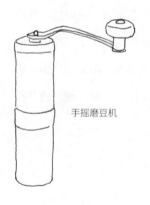

手摇磨豆机

刀盘磨豆机的缺点是，电动（方便）的机器要比桨叶式磨豆机贵。好的刀盘磨豆机研磨度的可调节范围更大，一台过得去的磨豆机大概是130~800美元不等。如果你预算不够，或者不想花那么多钱，可以买一个25美元左右的手摇磨豆机。这种磨豆机的优点是轻巧简洁，特别适合露营和旅游时携带。是的，这需要花点力气。但如果你一大早就要为做咖啡做五分钟的准备工作，那再花一分钟研磨咖啡豆又何妨呢？

值得注意的是，即使是刀盘磨豆机，其研磨程度也无法达到完全均匀。咖啡豆的一个独特特性是它会以无法预知的方式破裂，因此无法将每颗豆子都磨成统一的大小和形状，磨豆机总会磨出一些细粉。不同的是，桨叶式磨豆机会把豆子磨成各种大小的颗粒，从细粉到惨不忍睹的一整颗豆。而刀盘磨豆机能减少差异，从而达到更均匀的萃取效果。

细粉：罪魁祸首？

人们普遍认为细粉不好，因为细粉的表面积太大，会立刻被萃取。如果咖啡粉里有太多细粉，很可能会导致咖啡萃取过度。最近，咖啡科学家克里斯托弗·H. 亨顿的一项有说服力的研究表明，萃取不均匀不是细粉量导致的，而是不同粒径的颗粒分布导致的。一般来说，只要你有意识地控制咖啡里的细粉量（例如使用刀盘磨豆机），细粉是可接受的。有一些实验建议把咖啡豆冷冻，会更容易研磨均匀。

表 2.2　流行的磨豆机

机器	刀盘或桨叶式	电动或手动	价格（美元）
JavaPresse	刀盘	手动	20
KitchenAid BCG111OB	桨叶	电动	26
Hario Skerton	刀盘	手动	40
Porlex JP-30	刀盘	手动	57
Baratza Encore	刀盘	电动	129
Baratza Virtuoso	刀盘	电动	229
KitchenAid KCG0702ER	刀盘	电动	250
Baratza Sette	刀盘	电动	379

　　我认为有一台刀盘磨豆机很值得，即使是最便宜的，也肯定比没有好。我和安德烈亚斯有一台 Baratza Encore，很幸福地使用了几年后将其升级为 Virtuoso。以前旅行的时候，我们携带一台 Porlex JP-30（后来我们把它送人了），现在我们外出的时候用 Hario 的手摇磨豆机。（市面上流行的磨豆机见表 2.2 所示。）

当地咖啡馆和磨豆机

　　所有知名的精品咖啡馆都使用高质量的刀盘磨豆机。如果你的住处附近正好有这种咖啡馆，你可以购买整豆，让咖啡馆帮你研磨豆子。这不是违背了我在本章开头说的"不要预磨咖啡豆"吗？一些喝咖啡的人甚至会说，让咖啡馆帮你磨豆子简直就是亵渎神明，咖啡也会因此流失丰富的风味和香气，这点很让人悲哀。但请听我说：

关于预磨咖啡豆我最关心的问题是研磨度。在咖啡馆研磨时，你可以根据家里使用的冲煮器具来选择研磨度。假如你说："请帮我把豆子磨到适合法压壶使用的研磨度。"咖啡师就知道要怎么研磨了。你不能在家里改变咖啡粉颗粒的大小，但咖啡师会为你提供适合在家使用的研磨度。我可以肯

提 示

如果你选择在店里买咖啡豆并磨粉，我认为选择浸泡式冲煮器具配合使用效果会更好。如果你使用爱乐压或者法压壶，可以通过调整浸泡时间来配合研磨度。

我建议不要使用食品商店的磨豆机，即便它是一台刀盘磨豆机，因为（1）磨豆机可能从来没被清洗过；（2）刀盘可能没有按规定定期更换；（3）很多人用它研磨深烘焙度的咖啡豆，会让你的咖啡豆沾上其他咖啡豆残留的细粉和氧化物（变质油脂）。

定，这种磨完的咖啡粉，要比用桨叶式磨豆机磨出来的咖啡粉更适合冲煮。

至于流失风味和香气的问题，你总会有一些方法能从放置较长时间的咖啡里获得更多的风味（说白了，就是多加些咖啡粉，通过粉量来弥补流失的化合物）。但面对不均匀的研磨度和萃取率时，你却束手无策。事实上，安德烈亚斯在给新员工做培训时，会让他们拿烘焙后过的时间比较长的豆子来冲煮，测试他们的冲煮技巧。我不止一次从烘焙过后几个月的豆子里尝到了令人惊讶的好味道。

在此，我要声明一点：我并不鼓励你用不新鲜的咖啡豆，尤其不鼓励把豆子预先磨成粉。如果你一般在两周或者更短的时间内能喝完一袋 12 盎司的咖啡（大约能冲煮 14 杯），那你就可以在当地咖啡馆买咖啡豆，磨成粉，再回家自己冲煮，味道依然会很好。请确保包装被正确密封，并按照建议存放（见 236 页）。

秤

在美国，很多人一听到"厨房秤"就烦，美国人喜欢用

量勺、量杯，却不喜欢用厨房
秤。秤——一个电子设备，看
起来好像很复杂。大家不想让
简单的测量复杂化。所以很多

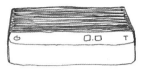

电子厨房秤

美国人不用秤来冲煮咖啡，这毫不奇怪。他们感觉使用厨房
秤太小题大做。但事实上，秤是一种多功能的设备，可以轻
松地提升咖啡的品质（和厨房的品质，如果你下厨的话）。
用量勺和量杯也不如想象中那么简单，例如称草药的话，需
要先将草药切碎，量完的糖浆需要从量勺里刮出来。烹饪完
以后，你需要洗一大堆量勺、量杯和碗。如果你想为冲煮咖
啡再添一件设备的话，我建议买个秤，理由如下：

· **准确性**。前面讨论过，使用特定的粉水比（以克为单位），
你冲煮的咖啡才能接近"理想口感"的浓度和萃取率。范
围请参考咖啡冲煮控制图（见 028 页），它是一个很科
学的表。我相信在大部分情况下，只要尝试从 1∶15 到
1∶17 的粉水比，你都能冲煮出一杯很好喝的咖啡。一个
很便宜的厨房秤就能满足以克为单位称量水和咖啡粉的需
求，让日常的咖啡冲煮工作轻松不少。要测量任何东西，
最准确的方法就是称重。再说，你怎么能把咖啡粉的固体

体积和水的液体体积混为一谈呢？必须使用秤。换句话说，必须扔掉你的量勺和美国惯用的测量单位，跟它们说再见吧，你不需要它们了。别了，惯用测量单位！

- 一致性。咖啡豆的大小和密度差异很大，其体积可能会出现惊人的差别。如果你使用量勺来测量（或猜测）咖啡粉量，最后会导致你每天使用的咖啡粉量都不一样。于是，你永远无法做出与昨天一样的咖啡。这时还没考虑到水的问题，我觉得人们不喜欢用秤的真正原因是不喜欢用它来称水。这听起来很疯狂。但是你可以这样考虑：如果在烧水之前量取水，就没有办法计算蒸发和水蒸气带来的损耗。你认真量取的水，会变成水蒸气在你眼前消散。如果在冲煮注水的同时称水，就不需要担心水蒸气的问题了。如果你不想在咖啡冲煮时出现失误，厨房秤可以为每次冲煮保驾护航。

- 更容易排除问题。使用固定的粉水比，可以更好地调整参数，做出一杯完美的咖啡。假设有一天清早，你决定尝试一种新的咖啡豆，你按照常规流程操作，可是做出来的咖啡却很浓。接下来你会有一系列调整方案，首先是减少粉量。知道上一次使用了多少粉量，下一次就可以适当减少粉量。如果你有一个秤，这就很容易操作了。

· 减少浪费。精品咖啡的价格不便宜。如果量取不准确，咖啡豆的用量会增加，无形中造成浪费，换句话说就是浪费钱。此外，一勺咖啡粉的量肯定多于一勺咖啡豆的量，先磨粉再量取不可能准确。现在有一包 12 盎司的咖啡豆，你可以做出几杯咖啡？经过准确量取，你大概可以用 V60 做出 14 杯咖啡，用爱乐压做出 21 杯咖啡，用 Chemex 做出 10 杯咖啡。

　　一开始可能看不出厨房秤有什么作用，但我相信它会让你在平时制作咖啡的流程中减少很多计算和动作。用秤称量咖啡的重量能让制作过程更流畅。我建议你直接在秤上冲煮，这样就不需要使用多个测量设备，也不用在冲煮之前就过分担心分量不准，尤其是不用再操心该烧多少水。实际上你应该每次都多烧一点水。水热了以后，将你的冲煮器具和容器（咖啡粉也放上）放在秤上，将秤归零，将水注入咖啡粉，秤上开始显示重量。慢慢来！不用猜测，不用担心蒸发，也不用蹲下来查看冲煮的水已滴滤下去多少。水壶里多余的水有很多用处，例如开始冲煮前可以先润湿咖啡滤纸（见 070 页）。还有些人喜欢在冲煮的时候往准备使用的咖啡杯里倒一点热水，预热杯子。剩余的热水最实际的用处就是冲洗使用完的冲煮器具，这样清理工作就能迅速完成。

你应该选择哪种厨房秤？首先，它不需要很贵。一个功能齐全的厨房秤大概是 15~20 美元。当然，想花钱有的是地方。很多专业咖啡馆使用很精致的秤，例如大家梦寐以求的 Acaia，它可以与你的手机同步，监控流速，跟踪闷蒸时间。Acaia 的价格超过 100 美元。这对你来说很必要吗？当然不。在购买秤之前，记住以下几点：

· 可以精确到小数点后一位。你的秤最好能读到 0.1 克，这对粉量很重要。便宜的秤只能读取一整克或半克，这会产生很大的误差。而能读到 0.01 克的秤其最大值通常无法承载咖啡冲煮所需的重量。

· 可测量上限至少达到 2 000 克。秤不仅要能称水的重量，还要能承受设备本身的重量。例如，6 杯份的 Chemex 和 Walküre，自身重量都超过 500 克。

· 体积够大，能放得下你的冲煮器具或容器。你的冲煮器具或容器的底部要能完全放在秤上，以确保称重准确。

· 有去皮功能。大部分的秤都有这个功能。物体放到秤上测量后，确保秤有去皮或归零功能，这一点至关重要。因为在开始注水前，你需要分别对秤上的器具、容器、粉末进行称量和去皮。

　　你不需要买太贵的秤（除非你愿意），可以买个便宜的，简单且保证准确就可以了。如果你坚决不使用厨房秤，你照样能冲煮咖啡，但这样肯定会给自己增加难度——记住我的话！（市面上流行的厨房秤见表 2.3 所示。）

克、毫升？

　　很简单，1 毫升的水重量为 1 克。所以当你用重量来计算冲煮比例时，也能知道咖啡的体积：400 克咖啡液大致为 400 毫升。

表2.3 流行的厨房秤

设备	最小读数（克）	可测量上限（克）	特点	价格（美元）
Smart Weigh TOP2K	0.1	2 000		14
Jennings CJ4000	0.5	4 000		26
Hario VST-2000B	0.1	2 000	可计时	57
Acaia Pearl	0.1	2 000	可计时，手机 App（应用程序）追踪参数	139

水壶和温度计

　　大部分冲煮方法都需要用一个水壶加热水。水壶属于常见的厨房用品，你可能已经有了。这样的话你就不用再花钱投资第三件咖啡器具。水壶适用于本书中的许多冲煮方法，特别是浸泡法。需要明确一点，我认为一只特殊的手冲壶对法压壶、爱乐压、Walküre 或者聪明杯来说没有太大作用。

标准的水壶

　　一个标准的炉灶用水壶价格为 20~100 美元不等，通常是金属材质：

· 铝。最便宜的一种水壶，但烧水的时候声音大，且颜色容易变暗。

· 铜。铜不仅好看，也是一种很好的导热体。缺点是很贵。铜也容易颜色变暗，但可以通过抛光恢复光泽。

· 铸铁。铸铁水壶通常是搪瓷涂层。这种金属受热均匀，保温能力很好。为了防止生锈，需要花功夫维护。一个铸铁水壶能用上一辈子（乃至好几辈子）。铸铁通常很重，如果你像我一样瘦弱，这就会是个问题。

· 不锈钢。不锈钢是很好的选择，因为它耐用（不容易磕碰），而且容易清洁。我家用的就是不锈钢水壶，很耐磨。

此外，还有玻璃质地的水壶，有各种各样的颜色和款式。由于每天都需要使用，所以你应该会有一些自己的考量因素。但不要只考虑外观。比如，我有一次就被一只很漂亮的水壶烫伤了。不要低估以下各方面的重要性：

· 加水是否方便。很多水壶的提手装在壶顶，如果设计得不好，将水从水壶倒入水瓶或容器时可能会很麻烦。

· 提手是否耐热。你可能会觉得制造商不会设计出手柄滚烫的
  水壶，但这可不好说。所以确保提手隔热性良好十分重要。

· 容量。鹅颈手冲壶还要考虑容量的问题。你要保证选择的水
  壶容量能满足你使用的冲煮器具，并且还能再留一点余量。

· 注水是否方便。选择鹅颈手冲壶时，最应该考虑的因素是
  能否轻松注水。能顺畅出水很重要，正常来说，手冲壶都
  能满足轻松、缓慢注水的要求。有些水壶如果注水太慢，
  水就会沿着壶嘴流下。

  各种水壶的烧水速度和保温效果也不同。如果你像我一
样没有耐性，不想整天等着水烧开，可以考虑买一个电水壶
（见 130 页）。

鹅颈手冲壶
  因为注水冲煮法要求稳定、缓慢、可控的水流，所以标
准的水壶经过特殊设计后演变成一款鹅颈手冲壶。这种水

壶的壶嘴又长又细，并且弯曲（像鹅的脖子），底部的出水位置通常靠近壶底。这种壶嘴能让你缓慢、平稳、连续地注水，而且能将水流准确地引到需要浇注的位置。

鹅颈手冲壶

　　假如你对注水冲煮法感兴趣，我建议为家庭冲煮咖啡添置第三件器具——鹅颈手冲壶。如果没有手冲壶，你很难控制咖啡的品质。使用普通水壶很难做到缓慢、平稳地注水，水通常会流得很快，引起大范围的翻动；或者会流得很慢，顺着壶身往下滴。没有鹅颈手冲壶就不能做手冲咖啡了吗？当然不是，事实上，我的办公室里就没有鹅颈手冲壶，只有一只 Melitta 滤杯，我经常用它做咖啡，味道仍然比自动咖啡机制作的要好，所以没有鹅颈壶也可以做咖啡。但鹅颈手冲壶的价格与普通水壶的价格也差不多（大概 25~100 美元，中档的鹅颈手冲壶可能比中档的水壶贵一点儿），所以值得考虑购买。

　　选择鹅颈手冲壶时，应考虑的事项与购买水壶一样。然而有一些额外的重要细节需要注意：

- 大小。鹅颈手冲壶不能像普通水壶一样盛那么多水，我觉得它的平均容量大概是 1 升到 1.2 升（重量为 1 000~1 200克）。此外，有些设计让水壶在装满水时不好用（尽管少分量冲煮时往往不会出现问题）。由于出水口靠近容器的底部，沸腾时会有一些水从壶嘴喷出来。Kalita Wave 1 升容量的手冲壶在这个问题上就受到了批评。然而我没有遇到过这个问题，可能是因为水一烧开我就马上把水壶从热源上移开了。但这个问题让我想到了下一点。

- 没有哨音。大部分水壶在水烧开的时候会有哨音，提醒你停止加热，防止水壶烧干。而大多数鹅颈手冲壶是没有哨音的。你可以通过水沸腾的声音或观察有没有蒸气冒出（有节奏、断断续续地冒出）来判断水是否烧开，并把水壶从热源上移开。所以烧水时你必须仔细地观察鹅颈手冲壶。把水壶烧干挺难的，但你也不会希望大量的水被蒸发掉吧。

- 水流控制。并非所有的鹅颈手冲壶都有着相同的构造，有些鹅颈手冲壶能比其他的鹅颈手冲壶更好地控制流速。直到我和安德烈亚斯把我们的手冲壶从 Bonavita 升级到现在使用的 Kalita 后，我们才意识到这一点。尽管很多专业咖啡馆都使用 Bonavita 电控壶，但我还是首推 Kalita。以前在家用 BeeHouse 的时候，Bonavita 会让水流得特别快。当我换了 Kalita 水壶后，水流就好控制多了。两者的差异可以说令人震惊。然而，有些水壶包括 Bonavita 在内，可以装一个水流限流器来辅助。相比买一个昂贵的手冲壶，限流器是一种实惠的替代品。

因为大家可能对鹅颈手冲壶不太熟悉，所以我为不同价位的流行款式做了一个简短的列表（表 2.4）。请注意，最大容量与实际容量不同，价格是建议零售价——你可能会在某些零售商那里买到更便宜的。你还有许多其他选择，此表仅作参考。

表 2.4　流行的鹅颈手冲壶

设备	材质	最大容量（克）	温感器	价格（美元）
Bonavita BV3825ST	不锈钢，不含 BPA 塑料的配件	1000	无	40
Hario Buono 120	不锈钢	1200	有	67
Fellow Stagg	不锈钢	1000	有	69
Kalita Wave	不锈钢，木制配件	1000	有	105

鹅颈手冲壶

鹅颈手冲壶饱受争议。好惨啊（好用啊）。鹅颈壶也是冤枉啊——尤其它的价格和普通水壶差不多。这两种壶我都有大量的使用经验。对注水冲煮法来说，鹅颈手冲壶毫无疑问会让我的操作（引导水流——我们不能忽视这一点）更轻松、更一致。我在别的地方看到，有些人觉得鹅颈壶对家庭冲煮来说过于复杂、昂贵，而且容易因使用不当使冲泡者大失信心。我表示不理解。这仅仅是一个壶嘴不同的水壶而已，你完全可以像使用普通水壶一样使用它。鹅颈手冲壶并非必需，但如果它能让注水更稳定，而且价格又不贵，那为什么不买一个呢？只是买了个壶而已，并没有那么复杂。另一方面，并非不用鹅颈壶就做不好咖啡。如果你就是不想用，没有鹅颈壶也还是有很多冲煮咖啡的好方法。

电水壶

电水壶从 19 世纪晚期就开始被人们使用，电水壶自带加热源，不需要放到炉子上加热。如今的电水壶可以快速加热，烧开后会停止加热防止烧干，还能把水温保持在设定的温度。这种水壶非常方便，我个人很喜欢。

电水壶有标准型和鹅颈型。事实上，你可以购买表中提到的 Bonavita 和 Hario 的电控版。电水壶烧水很快，除冲煮咖啡之外，还可以用来泡茶、做热可可、泡方便面之类。电水壶可以通过设置使水保持特定的温度，如果你喝茶的话，这个功能会非常有用，因为茶更适合低温冲泡（出于类似的原因，这个功能对冲煮咖啡也很有用）。有了这个功能，就不用等待水凉，也不用使用温度计了。

我和安德烈亚斯在家里使用经济实惠的 Melitta 40994 1.7 升容量的电水壶，和 Kalita 的手冲壶配合。电水壶的水沸腾得非常快，我发现将沸水倒入 Kalita 手冲壶之后的水温，正好是适合大多数冲煮方法的最佳水温。然而如果 Kalita Wave 有电控版，我会直接选择电控版。

选择电水壶的时候，需要注意以下几点：

· 最小和最大容量。大多数电水壶比普通水壶的容量更大，这对那些想要一次性冲泡更大分量咖啡的人来说非常棒（尤其如果这种型号还有保温功能的话）。然而，大多数电水壶会有最低水量的要求。我的 Melitta 水壶容量是 0.5 升（500 克），对我的日常分量来说有点儿大。我会用多余的水润湿滤纸，以及最后冲洗冲煮器具。

· 水垢堆积。电水壶容易堆积水垢，矿物质的沉淀会影响电器的性能。妥善保养和维护可以防止这种情况发生。

如果你准备使用浸泡式冲煮法做咖啡，就不需要关注电水壶的壶嘴了。

温度计

与水壶同样重要的是温度计。我们已经讨论过水温对咖啡的萃取会产生怎样的影响。总而言之，我认为完美的温度并没有其他细节那么重要（比如说研磨度）。而且只要将水壶放置一会儿，温度很快就会下降（当水未沸腾的时候，温度肯定低于100℃）。

然而，即时读数的电子厨房温度计有很多用途（烹饪肉类、烘焙等），一个像样的温度计只需要8美元。（如果你有物理感应温度计也可以，只是读数的时间长一点儿。）你可以买一个能夹在水壶边缘的温度计，这很实用，因为水蒸气很烫。请确保你选择的型号的可读取范围超过水的沸点。

有一些电子壶自带温度计，你可以找一个有内置温度计的用于炉灶的热水壶，例如 Fellow Stagg 手冲壶。

冲煮容器、分享壶、保温瓶

烧杯

　　本书中介绍的很多冲煮器具与冲煮容器或玻璃瓶都是分开售卖的。大多数器具包括爱乐压、聪明杯、BeeHouse、V60 都可以直接放在咖啡杯的顶部（直径约 8 厘米）。当咖啡直接滴滤到咖啡杯里时，大多数手冲器具（除了有孔的 BeeHouse 和 Melitta）都无法让人看到杯中的情况。如果你不能精确测量，又想看看杯子里还剩多少空间，可以选择用玻璃杯来解决这个问题。

　　如果你要做多人份的咖啡，就需要一个冲煮容器。大部分咖啡器具生产商如 Melitta、Hario 和 Kalita 都会生产刚好完全适合滤杯大小的容器。一个更便宜的方法（也是我个人的喜好）是买一个烧杯，上化学课时用的那种。在网上花 9 美元就能买到一个 600 毫升的烧杯，而买一个品牌厂家的分享壶至少要花 20 美元。600 毫升的烧杯足够用来做多人份咖啡了，它的直径大概是 9 厘米，大多数冲煮器具都能放上去（除了 BeeHouse）。烧杯是用来做实验的，所以它非常耐用，能够承受极端的温度变化——不是所有的玻璃器具都能做到这一点。购买品牌分享壶的好处是可以直接在上面

没有容器？没有问题

如果你觉得麻烦，不想用分享壶，可以选择内置分享壶的器具，例如 Chemex、虹吸壶，或者 Walküre。从技术上来说，法压壶也可以当分享壶，但我建议你立刻把咖啡倒出来，以防止萃取过度。

冲煮。分享壶通常都会有盖子，而烧杯没有，不过我在家也不会把咖啡放很久。

如果你想多做一些咖啡，或者想让咖啡保温一段时间，你就需要保温容器。不管你想要保温玻璃瓶还是暖水壶，请选择那种双层真空内胆的，这种容器能很好地保温。大多数保温瓶和保温壶都是不锈钢的，也有一些是玻璃的。我发现任何保温容器在使用后都必须彻底清洗，因为咖啡的残留油脂会很快变质，容易给新煮的咖啡带来异味。

咖啡的保温时长

人们要么喜欢喝热咖啡，要么喜欢喝冷咖啡，但一般都不喜欢喝不热不冷的咖啡（大多数人喜欢喝温度在 65℃

与 82℃之间的咖啡），科学家认为这其中有一些进化上的依据。不幸的是，咖啡不能无限期地保温。生活中经常有这样的情况：你刚做好一杯香醇的咖啡，却突然有事，等你处理完事情回来喝咖啡的时候，咖啡已经变得不冷不热了。事实证明，让咖啡保温的最佳方法是不要让它在第一时间变凉。你可以预热冲煮容器和保温瓶，首先确保咖啡在保温瓶外时能尽可能长时间保温。冲煮前先润湿滤纸，这个操作就能轻松完成了（见 070 页）。用热水润湿滤纸的时候，热水会滴滤到容器中，一举两得。

如果热水瓶或保温杯的质量好，并且做过预热，那么咖啡可以在数小时内保持新鲜。一旦咖啡的温度降到 79℃以下，它的化学成分就开始变化，随着温度持续下降，产生的酸味和苦味也越来越多。就算保温瓶能永远保持咖啡恒温，咖啡也会氧化（因为水中有氧气）。当空气或咖啡中的水的氧分子与其他分子混合而产生完全不同的化合物时，咖啡就会氧化。不幸的是，这些化合物的味道与原来的不同，会使咖啡变味。室温下的咖啡也会发生氧化，而且明显快得多。品尝咖啡的味道在冷却期间发生的变化会很有趣，但可以肯定的是，味道会越变越糟。出于这个原因，很多专业咖啡馆只会把滴滤咖啡放在隔热壶里保存一小段时间，大概 15 分钟到 1 小时不等。

你可能会想：咖啡变冷了，我可以重新加热呀。但是在你打开微波炉之前，听我说：重新加热咖啡通常会导致不良后果。我们讨论过，咖啡不稳定，其分子都是离解的。随着温度的下降，不冷不热的咖啡在味道上已经发生了变化，再加热会让味道好的分子继续分解为味道不好的分子。最后这杯咖啡会尖酸苦涩并带有木头味。想用微波炉或炉灶加热咖啡，还不如尝试往咖啡里加些冰块呢。

CHAPTER 3

第三章　咖啡

知道该使用什么器具和配件之后，现在可以开始把注意力转向咖啡豆了。本章将探讨诸多影响咖啡风味的因素——不同品种的咖啡豆及其生长环境、加工方式和烘焙方式等。咖啡豆虽小且不起眼，却非常复杂。人类饮用咖啡已有几个世纪的历史，却发现咖啡豆仍然在向我们揭示奥秘。在咖啡的大部分历史中，影响咖啡味道最重要的因素——烘焙的技术、种植和处理方式——都是从反复试验和从业经验中获得的。对咖啡进行科学研究是一个比较新的想法，关于烘焙、咖啡品种和产地因素对咖啡味道的影响，我们还有很多东西需要学习。

咖啡豆

在上一章中，我一直在强调选择一款可以改变冲煮变量的器具有多么重要，因为这是自动咖啡机做不到的。用劣质咖啡机冲煮高品质的咖啡豆，必然会得到一杯劣质的咖啡。但绝对不要低估豆子的重要性。如果你选择的咖啡豆不好，即使器具和冲煮技巧很完美，也改变不了这杯咖啡的味道。咖啡科学家克里斯托弗·H. 亨顿认为，任何一杯咖啡的味道都取决于四个关键的变量：咖啡生豆的质量、烘焙、水质和冲煮技巧（见图3.1）。然而，这四个变量产生的影响力却有所不同。

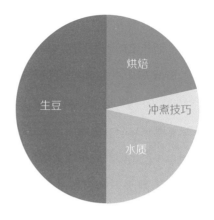

图 3.1　影响咖啡品质的因素

亨顿认为，咖啡生豆对咖啡的影响最大。与烘焙、水质和冲煮技巧相比，生豆的影响巨大（需要强调的是，图3.1建立在咖啡师有一定冲煮技巧的假设之上，如果用一台功能不好的机器取代冲煮环节，就会毁掉一切）。从另一个角度看，伟大的烘焙师和咖啡师在提高咖啡品质方面能做的事情是有限的，面对劣质或有瑕疵的豆子，神技也无力回天。咖啡生豆的质量非常重要。接下来，就让我们从分辨阿拉比卡和罗布斯塔咖啡豆之间的差异开始。

两个物种的故事

咖啡是一种植物，一种会开花的树，能长出红色或紫色的小果实，叫作咖啡樱桃果（浆果）。咖啡果是核果，但与我们熟悉的桃子和杏子等核果不同，咖啡果是为了种子（咖啡豆）而非果肉而生长的。每颗樱桃果内通常含有两颗咖啡豆。根据美国全国咖啡协会的数据，一棵咖啡树每年大约生产 10 磅（1 磅约等于 0.45 千克）咖啡果，相当于大约 2 磅生豆。咖啡豆经过烘焙后重量会减少，也就是说，一整株咖啡树每年产出的熟豆不到 2 磅！

野生咖啡植物有好几种，但对我们来说只有两个品种最重要：阿拉比卡和罗布斯塔。世界上种植的大部分（70%~80%）商业咖啡树都是阿拉比卡。阿拉比卡起源于埃塞俄比亚和苏丹的森林，品质明显高于罗布斯塔。罗布斯塔于 1898 年在撒哈拉以南的非洲西部和中部被发现，由于其酸度、脂质含量和糖的浓度相对较低，其味道较为苦涩和不平衡。有人描述罗布斯塔咖啡品尝起来像"烧焦的轮胎"和"湿纸袋"，所以不用对它抱有什么希望。然而，每株罗布斯塔植株的产豆量是阿拉比卡植株的两倍，罗布斯塔豆的咖啡因含量也几乎是阿拉比卡的两倍。此外，罗布斯塔比阿拉比卡的抗病性更强（如咖啡浆果病和咖啡叶锈病）。

罗布斯塔很强壮，从任何意义上来说都是如此。它顽强的生命力、旺盛的生产能力和强烈的味道使培育和购买的成本更低。从经济的角度来看，罗布斯塔咖啡豆的成本约为阿拉比卡咖啡豆的一半。从历史的角度来看，美国大型商业品牌（也就是杂货店里常见的家用品牌）在拼配豆中加入罗布斯塔豆的情况很常见。如今你会发现，罗布斯塔主要用于低质量大众市场的咖啡产品，几乎所有速溶咖啡用的都是罗布斯塔豆。不过，意式拼配豆有时也会使用高品质的罗布斯塔豆，尤其是意大利风格的拼配豆，因为人们认为它能提供大家想要的浓厚的味道，能够增加咖啡因和克丽玛（浓缩咖啡上面那层焦糖色的泡沫薄层）。但一般来说，大部分精品咖啡烘焙者基本不会在意式拼配以外的情况下使用罗布斯塔豆。因此罗布斯塔跟我们没有什么关系，接下来我们要关注的是阿拉比卡咖啡豆。

在此我要强调一点：并非所有阿拉比卡豆都是平等的。生豆出口到美国之前会被分级和评分（咖啡通常以生豆形式运输以保持新鲜，烘焙后的咖啡会很快变味）。首先，咖啡豆在加工厂会根据大小、形状、重量、颜色和残次情况被分类——所有这些都与质量相关。在这个复杂的系统里，具体术语可能会因国家的不同而有所不同，但其中心思想是将咖啡豆从最高级到最低级进行分类。

没有人能通过观察咖啡豆就得知咖啡的风味，咖啡品质鉴定师在原产地会通过冲煮和品尝（例如杯测）豆子的烘焙样品来判断它们的品质并打分。他们根据精品咖啡协会的标准在 0~100 的范围内打分。一支豆子必须达到 80 分以上才可以被判定为精品咖啡，并被精品咖啡或手工咖啡烘焙商使用。虽然咖啡评论网站会公布这些分数，但你不会在咖啡豆的包装上看到分数，也不太会听到咖啡师和顾客谈论分数。评分是小圈子里的事。

什么因素会导致咖啡豆变坏？瑕疵、不良的生长条件和错误的加工方法——所有这些都会从咖啡中被萃取出来，降低豆子的分数。然而分数低的豆子便宜，所以它们仍然会被大量用于大众市场的咖啡产品中。反过来，精品咖啡馆和烘

生豆价格

对典型的专业烘焙师来说，生豆的最佳价格一般在每磅 2.5~6 美元。最昂贵的咖啡豆通常都会拍卖，价格一般在每磅 20、50 甚至 100 美元不等（但是，如此高的价格往往是因为稀有和新奇，并不一定质量极佳）。相比之下，在我写这本书期间，商业咖啡豆的价格大约为每磅 1.45~1.55 美元。高品质的咖啡豆需要更多的关注和照顾，这会直接反映在价格上。因此，精品咖啡比普通咖啡更贵。

焙商会努力在预算范围内选择品质最好的生豆。他们会试图
与生产商和进口商合作，将咖啡生产视为一门手艺。咖啡生
产商、进口商、烘焙商和精品咖啡馆共同提高了咖啡的标
准。现在，优质豆的种类比以往任何时候都多。

变异种和繁育种

　　前文讨论了阿拉比卡和罗布斯塔之间的差异，但是也有
几种不同类型的阿拉比卡，它们被称为变异种（varietal）。
根据精品咖啡协会的描述，变异种"保留了该物种的大部分
特征，但在某些方面有所不同"。换句话说，它们在遗传和
特征上不同于其母株。通常，当一种植物自发产生突变或与
另一品种杂交时，就会诞生一种变异种，也能给植物带来咖
啡生产商想要的特性。

　　繁育种（cultivar）是人类刻意培育的品种，例如科学
家将两种咖啡植物杂交，创造出一种更具优势的新植物。然
而在科学界很少听到或看到"繁育种"这个词，咖啡产业使
用的是"品种"（variety）这一术语，用来概括变异种和繁
育种。一包咖啡有可能以某变异种品种命名，尽管其使用的

是繁育种的技术。为了与行业保持一致，我将在本书中使用"品种"这个词。

在阿拉比卡的世界里有两个主要品种：铁皮卡种和波旁种。为了理解名字的来源，我们必须回到咖啡的发源地埃塞俄比亚。根据精品咖啡协会的描述，咖啡最初从它的故乡埃塞俄比亚出口到也门，也门与埃塞俄比亚隔着红海。随后，也门将咖啡植株运往世界各地。那些被带到爪哇（印度尼西亚的一座岛屿）的咖啡，据说是我们今天所知的铁皮卡的祖先。而那些最后被带到波旁岛（一个今天被称为留尼汪岛的法国岛屿）的咖啡是波旁种（bourbon，这个词来源于法语，用英语发音的时候，要与波旁威士忌区分开）的祖先。许多咖啡的品种都是从最初的铁皮卡和波旁发展而来的。

前面说到阿拉比卡的抗病性不如罗布斯塔，所以产量通常较少。但是因为阿拉比卡豆的品质比罗布斯塔豆要高得多，所以种植农一直在努力寻找最好的阿拉比卡品种——一种高产量且不会生病的品种。多年来，出现了很多类型的阿拉比卡作物——多到说不完。让我们仔细了解一下你最有可能听到、最有可能在咖啡包装上看到的那些品种。请注意，尽管每个咖啡品种都有一定的特性，但很难准确预测任何一个品种的味道，因为咖啡的生长条件极大地影响了咖啡的风味。

铁皮卡和铁皮卡衍生品种

作为阿拉比卡品种的祖母之一，铁皮卡至今仍在世界各地生长，尤其是中美洲、牙买加和印度尼西亚。它通常含有被业内人士称为苹果酸的酸味，有点像你吃苹果时尝到的味道。高品质的铁皮卡咖啡口感很干净，没有异味和瑕疵之类的负面影响。此外，大家津津乐道的是铁皮卡的甜味和醇厚感。与波旁相比，铁皮卡的结果期更长，咖啡产量比波旁少 20%~30%。它们也是咖啡害虫和疾病的主要猎物。总之，铁皮卡树种能生产高质量的咖啡豆，但相对脆弱且产量低。以下各部分中描述的许多品种都是为了解决这些问题而培育的。

· 马拉戈日皮 / 象豆（MARAGOGYPE / MARAGOGIPE）

这个品种是铁皮卡的自然变异种，大约在 1870 年发现于巴西。虽然它的产量相对较低，但象豆树种的一切都很硕大：它的整个植株、叶子、豆子都很大。因为豆子很大，烘焙师需要很高的烘焙技术才能得到预期的效果。农民通常不种植象豆（它产量低，对种植农来说不值得），可是它的相对稀有却引起了人们的兴趣，给它增添了一些魅力。曾有一段时间，象豆的杯测成绩是所有咖啡豆品种中最高的之一。

·肯特（K7）

这是第一个人工培育的抗叶锈病的咖啡树种（尽管现在它易受新的病毒感染）。大多数人认为这个品种来源于印度肯特庄园种植的铁皮卡品种，但后来在印度各地广泛种植。此外，K7在肯尼亚很受欢迎。

·科纳（KONA）

科纳咖啡是世界上最昂贵也最珍贵的咖啡之一。它不是一个真正的品种（尽管种植者有时称之为"科纳-铁皮卡"），因为它独特的味道不是来自它的基因，而是来自夏威夷科纳地区独特的（和被严格控制的）生长条件和种植方法。科纳的种植农是第一批将咖啡种植视为一门手艺的人——当时很少有人这样做（现在世界各地的生产商都在做同样的事情，就算不在科纳地区，只要你创造出同样理想的生长条件，一样能得到上好的咖啡）。你可以把科纳视为铁皮卡的一个品牌名称。科纳地区不是很大，产量有限，所以这种咖啡很稀有。因此，你看到的都是"科纳拼配"（仅含10%的科纳），而不是单品科纳咖啡。这种咖啡值得大肆宣传吗？

· 蓝山（BLUE MOUNTAIN）

像科纳一样，来自牙买加的蓝山咖啡也是铁皮卡的另一个知名产品（有一些蓝山咖啡出自其他树种，但大多是铁皮卡）。牙买加咖啡工业委员会监督蓝山咖啡的生长和加工，所有售出的蓝山咖啡都得到了委员会的认证。据说蓝山咖啡平衡感好，酸度明亮，几乎没有苦味。蓝山跟科纳一样价格昂贵，很多人质疑它的价格和炒作的合理性。

波旁和波旁衍生品种

波旁是阿拉比卡咖啡的另一位祖母。由于它产量高，被种植到波旁岛后，在很短的时间内就广受欢迎，现在已经在世界各地种植。波旁咖啡通常很甜，口感复杂细腻，酸度清脆。与大多数咖啡豆一样，波旁咖啡的味道也会因产地而异（你可能偶尔会看到"粉红波旁"或"红波旁"这样的标注。让我来告诉你，这些名字指的是咖啡果实的颜色）。许多受欢迎的品种都源自波旁树种，尽管波旁具备生产商梦寐以求的特征，但现在有一些别的品种凭借产量高、抗病性强的特点已取代了很多地方的波旁树种。

·卡杜拉（CATURRA）

1937 年，卡杜拉首次在巴西被发现，是波旁的天然矮化突变种（意味着这种植物很矮）。卡杜拉比波旁产量更高，抗病性更强。尽管卡杜拉在巴西的种植量相当可观，但它现在在哥伦比亚、哥斯达黎加和尼加拉瓜也很受欢迎。卡杜拉咖啡的特点是：味道明亮，有柠檬酸，醇厚度中低。虽然它的品质很好，但人们认为它还是不及波旁。两个品种相比，卡杜拉的甜度和干净度比波旁要低一点。一些烘焙师将它比作红酒里的黑皮诺，因为它的涩感类似于红酒中的单宁酸带来的口感。

·SL28 和 SL34

20 世纪 30 年代，肯尼亚政府委托斯科特实验室培育高品质、高产量、抗病抗旱的咖啡树种，实验室培育出了 SL28 和 SL34。SL28 产量不高，无抗病性，但它堪称迷倒众生的高品质豆。有人说它的特征（多汁的口感、黑醋栗的酸度、强烈的甜味和热带风味）不同于世界上任何其他的咖啡。SL34 比 SL28 的产量高一点，尽管它也被认为是一种高质量的豆子，但不像 SL28 那样让人兴奋、风味出众。

· 萨尔瓦多波旁（TEKISIC）

它是波旁的衍生品种，是萨尔瓦多咖啡研究所（Salvadoran Institute for Coffee Research）在萨尔瓦多培育的，于1997年首次发布并投入商业生产。萨尔瓦多波旁的产量比波旁略高（但产量相对来说还是较低），长出来的果实和咖啡豆比较小。专业人士认为，它因生长在高海拔地区而具备更优秀的品质。它甜味丰富，带有焦糖和红糖的味道，酸味复杂，口感浓郁。根据世界咖啡研究所（World Coffee Research）的结论，"Tekisic"一词的前半部分来自纳瓦特尔语中的"tekiti"，意思是"杰作"，后半部分的"isic"是萨尔瓦多咖啡研究所的简称，合起来是"萨尔瓦多咖啡研究所的杰作"，以纪念其花费的近30年的培育时间。

· 维拉萨奇（VILLA SARCHI）

它是矮种波旁，于20世纪中期首次在哥斯达黎加的萨奇镇种植。如今，维拉萨奇在哥斯达黎加以外仍属罕见。它的产量比其母种波旁要高。众所周知，因为它能适应强风，所以在有机农场和极高海拔的环境中表现尤其好。咖啡豆的加工方式会导致其风味稍有不同，但一般来说它具有水果味和甜酸感。

·帕卡斯（PACAS）

帕卡斯来自萨尔瓦多，是另一种矮种波旁，于 1949 年在帕卡斯家的农场里被发现，因此被命名为"帕卡斯"。它的味道跟波旁类似，但甜感与波旁相比略为逊色。帕卡斯植株体积小，产量比波旁高，因此种植农在同样大小的区域可以种植更多帕卡斯植株。现在，帕卡斯主要种植在它的故乡和洪都拉斯。

杂交的铁皮卡、波旁及其衍生品种

·帕卡玛拉（PACAMARA）

它是帕卡斯和象豆的杂交种，跟象豆一样，果实和豆子相对较大。据说咖啡味道很独特，带有花香和大量酸味。专业品鉴师一般认为，这种豆在合适的条件下生长时品质最高，缺点是极易受咖啡叶锈病影响。

·新世界（MUNDO NOVO）

20 世纪 40 年代，巴西农业研究所（Instituto Agronômico de Campinas）决定培育这一铁皮卡和红波旁的天然杂交品种。有一些消息称，巴西多达 40% 的咖啡作物都是新世界。

它的产量相对较高（比波旁高 30%）且抗病性强，这是生产商最喜欢的特性。咖啡风味呈现黑巧克力、巧克力、柑橘和香料的味道。

·卡杜艾（CATUAí）

它是巴西农业研究所培育的黄皮卡杜拉和新世界的杂交品种。和卡杜拉一样，卡杜艾也是矮株，比波旁产量更高。如今它生长在整个拉丁美洲，咖啡果实有红色和黄色两种，烘焙商认为红色优于黄色。典型卡杜艾咖啡的酸度很高。表现最好的卡杜艾风味表现优秀，但没有太多惊喜。根据世界咖啡研究所的结论，"catuaí"一词源自南美洲的独立语种瓜拉尼语中的"multo mom"，意思是"非常好"。

阿拉比卡 / 罗布斯塔杂交

现在你已经了解到罗布斯塔咖啡的品质很差，手工烘焙者很少在浓缩咖啡以外的产品中使用它。但是罗布斯塔确实能产出更多果实，而且抗病能力比阿拉比卡好得多。被迫在两种咖啡豆的利弊中做出选择的生产商一直在寻求两者兼得的方法。帝汶杂交种就是一种阿拉比卡和罗布斯塔的天然杂交品种（很多人说是唯一的天然杂交品种），它在东南亚的帝汶岛上被发现。20世纪70年代末，帝汶品种被带到印度尼西亚的苏门答腊岛和弗洛勒斯岛，在那里继续进化并被培育成高品质树种。这种作物不同于大多数阿拉比卡，它对咖啡叶锈病有很强的抗病性，但是由于咖啡品质低，不太受精品咖啡烘焙者欢迎。然而，人们仍然对它的后代抱有兴趣。

· 卡蒂姆（CATIMOR）

卡蒂姆是帝汶和卡杜拉的杂交品种，可能是最受精品咖啡专业人士欢迎的杂交品种。它于20世纪50年代末在葡萄牙被培育，现在在中美洲颇受欢迎。它的产量很高，能抵抗咖啡叶锈病和咖啡浆果病。卡蒂姆有众多阿拉比卡的特点，但也有罗布斯塔的基因，冲煮不当可能会导致苦涩难饮。但如果冲煮得当，卡蒂姆会是很不错的咖啡。你可能会在精品咖啡的包装上看到卡蒂姆的名字。卡蒂姆有几个品种，包括哥斯达黎加95（Costa Rica 95）、伦皮拉（Lempira）和坎特斯客（Catisic）。

· 卡斯蒂略（CASTILLO）

我需要给你讲一个关于它的故事：20世纪60年代，哥伦比亚的国家咖啡研究中心（Cenicafé）开始对不同的卡蒂姆品种进行试验，以培育高质量、高产量、抗病性强的树种。到 80 年代初，经过几轮培育，研究中心培育出一个名为"哥伦比亚"的新品种，提高了咖啡的品质和抗病能力。当咖啡叶锈病在哥伦比亚的咖啡地里（主要种植卡杜拉）出现时，这个新品种已经准备好迎战了。然而，中心从未停止培育咖啡树种，在 2005 年，它推出了改良版的"哥伦比亚"——卡斯蒂略。今天，大多数哥伦比亚的咖啡种植区都被卡斯蒂略替代。生产者和评分者都对其质量持怀疑态度，特别是与卡杜拉相比。然而，卡斯蒂略的杯测分数与卡杜拉不相上下，我们也看到有咖啡师在行业比赛中使用卡斯蒂略。

· 鲁伊鲁 11（RUIRU 11）

这个品种有一个跟卡斯蒂略类似的故事，但这次资助卡蒂姆研发工作的是肯尼亚政府（RUIRU 11 以研发站命名）。研发人员试验了几种阿拉比卡树种，包括 SL28。他们想在保留卡蒂姆抗病能力的基础上培育出一种高品质的咖啡豆。专家们费尽力气，但鲁伊鲁 11 永远无法与 SL28 的高品质相媲美。尽管如此，肯尼亚政府依然在努力，培育出了一种鲁伊鲁的改良版巴蒂安（Batian），并于最近上市。巴蒂安在基因上比鲁伊鲁 11 更接近于 SL28、SL34，所以品质更好一些。你会在一袋肯尼亚单品咖啡的包袋上看到鲁伊鲁 11、巴蒂安和 SL28、SL34。

原生种品种

这是一些不适合放在铁皮卡和波旁家谱下的阿拉比卡咖啡。这些树种被带到埃塞俄比亚和苏丹继续独立进化，与传入也门的铁皮卡和波旁也有所不同。

埃塞俄比亚原生种（ETHIOPIAN HEIRLOOMS）

埃塞俄比亚有成千上万种"原生种"，每一种都是野生咖啡树种的自然后代。许多村庄都有自己的品种，这些品种是人们根据当地的生长条件培育出来的，通常被称为原生种。

瑰夏（GESHA/GEISHA）

瑰夏（也译为艺伎）是上述原生种品种中的耀眼明星。它从埃塞俄比亚的瑰夏小镇被运到哥斯达黎加。瑰夏只在高海拔的小气候中生长良好（其中之一是巴拿马博克特的周边地区），因此它是一种相当罕见的品种。它以卓越的品质和浓郁的风味在业内备受推崇，具有佛手柑、浆果、甘菊花和蜂蜜的味道。由于优质的瑰夏可以售出高价，所以中美洲和南美洲的种植者近年开始大量种植。

原产地

高品质的咖啡只在世界的某些区域生长良好——位于以赤道为中心、南北回归线之间的高海拔地区，这些区域被称为"咖啡种植带"。全世界有超过 50 个国家（通常称为原产地）在种植咖啡，但并非所有这些国家都向美国出口精品咖啡。越南等国家主要生产罗布斯塔豆，与我们的讨论没什么关系。其他一些国家专注于生产低品质的阿拉比卡豆，用于速溶咖啡和其他形式的商业咖啡。还有一些国家，如泰国和中国，刚刚开启本地的精品咖啡项目，高品质咖啡豆的产量不高，现在还未能在美国市场上普及。

然而，世界上品质最高的咖啡豆不仅需要在地图上找到正确的坐标，所有关于咖啡生长环境的因素都会影响它的味道。咖啡在富含矿物质的土壤中生长得最好，它喜欢温暖的气候和充足的雨水。适量的阴凉和较高的海拔会令豆子缓慢生长，这样豆子会有更多的时间来孕育营养物质，从而产生理想的味道。一些高品质的咖啡生长在阴凉或高海拔地区，但也会有例外。

除了天然环境，高品质的咖啡豆还需要种植者的技术和精心照顾。在一些国家，例如哥伦比亚和肯尼亚，它们的咖啡生产商得到了政府在基础设施方面的大力支持。与此同时，另一些国家的生产商由于经济不稳定、政治动荡、缺乏实践经验和必要的基础设施等因素，生产高品质的咖啡举步维艰，但仍在努力搜罗各种资源。你将看到有一些国家已成为精品咖啡的新成员。个体生产商、咖啡进口商和专业烘焙商共同推动了高品质咖啡豆的发展。

精品咖啡烘焙商对单一产区咖啡豆的风味情有独钟，所以他们更多地销售"单一原产地"咖啡豆，而不是拼配咖啡豆，因为拼配咖啡的豆子来自多个产地。由于风味受到许多因素的影响，因此很难对某一原产地咖啡的所有味道进行概述。但为了让你了解咖啡的生长环境对咖啡特性的影响，这一部分将介绍美国烘焙商最常用的精品咖啡豆的 23 个产区。

大多数国家都有多个种植区域，我将在下面做出概述。然后，我们需要重点注意，很多国家没有明确指出咖啡豆种植区域的名称，进口商和烘焙商写在咖啡豆包装上的种植区域名称基本没有标准化，事实上有时也不符合其地理或政治区域。例如城市的名称常常被描述成"生长区"，即使豆子生长在城市周围。我尽量使用市面上最常见的术语来表述。

除了简要描述每个国家的种植地区和咖啡特征，我还添

为什么大多数好咖啡来自火山土壤

你会发现很多高品质咖啡都生长在火山附近。不只是咖啡，高品质的葡萄、小麦、茶叶和其他农产品都能在火山土壤中茁壮成长。这是为什么呢？首先，火山土壤中含有的矿物质是所有土壤中最多的。科学家认为，火山土壤含有植物所需的主要和次要矿物质，以及微量矿物质和稀土元素，如氮、钙、锌、磷、钾和硼。土壤生物有助于植物生长，火山附近的土壤也会在火山爆发时得到自然补充。和所有农作物一样，咖啡树会吸收土壤里的矿物质。如果不使用适当的技术（或肥料）来维持土壤的健康和营养水平，土壤就会变得贫瘠。火山爆发能使附近的土壤保持新鲜和肥沃。如果不是在火山附近，大多数咖啡都生长在山区。山脉是由地壳运动创造的，往往也含有咖啡种植所需的重要养分。

咖啡种植带

阿拉比卡咖啡一般生长在以赤道为中心、南纬 23° 26′ 和北纬 23° 26′ 之间的高海拔地区，也就是咖啡种植带。虽然很多国家都种植咖啡，但下面这 23 个产地是精品咖啡包装袋上出现最多的。

北美洲	13 厄瓜多尔
1 美国：夏威夷	14 秘鲁
2 墨西哥	非洲
中美洲	15 布隆迪
3 哥斯达黎加	16 刚果民主共和国
4 萨尔瓦多	17 埃塞俄比亚
5 危地马拉	18 肯尼亚
6 洪都拉斯	19 卢旺达
7 牙买加	20 坦桑尼亚
8 尼加拉瓜	21 印度尼西亚
9 巴拿马	a 苏拉威西
南美洲	b 苏门答腊
10 玻利维亚	c 爪哇
11 巴西	22 巴布亚新几内亚
12 哥伦比亚	23 也门（摩卡）

图 3.2　咖啡种植带

加了关于每个产地的简介。我觉得家庭冲煮者会想知道咖啡来自哪里，这样的信息对他们很有用。我还写上了每个国家的海拔高度和该产地常见的加工方式（见 185 页），这两者都与风味密切相关。此外，我还列出了该国在 2014~2015 年产季的出口量，记录 60 千克装的袋子的数量，让你了解其出口市场的份额。请注意，从国际咖啡组织收集到的这些出口数据与实际生产数据不一定相同，原因有很多，比如各国将咖啡保留在境内消费。至于夏威夷，我列出的是美国农业部计算出的生产数据，因为目前的出口和国内消费数据很难核实。这些内容是为了让你对咖啡有大致的了解，但不包括所有影响咖啡的变量和细节。关于咖啡最棒的一点是，总有更多东西需要学习和探索！

北美洲

· 夏威夷

海拔 100~1000 米 | 45 360 袋 | 大部分使用水洗处理法

夏威夷是美国唯一能生产高质量咖啡的地方（听说加利福尼亚州和佐治亚州也有商业咖啡种植者）。夏威夷有几个种植区，大部分都有富含矿物质的火山土壤。但是在人们眼中，夏威夷岛上的科纳地区会让其他地区相形见绌，据说该地区生产了世界上最好的咖啡：丝滑，有花香，甜味和酸味高度平衡。然而，科纳种植区只有 2 000 英亩（1 英亩约等于 0.4 公顷）左右，实际上可用的土地面积很少。科纳咖啡非常贵（有人说价格虚高），单品科纳咖啡基本见不到，只有拼配。除了科纳岛，夏威夷岛上其他的许多地区都有理想而独特的小气候。普纳（Puna）是另一产区，那里的咖啡在熔岩流中或熔岩上方生长。这个地区我们可能相对陌生，但这里能种植出酸度高、口味多样化的咖啡。据说，近年来获得赞誉的卡雾（Ka'ū）让人想起中美洲咖啡。哈玛库亚（Hāmākua）农场土壤肥沃，产量有限，以生产低酸度、浓郁、饱满的咖啡而闻名。此外，考阿岛（Kaua'i）、毛伊岛（Maui）和莫洛卡岛（Moloka'i）也生产咖啡。

· 墨西哥

海拔 800~1 700 米 | 2 458 000 袋 | 大部分使用水洗处理法，有一些使用日晒处理法

墨西哥在 12 个州大约 76 万公顷的土地上种植咖啡。这些州的土壤通常是酸性，有助于咖啡特性的形成。墨西哥的大多数咖啡农场都很小（不到 25 公顷），它们共同组成专门生产有机咖啡的合作社。最大的产区是恰帕斯

州（Chiapas），该州与危地马拉最好的种植区在同一山脉上，这个产区的产量约占墨西哥咖啡总产量的三分之一。其他历史悠久的产区还有韦拉克鲁斯（Veracruz）、普埃布拉（Puebla）和瓦哈卡（Oaxaca），这些产区加上恰帕斯，产量约占全国的 95%。此外，你可能还会看到格雷罗（Guerrero）产区的咖啡。在过去，墨西哥咖啡被认为产量低、质量低，只能用于在市场上充数，但是近年来，许多小生产商在高海拔种植高品质咖啡豆，已经扭转了这一形象。在美国，许多烘焙商会根据口碑好的咖啡加工厂或农场的名字来购买墨西哥豆。这些咖啡有望为我们呈现出人们偏爱的酸甜口感、太妃糖和巧克力的味道、轻盈的醇厚度和奶油质地。

中美洲

· 哥斯达黎加

海拔 600~2000 米 | 1 133 000 袋 | 大部分使用水洗处理法

哥斯达黎加咖啡一般都是精心种植和加工出来的，因此成为在美国最受欢迎的咖啡（哥斯达黎加咖啡的产量约有一半进入了美国精品咖啡市场）。哥斯达黎加最著名的地区塔拉苏（Tarrazu）采用非常先进的种植技术，生产出口感十分干净的咖啡，该地区的咖啡产量占全国近三分之一。塔拉苏的大部分咖啡生长在海拔1000~1800米的地方，周围环绕着塔拉曼卡山脉的山峰。其他地区还有西谷（West Valley，占全国产量的四分之一）、中央谷（Central Valley，三座不同的火山影响着它的土壤）、布伦卡（Brunca）、特雷奥斯（Tres Ríos）和奥罗里斯（Orosí）。图里亚尔瓦（Turrialba）和瓜纳卡斯特省（Guanacaste）地区也种植咖啡，但次优的天气和较低的海拔很难种植出顶级的咖啡。虽然所有哥斯达黎加产区的咖啡都有着各自的特征，但该国的咖啡总体上被认为是中美洲咖啡的黄金标准——富有微妙而复杂的香气，干净、明亮，含柑橘香，高海拔豆的甜感也更明显。数百年来一直种植咖啡的中小型农场已在买家中有了质量稳定的声誉。近年来，一些新的小庄园建起自己的微型处理厂，来监督生产和质量的各个环节，受到越来越多的关注。这些微型处理厂不仅让哥斯达黎加咖啡更容易追溯至源头，也让每杯咖啡之间的地域差异更加明显。

· 萨尔瓦多

海拔5001~800米 | 595 000袋 | 大部分使用水洗处理法

虽然萨尔瓦多的咖啡似乎不如哥斯达黎加和危地马拉

的咖啡，但萨尔瓦多的火山山脉、理想的天气和根深蒂固的咖啡传统造就了优质的咖啡种植环境。西北部的阿洛泰佩克-梅塔潘（Alotepec-Metapán）种植区虽然很小，却种植着本国最珍贵的咖啡。西部的阿帕内卡-伊拉马特佩克（Apaneca -llamatepec）是最大的种植区，以其备受认可的咖啡豆而闻名。从那里向东部走，就是埃尔巴萨莫-克萨尔特佩克（El Bálsamo-Quetzaltepec）、可可华蒂克（Cacahuatique）、特卡帕-奇纳梅卡（Tecapa-Chinameca）和钦肯泰佩克（Chinchontepec）产区。萨尔瓦多种植的咖啡大部分（估计高达80%）是波旁树种（见147页），许多生产商认为这是萨尔瓦多咖啡的显著标志。事实上，虽然其中有很多来自独一无二的波旁原生树种，但大多数中美洲生产商多年来已经用高产（有人说味道不太好）的品种取代了波旁原生树种。这种咖啡获得了专业人士的一致认可，享有良好的声誉，能够做出甜感和奶油感强的咖啡，伴有太妃糖、可可味。高海拔豆中有令人印象深刻的柑橘味或其他水果的味道，如红苹果味。虽然最好的中美洲咖啡往往以口感浓烈、酸度独特的特征让人们惊叹，但萨尔瓦多咖啡在这一领域却有些不同。如果你不喜欢有酸感的咖啡，萨尔瓦多会是不错的选择。此外，该国的生产商最近一直在试验各种各样的咖啡和处理方式，也许不久就会出现一款令人惊讶的萨尔瓦多咖啡，我们拭目以待。

· 危地马拉

海拔 1200~1900 米 | 2 925 000 袋 | 大部分使用水洗处理法

来自危地马拉高地的咖啡被认为是世界上最好的咖啡之一，这种咖啡浓厚的酸度和口感会让你大吃一惊。该国最著名的产区之一是安提瓜（Antigua），坐落在三座火山之中，火山带来了咖啡最喜欢的富含矿物质的土壤。安提瓜的咖啡风味带有浓重的泥土味道，呈现出香料、花香和烟熏味。来自弗雷亚尼（Fraijanes）和阿提兰（Atitlán）的咖啡种植区也富含火山土壤，同样珍贵。在该国东南部，韦韦特南戈（Huehuetenango）在面向加勒比海的山坡上种植的咖啡豆芳香扑鼻，这可能与咖啡种植者在生产过程中干燥咖啡的方式有关。其他种植区还有圣马科斯（San Marcos），其坡地面向太平洋；新东方（Nuevo Oriente），靠近洪都拉斯边境；科万（Cobán），夹在安提瓜和阿提兰之间。使用产区名称出售给烘焙商的危地马拉咖啡必须符合国家咖啡协会制定的风味指南，该协会自 1960 年以来一直给当地种植者提供支持。由于危地马拉生产商在精品咖啡市场中的高度参与，危地马拉咖啡的品质近年来有所提高。

· 洪都拉斯

海拔 1 300~1 800 米 | 5 020 000 袋 | 大部分使用水洗处理法

洪都拉斯的咖啡曾在商业市场中占有很大份额，但在20 世纪 90 年代末受到米奇飓风和随后风暴的破坏。尽管该国气候、海拔和土壤质量都很好，但它缺乏一些南美国家那样的基础设施。洪都拉斯一直努力试图跟上危地马拉和哥伦比亚等国家的发展速度。然而在过去 10 年里，越来越多的小生产商和出口商进入了精品咖啡市场。2016 年，超过 95 家小型生产商种植了该国 94% 的咖啡。如今，洪都拉斯是中美洲最大的咖啡生产国和出口国。典型的洪都拉斯咖啡豆口感温和，醇厚度中等，品质最高的咖啡带有果汁感，非常复杂。洪都拉斯咖啡豆的销售有时会因其保质期太短而受到影响，这可能与该国多雨的气候有关，这种气候使咖啡的干燥变得困难。在洪都拉斯的 18 个省中，有 15 个省种植咖啡，质量最高的咖啡通常种植在该国西南部的马卡拉（Marcala）地区。在过去几年中，市场对洪都拉斯精品咖啡的需求有所增加，生产商和洪都拉斯咖啡研究所都做出了积极的回应——生产商投入更多的土地种植精品咖啡，咖啡研究所根据咖啡种植区的海拔高度、遮阴情况绘制并命名了六个种植区：科潘（Copán）、奥帕拉（Opalaca）、蒙特西洛（Montecillos，在马卡拉销售）、科马亚瓜（Comayagua）、阿加塔（Agalta）和埃尔帕拉伊索（El Paraiso）。每个产区的咖啡都有独特的风味特征，从巧克力味、热带水果味到柑橘味，种类繁多。

· 牙买加

海拔 600~2 000 米 | 12 000 袋 | 大部分使用水洗法

　　牙买加是加勒比海的第三大岛，也是世界上最贵的精品咖啡之一——蓝山咖啡的发源地。蓝山咖啡以其（政府指定的）生长地区命名，该产区位于岛的东北部。此地山脉的海拔不高，但据说常年的薄雾减缓了咖啡豆的生长速度（增加了风味）。与夏威夷的科纳一样，蓝山咖啡属于铁皮卡品种，在牙买加咖啡生产商和监管委员会的密切关注下生长。据说它的品质极好，具有丰富的风味、明亮的酸度、浓郁的醇厚度和甜感。也有人认为牙买加咖啡缺乏复杂性和多汁感，不符合人们对高品质精品豆的期待。日本每年都抢购大量牙买加咖啡，其中会有一部分销往美国。因为这种咖啡豆很稀有，欺诈性的蓝山标签随处可见。

· 尼加拉瓜

海拔 800~1 500 米 | 1 810 000 袋 | 大部分水洗处理

相对而言，尼加拉瓜是咖啡产业的新成员，直到 20 世纪 90 年代，该国结束了政治和经济长期不稳定的局面后，咖啡种植才逐渐起步。事实上，尼加拉瓜咖啡在 1990 年前一直被美国禁止进口。尼加拉瓜在激烈的商品市场上挣扎，此后重建了咖啡项目，更关注高质量的精品咖啡。尼加拉瓜是中美洲最大的国家，在三个产区的各种小气候中种植各种咖啡。大多数（80% 以上）产自中北部产区，其中包括两个著名的省——马塔加尔巴省和基诺特加省，均具备火山土壤和热带气候的条件。第二大产区是东北部，仅占总产量的 14%。新塞戈维亚（Nueva Segovia）和埃斯特利（Estelí）是该产区中最受好评的两个区域。最后一个产区在南太平洋，咖啡产量最少，海拔比其他产区低。据估计，尼加拉瓜 95% 的咖啡种植在 108 000 公顷的阴凉土地上。这些咖啡大部分是经过认证的有机咖啡。尼加拉瓜咖啡的风味接近典型的中美洲风格：适度的酸度和柑橘风味。新塞戈维亚产区的咖啡也因其巧克力味而闻名。

· 巴拿马

海拔 1 200~2 000 米 | 43 000 袋 | 水洗和日晒处理法

大约 80% 的巴拿马咖啡种植在西部奇里基山区的博克特镇附近，那里有一百多年的咖啡历史，可以种植出世界上最好的咖啡。奇里基西侧靠近哥斯达黎加边境的是博尔坎市，火山土壤和温暖的海风给咖啡种植提供了条件。巴拿马在精品咖啡市场中竭尽全力地证明了自己。1996 年，一小批咖啡生产商成立了巴拿马精品咖啡协会（Specialty Coffee Association of Panama），致力于推广高品质的咖啡。今天，该组织的规模已经扩大了四倍多，其咖啡赢得了全球的认可。2000 年初，巴拿马政府拨出 8 000 公顷土地，用于种植"优质"和"生态"咖啡。瑰夏是世界上最好的品种之一，它在巴拿马茁壮成长。许多巴拿马种植者如著名的翡翠庄园（Hacienda La Esmeralda），已将大部分土地专门用于种植瑰夏。2015 年，翡翠庄园种植的瑰夏在巴拿马精品咖啡协会年度最佳巴拿马咖啡评比的拍卖会上获得最高出价——每磅售价 140.10 美元。巴拿马最好的瑰夏呈现出咖啡豆最好的风味：茉莉花香、明亮的柑橘酸味和独特的佛手柑香味。巴拿马独一无二的天然环境造就了各种小气候，能够种植出带有香草、枫糖浆、柑橘和葡萄酒等各种各样风味的咖啡豆。

南美洲

· 玻利维亚

海拔 155~2 300 米 | 46 000 袋 | 水洗处理法

这个位于中南美洲的内陆国家多年销售低品质的商业拼配咖啡，现在才刚刚开始在精品咖啡市场获得认可。玻利维亚约 95% 的咖啡种植在安第斯山脉东坡的永加斯（Yungas）地区。其他产区有科恰班巴（Cochabamba）、圣克鲁斯（Santa Cruz）和塔里哈（Tarija）。虽然大型商业种植区仍然存在，但政府已经采取措施，将大片土地归还给小生产商，他们现在种植着玻利维亚 85%~95% 的咖啡，其中大部分为有机种植。该国虽然具备种植优质咖啡豆的所有必要条件（气候、降雨量、海拔），但由于缺乏基础设施、技术和高效的出口系统，种植精品咖啡仍然困难重重。生产商也在退出咖啡圈，并快速转型到更稳定的产业中，例如种植制造咖啡因的植物——古柯。玻利维亚的咖啡出口在 2014~2015 年达到 10 年来的最低水平。尽管如此，玻利维亚的精品咖啡也偶尔在美国出现。为鼓励农民将咖啡而不是古柯作为经济作物，该国的基础设施正在改善。据说最好的玻利维亚咖啡其风味呈现甜感，干净、均衡。

· 巴西

海拔 400~1 600 米 | 36 867 000 袋 | 日晒处理法和果肉日晒处理法

巴西是世界最大的咖啡生产国，约占全球咖啡总量的
30%，生产从低级商业咖啡到上等精品咖啡的各种品种。巴
西也是南美洲最大的国家，所以它的六个主要产区 [米纳斯
吉拉斯（Minas Gerais）、圣保罗（são paulo）、圣埃斯皮里
托（Espírito Santo）、巴伊亚（Bahia）、巴拉那（Paraná）和
朗多尼亚（Rondônia），每个产区都有不同的分区] 的种植条
件有很大差异。然而，巴西没有哥伦比亚、东非和中美洲的
那种高海拔地区，这也是巴西咖啡豆酸度不高的原因。巴西
生产商倾向于使用日晒处理法和果肉日晒处理法，增加了咖
啡豆的甜感和复杂性，以弥补酸感的缺乏，从而形成了本国
的特色风味。如果你不喜欢酸味的咖啡，巴西咖啡是一种不
错的选择。也有使用水洗处理法的，但很少。尽管巴西咖啡
在 2000 年初以品质优良著称，但现在专业人士似乎对巴西
咖啡怀有复杂的情绪。值得一提的是，安德烈亚斯近年来最
喜欢的一些单一产地浓缩咖啡来自巴西。巴西咖啡非常值得
尝试，尤其是如果你喜欢口感温和的咖啡的话。

· 哥伦比亚

海拔 800~1 900 米 | 12 281 000 袋 | 水洗处理法

哥伦比亚在"精品咖啡"出现之前就提出了单品咖啡的理念，它的阿拉比卡豆产量位居全球榜首，与越南争坐世界咖啡产量大国的第二把交椅（越南 97% 的咖啡作物是罗布斯塔豆，这个国家刚刚开始发展精品咖啡）。总的来说，哥伦比亚咖啡不如肯尼亚或危地马拉的那么受欢迎，但该国有生产高品质咖啡豆的能力，因为这里有三座山脉和世界上生物多样性最丰富的地理环境。截至 2016 年，哥伦比亚咖啡出口量中的近 40% 是精品咖啡。与其他国家不同，哥伦比亚的大多数生产商有自己的处理厂，这有助于控制品质。与此同时，他们用传统方式而不是通过杯测的方法将咖啡进行分类、评分和包装，这使得咖啡的整体品质下降，又让人难以追溯咖啡的种植区。杯测和单独包装单一庄园的咖啡豆对精品咖啡市场来说非常重要，所以现在哥伦比亚也在逐渐采取这些方式。如果你想品尝到真正哥伦比亚风味的咖啡，一定要选择包装上注明了产区或庄园的咖啡豆，这样概率会大一些。一些受到认可的产区有纳里尼奥（Nariño）、考卡（Cauca）和位于该国西南部的蕙兰（Huila）。北部的安蒂奥基亚（Antioquia）和桑坦德（Santander）产区也生产咖啡。哥伦比亚咖啡以稳定和均衡著称，通常带有热带水果和巧克力风味，酸度和醇厚度中等。

· 厄瓜多尔

海拔 200~2 000 米 | 1 089 000 袋 | 日晒处理，有些使用水洗处理法

尽管该国政府没有给本国精品咖啡种植者提供多少支持（专门生产低质量阿拉比卡和罗布斯塔的农场被列为重中之重），但还是有一些农民在种植受人关注、高品质的咖啡豆。直到我写这本书的时候，厄瓜多尔精品咖啡的出口量仍非常小。咖啡进口公司（Café Imports）是为数不多将厄瓜多尔咖啡带到美国的买家之一。该公司在官网上发布的消息称，2014 年，在厄瓜多尔出口的 30 箱精品咖啡集装箱中，他们购买了 3 箱。尽管如此，这个国家依然拥有适合种植咖啡的各种天然条件：位于赤道 [国家因此得名（厄瓜多尔是西班牙语 "赤道" 的意思——译者注）]，有咖啡喜欢的火山土壤，还有潮湿的雨季和极高的海拔。种植区域包括洛哈（Loja，种植全国 20% 的阿拉比卡）、皮钦查（Pichincha）、萨莫拉-钦奇佩（Zamora-Chinchipe）、卡奇（Carchi）和埃尔奥罗（El Oro）。厄瓜多尔最好的咖啡呈现出很好的酸甜平衡度。

· 秘鲁

海拔 1 200~2 000 米 | 2 443 000 袋 | 大部分水洗处理法

秘鲁在咖啡世界中无法与其他南美洲国家齐名，尤其是从强大的国家咖啡组织中获益的巴西和哥伦比亚。然而安第斯山脉延绵秘鲁全境，有近 28 种小气候，秘鲁咖啡具有高海拔咖啡豆酸度明亮的特点。尽管秘鲁面临着基础设施的问题，当地种植者一直使用传统处理方式，但近年来，负责监督该国农业的农业部开始向种植者提供更多现代资源和农业教育。秘鲁大约 60% 的咖啡在北部地区种植，如卡哈马卡（Cajamarca）、亚马孙（Amazonas）、圣马丁（San Martín）、皮乌拉（Piura）和兰巴耶克（Lambayeque）。大约 30% 的咖啡生长在该国中部，包括胡宁（Junín）、帕斯科（Pasco）和瓦努科（Huánuco）。南部地区如普诺（Puno）、库斯科（Cusco）和阿亚库乔（Ayacucho）的咖啡种植量最少。许多秘鲁咖啡都是有机种植的（秘鲁的有机种植者正与咖啡叶锈病做斗争），风味通常呈现出甜感，如太妃糖、焦糖、巧克力和坚果味。

非洲

· 布隆迪

海拔 1 700~2 000 米 | 246 000 袋 | 大部分使用水洗处理法

布隆迪是东非的一个小国，在卢旺达南面。布隆迪是一个多山的热带国家，非常适合种植精品咖啡。这个国家主要种植波旁和波旁衍生品种，它们往往具有浓郁的醇厚度和甜感，而这个国家的海拔高度为咖啡带来复杂的酸味——这是一种让人愉悦的混合风味。主要的种植区域是北部的卡扬扎（Kayanza）。贴上标签出售时，大部分布隆迪咖啡以水洗处理站的名字命名。卡扬扎市有 20 多个处理站，全国大约有160 个。咖啡是布隆迪的重要农作物，事实上它是第一大出口产品。但由于内战和其他复杂因素，该国一直难以在精品咖啡市场上脱颖而出。不过，随着生产商和精品咖啡出口商组织的诞生，情况开始好转。经过政府多年的控制，国有产业也在继续走向私有化，对该国咖啡作物的品质产生了积极影响。布隆迪的咖啡有时会像邻国卢旺达的咖啡一样感染马铃薯病害，原因是咖啡虫害和细菌感染，使咖啡豆闻起来、喝起来都有一股生马铃薯的味道（我和安德烈亚斯认为这些豆闻起来就像新切的莴苣茎）。一颗有瑕疵的豆子可能会毁掉整杯咖啡，尽管这并不代表整包咖啡豆都是坏的——这也是研磨咖啡豆前要挑出瑕疵豆的原因。所以，我建议你在使用之前先闻闻咖啡粉。如果咖啡粉受到影响，你可以马上辨别出来。不过，当地投入了大量时间和精力来弄清楚为什么会出现这种病害以及如何预防，近年来马铃薯病害的发生率大大下降，所以你不太可能会遇到受病害影响的咖啡豆。

· 刚果民主共和国

海拔 700~1 500 米 | 135 000 袋 | 大部分使用水洗处理法

位于非洲中部的刚果民主共和国目前正在重新规划精品咖啡项目。在过去的几十年中，该国饱受政治冲突和暴力的蹂躏，极大地影响了咖啡的出口：20 世纪 80 年代中期，该国每年出口 130 000 吨咖啡，到 2012 年已下降到 8 000吨。然而你还是会在美国看到刚果的咖啡，刚果也一直在努力振兴咖啡行业。2016 年 5 月，该国举办了第二届全国杯测大赛。咖啡产区大多分布在拥有火山土壤的东部，海拔很高，这些地区包括乌干达边境附近的贝尼（Beni），以及基伍（Kivu）和伊图里（Ituri）。基伍湖影响着刚果民主共和国（和卢旺达）的咖啡（就像该地区的其他大湖影响着其他东非国家的咖啡一样），天然环境给咖啡带来了特别明显的风味，如香草、香料、坚果或胡椒味，酸味和甜味达到了良好的平衡。不过，这里的咖啡也会受到马铃薯病害的影响。

· 埃塞俄比亚

海拔 1 500~2 200 米 | 2 872 000 袋 | 水洗处理法和日晒处理法

埃塞俄比亚是最受认可的精品咖啡的产地之一，拥有能种植出世界上最好的咖啡的土壤，阿拉比卡咖啡首先在埃塞俄比亚境内被发现并不是偶然。这一产区最令人激动的是，其数百种原生种品种由许多小生产者培育（你会经常在埃塞俄比亚咖啡包装袋上看到"原生种"这个词，它是品种而不是地区）。正因为如此，尽管埃塞俄比亚咖啡都以浓郁的花香或果味著称，但风味各异。也就是说，某些种植区比其他种植区更有特点。例如耶加雪菲（Yigacheffe），它是南方西达摩种植区中的一小片区域，以生产具有伯爵红茶味道的咖啡而闻名。哈拉尔（Harar）位于东部高地，以水洗和日晒咖啡的独特风味而闻名。种植在西部的咖啡如李牧（Limu）、吉马（Djimmah）、莱肯普提（Lekempti）、韦尔加（Welega）和金比（Gimbi），通常比其他地方的咖啡有更多的水果味（许多埃塞俄比亚咖啡尝起来像蓝莓，这种味道经过日晒处理法会变得更加浓郁）。我发现，埃塞俄比亚的咖啡不管呈现出何种味道，其风味都既突出又浓郁，人们品尝后都会说：这不只是一杯咖啡。埃塞俄比亚咖啡是第一款让人们发出如此感慨的咖啡，你无须费力就能冲煮出一杯风味很好的咖啡。它是初学者最好的选择。

· 肯尼亚

海拔 1 400~2 000 米 | 720 000 袋 | 水洗处理法

肯尼亚是另一个咖啡的重磅产区，以种植世界上品质最高的咖啡而闻名。即使是中等品质的肯尼亚咖啡，也能与其他国家最高品质的咖啡相提并论。在高海拔生长的肯尼亚咖啡具有独特的明亮酸味，其中某些品种，包括 SL28，有非常明显的黑醋栗味，还有浆果、热带水果和柑橘类水果（尤其是葡萄柚）的味道。肯尼亚咖啡一直在与咖啡叶锈病和咖啡浆果疾病做斗争，肯尼亚政府已经采取措施来开发高品质的抗病植株，如鲁伊鲁 11 和巴蒂安。在肯尼亚，品质是至高无上的追求；生产商极致的种植技术和该国以双重发酵工艺而著称的独特处理技术，为产出高品质的肯尼亚咖啡做出了贡献。

· 卢旺达

海拔 1 400~1 800 | 237 000 袋 | 大部分使用水洗处理法，部分使用日晒处理法

在政府项目和投资的支持下，自 2000 年初以来，卢旺达一直将自己定位为精品咖啡生产国。今天，在美国各地精品咖啡馆的菜单上，这一产地十分常见。和邻国一样，卢旺达的大部分地区种植波旁或波旁衍生品种咖啡，它们一般醇厚度高，很甜。独特的卢旺达咖啡风味呈现出葡萄干和其他干果的味道，以及核果、柑橘和甜香料的味道。在受马铃薯病害影响的所有东非咖啡中，卢旺达咖啡受到的打击最大，其形象略有受损。大多数咖啡产于北部 [鲁林多（Rulindo）产区种植着该国最好的咖啡] 和西部，特别是阿尔贝蒂娜裂谷山脉和基伍湖周围。南部和东部还未大量种植精品咖啡，但那里拥有咖啡种植所需的资源（高海拔、好土壤、愿意种植的生产者），以待未来开发。

· 坦桑尼亚

海拔 1 400~2 000 米 | 678 000 袋 | 大部分使用水洗处理法

坦桑尼亚位于非洲东部海岸，虽然其咖啡品质不像邻国肯尼亚（东部的超级巨星）那样受到公认，但它的精品咖啡

与肯尼亚的非常相似，也属顶级。十分独特的是，坦桑尼亚的大部分咖啡生长在乞力马扎罗山坡上的香蕉树下。高海拔和阴凉有助于豆子的缓慢生长，为豆子带来明亮且极其复杂的风味。坦桑尼亚圆豆（peaberry）在美国很受欢迎，但坦桑尼亚的圆豆并不比其他国家的产量多。圆豆不是一个咖啡品种，而是一种咖啡豆的自然突变。一般情况下，一颗咖啡果中含有两颗扁豆。但大约在 5% 的概率下，一颗咖啡果实里只有一颗豆（而不是两颗），它像豌豆一样又小又圆（因此得名）。一般情况下，圆豆和普通扁豆需要分开烘焙。形状不同导致它们的烘焙方式有所不同，但有时也会被放在一起烘焙。你会在一包普通咖啡中找到扁豆和圆豆，有些人钟爱圆豆，因为他们相信圆豆将两颗扁豆的精华集中到一颗豆上了。而有些人认为圆豆和普通咖啡豆并没有什么不同。无论如何，如果你在当地商店看到有坦桑尼亚圆豆咖啡出售，不要感到惊讶。

亚洲和大洋洲

· 印度尼西亚

海拔 800~1 800 米 | 6 679 000 袋 | 湿刨处理法和水洗处理法

印度尼西亚位于印度洋和太平洋之间，由 13 000 多个火山岛组成。咖啡种植在几个岛上，其中一些岛屿经常自称为原产地，因此你经常在一些咖啡的包装上看到如"苏门答腊"，而不是"印度尼西亚"。烘焙商甚至可能用岛上的区域或处理站命名咖啡。因此，我将从一些最受欢迎的岛屿入手来介绍原产地：

（1）苏拉威西（Sulaweisi）。自精品咖啡浪潮开始，印度尼西亚的苏拉威西岛就一直是精品咖啡的产地。大多数咖啡被当地小种植者种植在南苏拉威西山区的塔纳托拉查（Tana Toraja）地区。这个地区的许多生产商喜欢用一种独特的湿刨法来处理咖啡豆，这种方法（冒着过于简化加工过程的风险）与其他处理法相比，让咖啡豆在离开农场时有更高的含水量。这种处理法处理过的咖啡带有浓郁、醇厚的泥土气息，呈现出雪松和青椒的味道，与呈现出酸味的咖啡形成了鲜明的对比。然而，在20世纪70年代，苏拉威西引进了更常见的水洗处理法，以帮助其咖啡豆展现出酸味、甜味和果味，继而在精品咖啡的世界中提供一种更标准化的方式来体验苏拉威西咖啡。两种处理法处理过的咖啡都可以在咖啡馆里看到。岛上的其他种植地区还有马马萨（Mamasa）、戈瓦（Gowa）和尤塔拉（Utara）。

（2）苏门答腊（Sumatra）。苏门答腊是位丁是印度尼西亚西部的一个岛屿。和苏拉威西一样，这里生产的咖啡大部分使用湿刨处理法来处理。这种处理法会产生泥土味，如香草、蘑菇、香料和霉味，同样和当今许多精品咖啡的典型酸味的风格很不相同。但是，由于这种咖啡的酸度低且顺滑，所以以对不太喜酸味的人来说，它是一个不错的选择。苏门答腊咖啡豆的另一个特征是拥有独特的蓝绿色（这种颜色对经验不太足的烘焙师来说是个考验，有时会导致他们将咖啡豆烘焙过度）。大多数苏门答腊咖啡种植在北部高地。你可能会在咖啡的包装上看到曼德勒（Mandailing）产区，但它实际上是一个在塔帕努里种植咖啡的当地部落的名字。其他种植区还有亚齐（Aceh）、临潼（Lintong）和兰坪（Lampung）。

（3）爪哇（Java）。印度尼西亚的爪哇岛，是铁皮卡和经典爪哇摩卡的发源地（尽管它是世界上最古老的拼配咖啡之一，但现在你仍然能在市场上看到）。事实上，爪哇深深地根植于咖啡的历史中，以至于这个词在俚语中本身就有咖啡的意思。然而，爪哇（以及整个印度尼西亚）种植的大部分阿拉比卡已被罗布斯塔取代，大部分高品质咖啡豆的种植已经转移到苏门答腊岛和苏拉威西岛。尽管如此，在伊根高原（Ijen Plateau）的东部高地还种植着一些精品咖啡。爪哇还生产大量的猫屎咖啡，它是世界上最贵的咖啡之一。它在一种叫作麝香猫的动物的肠道中发酵，然后被以粪便形式收集（不管它值多少钱，大多数人还是会以为它尝起来像屎一样）。

· 巴布亚新几内亚

海拔 1 300~1 900 米 | 796 000 袋 | 大部分使用水洗处理法

巴布亚新几内亚占据了西南太平洋上的新几内亚岛的一半。尽管巴布亚新几内亚只生产了世界上 1% 的阿拉比卡咖啡（大部分是有机咖啡），但它是一个很有意思的精品咖啡原产地；咖啡的醇厚度精致而轻盈，根据不同的种植区域呈现出从巧克力到柑橘的不同风味。巴布亚新几内亚大约 40% 的人口在种植咖啡，其中 95% 的人种植着最多只有几百棵咖啡树（甚至更少）的小块土地。这些小生产商种植了巴布亚新几内亚 90% 的咖啡。随着旧产业的解散，组织能力更强、种植技术更高的小生产商使巴布亚新几内亚的咖啡品质有所提高，有时也会取得优异的成果。即便如此，巴布亚新几内亚几乎没有基础设施，摘取果实时的筛选能力较差，降低了咖啡的整体品质。种植产区有西部高地（Western Highlands）、瓦吉谷 [Wahgi Valley，你可能会看到包装上有昆金（Kunjin）或乌利亚（Ulya）的标签，它们是产区处理站的名字]、东部高地（Eastern Highlands）和钦布谷（Chimbu Valley）。

· 也门（摩卡）

海拔 1 500~2 000 米 | 20 000 袋 | 大部分使用日晒处理法

也门是阿拉伯半岛上的一个小国，与埃塞俄比亚隔海相望，咖啡贸易开始以来，也门一直在种植和出口咖啡。这里最著名的咖啡是摩卡咖啡，与摩卡饮品或巧克力无关，最初因该国西海岸的港口城市摩卡而得名。这种高品质的咖啡是著名的摩卡-爪哇拼配咖啡的组成部分之一。今天种植的许多也门咖啡都是原生种品种，类似于埃塞俄比亚种植的咖啡，使用传统处理方式。大部分咖啡种植于该国的西部，咖啡专业人士经常将其味道描述为"狂野"，具有明亮的酸味和复杂的口感。然而也门咖啡在美国并不常见。也门政局的冲突扰乱了其咖啡产业，咖啡的出口量多年来一直在萎缩，但生产商仍以惊人的复原力应对危机，增长产量。2015 年，一群也门咖啡出口商走出国门，参加了年度精品咖啡协会的会议，并将也门精品咖啡重新带入市场。在个人和组织的共同努力下，也门培育精品咖啡类经济作物的基础设施日渐完善，我们也许会在美国市场的货架上看到越来越多的也门咖啡。

加工处理法

采摘咖啡果实后，需要从果肉中把咖啡生豆剥离出来。去除果肉的过程对咖啡豆的味道有极大影响。以下介绍的是一些常见的咖啡处理法，以及它们对风味的影响：

· 水洗处理法
  顾名思义，水洗处理法就是用水来去除咖啡果肉。在通常情况下，处理的过程是这样的：将咖啡果实倒入一台机器（制浆机或果肉分离机）里，去除果实的外皮。随后咖啡被转移到水箱或水槽中，在那里进行发酵。发酵的时长和用水量因产区和生产商而异，但目的是相同的：把咖啡豆从剩余的果肉中分离出来。发酵完成后，剩余的果肉会分解并被水冲走。一旦豆子被完全分离出来，就从水中取出，转移到太阳下晒干。定期用耙子把咖啡豆耙平，使豆子均匀缓慢地干燥。一些生产者用机械方式干燥咖啡豆，特别是在没有漫长旱季的地区。（咖啡专业人士认为这是一种不太理想的方法，因为咖啡豆的干燥时间会大大缩短。研究表明，缓慢的干燥过程直接决定了生豆能在多大程度上保持其风味。）世界上的大部分咖啡都使用水洗处理法。水洗处理法能让咖啡的产地特征、品种特征和酸味在咖啡杯中闪耀。这也是一种被严格控制的方法，能让同批次的咖啡风味一致。另外，先去掉果肉再晒干豆子，可以降低出错的概率。

· 日晒处理法

在果肉分离机器发明以前，所有的咖啡都使用日晒处理法——在采摘咖啡果实后，先不去除果肉，而是先把咖啡果实晒干到可以被机器剥离的程度。正因如此，咖啡果实的味道在干燥过程中会进入豆子，而不像水洗法那样被洗掉。日晒处理法带来的风味非常独特，比水洗的豆子水果味更浓，酸度更低。对生产商来说，要把日晒咖啡做到完美颇具挑战性，需要额外的时间和精力，因为温暖潮湿的咖啡豆容易因霉菌、腐烂和其他问题而产生异味。

· 果肉日晒处理法 / 蜜处理

果肉日晒处理法是从巴西引进的，现已传播到中美洲，特别是哥斯达黎加。这种处理法也被称为蜜处理。它的处理过程与水洗法类似，不同的是，咖啡在经过果肉分离机剥离果皮之后，直接进入干燥阶段，部分果肉仍然完好无损。从技术上说，真正的果肉日晒法或蜜处理法是在果肉保留的情况下干燥的，但是现在关于这一过程有许多不同的称呼，比如红蜜、黄蜜、黑蜜和半水洗。它们的差异在

水洗不代表更干净

我听到过某些（身份存疑的）烘焙商向消费者宣称：使用水洗处理法的咖啡比日晒处理法的更干净，而且水洗在某种程度上减少了咖啡豆中毒素的含量。这是毫无依据的。专业用词"水洗"仅指在生豆处理过程中使用水这一介质。诚然，日晒处理过程中存在出现更大瑕疵的风险，如发霉和腐烂，但适当的人为监管可以消除这些风险。另外，有瑕疵的咖啡豆永远不会送到烘焙商手上。如果生产商向烘焙商销售瑕疵豆，烘焙商会马上发现，而且绝不会向消费者出售这款咖啡豆。

于干燥前果肉保留了多少，不同生产商使用的处理法也有很大差异。让事情变得更复杂的是，行业似乎还没有给这些术语下确切的定义，所以这一切都有些不确定。跟你想的一样，蜜处理的咖啡豆具有一些水洗的特性和一些日晒的特性，既保留了水洗咖啡的酸度，也获得了日晒咖啡的醇厚度、甜感和泥土感，只是缺少了浓郁的水果味。

烘焙

咖啡豆在销售前需要进行烘焙。所有的生豆看起来都很无趣——闻起来、尝起来都没什么味道。但这不是它们的错，因为咖啡生豆是不可溶物质，我们无法从生豆中获得任何风味化合物。烘焙不仅使咖啡变得可溶（即可被萃取），还能产生一些新的、美妙的风味和香气。你可能已经很熟悉咖啡浅烘、中烘、深烘的概念。但烘焙师如何选择烘焙度？浅烘和深烘在风味里又意味着什么呢？

首先要了解的是，所谓的浅、中、深烘焙度，与那神奇的烘焙时间并没有关系。一般来说，咖啡师对待每一批次豆子的方式是不一样的。他们会测试一系列的烘焙曲线，直到达到预期的效果。烘焙师会像咖啡品质鉴定师（Q grader）那样品尝每一批咖啡豆，然后决定采用哪种烘焙方式（时间和温度的结合）。也就是说，精品咖啡烘焙者倾向于选择可以突出咖啡豆某些特性的烘焙方式，这些特性是通过咖啡豆的生长地点或加工方式而获得的。这种思维在其他手工食品上也有体现，如酿酒和制作奶酪。

我们尚未完全了解咖啡烘焙背后的科学，你可以认为烘焙技术仍处于起步阶段。随着烘焙师继续进行学习和实验，我们越来越清晰地发现，烘焙度"浅"或"深"的想法过于简单。这可能不是家庭冲煮者认识咖啡的最佳方式，因为这与烘焙度和烘焙师的喜好有关。真正决定味道的是烘焙曲线——时间和温度的控制。然而，烘焙曲线的概念解释起来有点困难，所以我请在明尼阿波利斯咖啡进口公司工作的烘焙协会执行委员会成员乔·马罗科（Joe Marrocco）给我们解释一下这个问题：

　　烘焙师如果想获得一杯活泼、明亮、复杂的咖啡，可能会选择低温快烤，就像人们烤饼干的时候，把饼干烤成有点儿软的面团那样。如果想得到更柔和、更甜、更易萃取的咖啡，烘焙师会选择高温、长时间烘焙。最后，一个咖啡师如果希望在豆子里感受到更多自己的加工，少一点咖啡自带的东西，或是想寻求黑巧克力味和烟熏味，则需要更长的烘焙时间。深烘需要更高的温度，烧焦和烤熟的味道都是深烘带来的。

总的来说，咖啡烘焙的时间越长、温度越高，咖啡味道的变化就越大。暴露在热的环境往往会导致化学层面的变化，咖啡豆也不例外。当生豆被加热时，会发生一些不同的化学反应，每一种反应都会为咖啡豆添一些风味。简单来说，以下是烘焙时发生的反应及其阶段：

· 美拉德反应。美拉德反应发生在150℃~200℃之间，给咖啡带来大量的风味，并为咖啡带来咖啡色。美拉德反应是一种褐变过程（实际上是很多种褐变过程，美拉德反应是一个总括术语），而不是燃烧过程。它是生豆中的氨基酸和还原糖之间的化学反应，和我们平时做菜烧肉时发生的反应是一样的。所有的美味，包括烧焦后的香气，都来自美拉德反应。氨基酸和糖的变化能带来新的风味（特别是咸味而不是甜味）或增强豆子里原有的风味。

· 焦糖反应。好香好香啊！你知道这是哪个阶段吗？当豆子的烘焙温度在 170℃~200℃之间时，闻起来就像奶油布丁的味道。咖啡豆中含有相当多的糖，在这个阶段，糖开始变成褐色（即焦糖化），释放出酸和芳香化合物。酸和芳香分子会对咖啡的味道（见第五章）和平衡感做出很多贡献，这也正是大家想要的。在焦糖反应初期，焦糖化提升了口味的复杂性。然而跟直觉相反，焦糖化的糖越多，豆子的甜味越少。这意味着在焦糖反应的后期，焦糖化开始产生苦味，可能会掩盖豆子里的其他味道。焦糖反应会持续到第一次爆裂。

· 第一次爆裂。大概在 196℃的时候，咖啡豆开始爆裂，听起来有点儿像制作爆米花。在这个温度点，豆子承受着很大的压力——美拉德反应和焦糖反应都会产生挥发性气体，这些气体会与水蒸气和豆子产生的其他化学活性气体混合。当豆子膨胀到临界点时，会发生爆裂以减轻压力（体积膨胀到原来的两倍）。烘焙师若是想突出咖啡豆的独特风味（有时被称为原产地特征），或是想让咖啡喝起来有像是乔描述的"活泼"感，则会烘焙至第一次爆裂和第二次爆裂之间。

· 第二次爆裂。豆子继续烘焙，大概在 212℃~218℃ 之间，开始出现第二次爆裂的迹象。这一次，爆裂的声音来自豆子的表皮。热量正在破坏豆子的结构，二爆基本上是豆子细胞壁炸裂开的声音。大部分豆子在 230℃ 下会再次裂开。在这个温度点上，豆子的颜色通常为中等到中深色，并且会呈现出一些因油脂释放而出现的光泽。

如果烘焙师在二爆后（在所有的豆子都裂开之后）继续烘焙，豆子会慢慢进入深烘阶段。它们会变得越来越黑、越来越有光泽，明亮的酸将继续分解成味道更苦、更浓烈的酸。换句话说，豆子开始呈现出更多与烘焙相关的味道（有时被称为烘焙特征），就像乔描述的巧克力味和烟熏味。糖开始燃烧，随着烘烤继续，豆子继续炭化，就像小木炭一样。在这个温度点烘焙的咖啡，尝起来像其他烧焦的东西。如果继续烘焙下去，豆子会像有机物一样着火。

人们出于不同的原因分成两大阵营：一边喜欢豆子本身的味道，另一边喜欢烘焙带来的味道。正如精品咖啡领袖乔治·豪尔（George Howell）所说："深烘就像浇了一层浓酱一样。"按照这个比喻，人们喜欢浅烘还是深烘，就如同喜欢肉本身的味道还是喜欢肉的酱汁。另一个类比是葡萄酒和威士忌。有些人喜欢葡萄酒带来的土壤气息，有些人则喜欢威士忌陈年或装桶的过程带来的风味。

没有哪种比哪种更好，这完全取决于个人喜好。星巴克和其他代表第二波咖啡浪潮的咖啡馆倾向于选择由烘焙带来的风味。而我不敢苟同的是，直至今日，大众仍会把这类特征和高品质混为一谈。这种烘焙方式日复一日、年复一年地保持一致，这一点的确难能可贵。对很多人来说，星巴克咖啡带领他们进入了精品咖啡世界的大门。第三波浪潮的精品咖啡则使用不同的烘焙方式，让我们感受不同的咖啡豆中天然的微妙差别。在我看来，拥有自己独特风格的烘焙技术，是烘焙师在咖啡市场中脱颖而出的最佳方法之一。

值得一提的是，咖啡不会因为低温快烤其味道就自动变好。首先，低温快烤的烘焙曲线会让咖啡的味道变酸，但也许是令人愉悦的酸，并且你会慢慢习惯这种酸。这种豆子比深烘豆子的溶解性差，咖啡颗粒在水中不太容易溶解。也就是说，要更耐心一些才能捕获咖啡的风味。正如豪尔先生指出的，短时间的烘焙无法掩盖任何东西，任何小缺陷都会显露在最后的咖啡里，但烘焙时间长的豆子，其缺陷会被掩盖。此外还有一种情况，即烘焙度太浅，豆子没有被充分加热以产生好的风味。这种豆子尝起来可能像木头或面包——味道并不好。

低咖啡因

大多数精品咖啡烘焙商都提供高品质的低因咖啡，给那些每天在某一时间点后需要减少咖啡因摄入，或是每天咖啡因摄入量有限制的人提供一种选择。需要明确的是，低咖啡因咖啡并不是不含咖啡因，它仍然含有一些咖啡因。通常，每6盎司低咖啡因咖啡含有3~6毫克咖啡因。从某种角度来看，阿拉比卡滴滤咖啡每6盎司含75至130毫克咖啡因，绿茶每6盎司含12至30毫克咖啡因。因此，低咖啡因咖啡的咖啡因含量相对较少，但是多喝几杯摄入量也会累加。

一些植物能生产天然不含咖啡因的咖啡豆，但据我所知，它们没有被广泛种植。也就是说，大多数低咖啡因咖啡是从生豆中去除咖啡因而得到的。目前，从咖啡豆中去除咖啡因的方法主要有四种。所有方法都是先将咖啡豆浸泡在水中，然后使用某种添加剂提取咖啡因。水不能独自完成这项工作——是的，水既然能提取咖啡因，那么它也会提取风味分子，让咖啡索然无味。不含咖啡因也没有味道的咖啡，还有什么存在的意义？一些去除咖啡因的方法是加入化学溶剂（如二氯甲烷，一些人怀疑二氯甲烷致癌）。烘焙商应该永远都不会选择使用化学物质处理过的咖啡豆，这些豆子既流失了风味，又含有化学残留物，何况还有溶剂可能有害人类健康的猜测。以下是两种较好的去除咖啡因的方法，其中又以瑞士水处理法最常见。

二氧化碳处理法

　　二氧化碳可以去除咖啡中的大部分咖啡因。在高压下，二氧化碳呈现半气半液态，可以很好地与咖啡因分子结合，二氧化碳处理法就利用了这一特性。首先将咖啡豆浸泡在热水里。热量会将豆子表皮的细胞孔洞打开，给咖啡因提供一条出路。浸泡过的豆子从水中被转移到一个单独的容器中，和压缩的二氧化碳结合。二氧化碳从豆子中提取出咖啡因，但不会提取香味分子。然后再把二氧化碳去除，留下了去除了咖啡因的咖啡豆。咖啡因可以再被从二氧化碳中去除并作其他用途（如咖啡因汽水），二氧化碳可以循环使用。二氧化碳处理法相较于瑞士水处理法的优势是，它能让风味分

咖啡因

从科学的角度来说，咖啡因是一种天然存在、没有气味的苦味生物碱，存在于咖啡豆和其他植物中，如茶、巴拉圭冬青和可可。严格来说，这是一种精神活性药物，因为它可刺激中枢神经系统和自主神经系统，这就是人们喜欢喝咖啡的原因——除此之外，它还可以让你短暂缓解疲劳，并增强注意力。

一杯 6 盎司的咖啡大概含 100~200 毫克咖啡因。你可能听说过，烘焙对咖啡豆中的咖啡因含量没有任何影响，因为咖啡因不会在烘焙中增加或者流失。一颗豆就是一颗豆，不论烘焙程度如何，其中的咖啡因含量都不会改变。一杯咖啡的咖啡因含量受以下两方面因素影响：

- 物种 / 变种。罗布斯塔的咖啡因含量是阿拉比卡的两倍：阿拉比卡咖啡豆每 6 盎司含 100 毫克左右的咖啡因，罗布斯塔咖啡豆每 6 盎司含 200 毫克左右的咖啡因。不同品种的阿拉比卡植株中的咖啡因含量也略有不同，但差异并不明显。

- 烘焙程度。什么？刚说过烘焙不影响咖啡因的！对每一颗豆来说，烘焙不影响其咖啡因含量。但是在实践中，你还需要考虑重要因素。浅烘焙的咖啡豆比深烘焙的咖啡豆重（1磅深烘咖啡要比1磅浅烘咖啡多出90多颗咖啡豆）。因此，如果用重量来衡量，20克的深烘咖啡豆会比20克的浅烘咖啡豆含有更多的咖啡因。但这仅仅是因为粉量里包含了更多颗咖啡豆。另一方面，浅烘豆子比深烘豆子的体积小，因为它们在烘焙过程中不会膨胀太多。所以，如果你用体积来衡量，一勺浅烘豆会比一勺深烘豆的颗数多，这意味着浅烘咖啡里的咖啡因会比深烘的略多。要用科学眼光看问题！

子一直留在豆子中，从理论上降低了风味分子流失或被破坏的可能性。但由于设备相当昂贵，除大型商业公司之外，这种方法并未被广泛使用。对精品咖啡来说，瑞士水处理法是最常用的。

瑞士水处理法

　　瑞士水处理法的目的非常明确，即不使用任何化学物质来去除咖啡因——也不使用二氧化碳。相反，这是一种科学去除咖啡因的方法（溶解和渗透法）。像二氧化碳处理法一样，生豆被放入热水罐，在里面浸泡几个小时：香味、油脂和咖啡因会渗入水中。然后让咖啡水通过活性炭过滤器，过滤器会过滤掉咖啡因。最后得到一堆无味的不含咖啡因的豆子和一罐满载风味因子和不含咖啡因的水。这种水叫生豆萃取物。生豆萃取物含有跟普通生豆相同的油脂和风味分子，但不含咖啡因。

随后渗透的过程开始了。将无味的豆扔掉，把新的咖啡豆（富含风味）倒入生豆萃取物中。通过渗透，新豆子中的咖啡因被提取出来融入水中。水中的风味因子早已接近饱和，因此无法再溶出更多的风味因子，只能溶解咖啡因。最后，咖啡豆流失了咖啡因，却保留了风味。

以后看到包装袋上标注"瑞士水处理法"的低因咖啡，你就会知道这种咖啡的加工处理过程中未使用有害化学溶剂。你还会发现，低因咖啡豆比正常咖啡豆贵一些，因为它们需要额外加工处理。

开启精品咖啡之旅时，买一包好咖啡豆这样简单的事也可能极具挑战——包装上又罗列着种种术语。在本章中，我将向大家介绍如何鉴别一包精品咖啡豆、在哪里购买、如何阅读标签，以及在家里如何保存。

哪里可以找到精品手工咖啡

手工咖啡从未像如今这样普及。如果你住在城市里，你可能会找到好几个精品咖啡馆，在咖啡馆里就有很多现成的选择。如果你生活在偏僻一些的地区，可以通过互联网购买。总之，人们有很多选择。全国有数百家手工咖啡烘焙公司，如果你知道它们的位置以及你要买什么，就可以买到优质的咖啡豆。

如果你不熟悉你所在地区的咖啡烘焙商（或者当地没有），则可能难以在超市货架上把一包手工咖啡豆和其他普通咖啡豆区分开来。做一些调查可能会有很大帮助，但请记住，我所谈论的烘焙商可能不会自称为"手工咖啡烘焙商"。你可以根据他们在网站谈论的价值观和包装上使用的语言，来判断一个手工咖啡烘焙商是否合格。一般来说，手工咖啡

烘焙商具有以下特点:

- 小型、(通常)独立。最大的几家手工咖啡烘焙商被称为
  "四大": 树墩城(Stumptown,总部设在俄勒冈州的波特
  兰)、知识分子(Intelligentsia,总部设在伊利诺伊州的芝
  加哥)、蓝瓶子(Blue Bottle,总部设在加利福尼亚州的奥
  克兰)和反文化(Counter Culture,总部设在北卡罗来纳
  州的达勒姆)。这些品牌被公认引领了手工咖啡运动,可能
  是手工咖啡里最响亮的名字。但说实话,跟星巴克这种专
  业连锁咖啡店比,它们还是相形见绌。2015年,皮爷公司
  收购了树墩城和知识分子的大部分股份,两家公司都承诺
  将继续扩张并保证质量。收购可能意味着这两个手工咖啡
  品牌的扩张速度将远远快于其他品牌。其他大多数手工咖啡
  烘焙商要比"四大"烘焙商小得多。也许当地会有一两家本
  地烘焙商垄断市场——这方面与精酿啤酒市场有点儿相似。

- 更看重品质。手工咖啡烘焙商在网站和包装上都会清晰地
  表达对品质的重视。你会看到与咖啡资源、采购、烘焙或
  销售相关的信息,比如精品咖啡的种植、树种关系、从种
  子到杯子、透明度、精确烘焙、合作关系、尊重、有道德

地种植和采购、可靠的供应商、工艺水平等等。

· 喜欢讲故事。手工咖啡烘焙商的网站都会有很多描述关于咖啡来自哪里的信息。他们肯定会谈到咖啡的产地，甚至会提供有关处理站、合作社、农场和生产者的详细信息，有时也会谈到进口商。

· 在包装上提供很多信息。咖啡包装上的信息越多，特别是关于咖啡的烘焙日期和来源的信息越多，这包咖啡就越有可能出自手工咖啡烘焙商（当然并非所有烘焙商都会在包装上标一大堆信息）。关于如何破译咖啡包装上的信息以及需要看哪些信息请见 212 页。

为了找到手工咖啡，你应该先寻找烘焙商。烘焙商通常都有自己的咖啡馆——烘焙商可能不和咖啡馆使用同一个名字，也会向其他咖啡馆和商店批发咖啡豆。所以即使你所在的城市没有烘焙商，也还是有机会喝到好咖啡。

杂货铺

如果你住的地方附近没有任何手工咖啡烘焙商，就先去当地的杂货店看看。根据你居住的地方，选择可能会有很大差异。关于杂货店的一个好处是，无论哪家店都会按照同样的标准陈列咖啡豆。品质最低的商业咖啡豆通常以罐装销售，集中放在一起。同样，像星巴克、皮爷、驯鹿（Caribou）这些咖啡品牌和它们的竞争品牌唐恩都乐（Dunkin' Donuts）、Panera以及标示着"美食""精选"字样的高端产品线的商业咖啡品牌，也聚在同一个货架上。如果你平时去的杂货店有这些品牌的咖啡豆，那你应该也能找到手工咖啡。我发现，一个独立咖啡品牌（特别是大品牌）可能会摆满好几个货架。但杂货店不一定会像酒类商店那样把便宜的摆在最下面，把好货摆在最上面。

要确保能买到手工咖啡，最简单的方式是记住各大咖啡品牌的名字，也记住当地烘焙商的名字，因为这些品牌有可能在当地的杂货铺有售。如果你住得离市区近，那么无论在品牌还是咖啡种类上，你都会有很多选择。我在芝加哥当地的食品杂货连锁店就发现有很多手工咖啡豆可以选择，其中大多数小烘焙商都来自芝加哥或附近的中西部城市。但当我回到印第安纳州探亲的时候，当地连未研磨的咖啡豆都买不到，更别说手工咖啡了。如果你那里的商店售卖手工咖啡豆，但选择不多，那应该会有四大手工咖啡品牌里的至少个。运气好的话，说不定还会有一些当地烘焙商的豆子。不管怎样，现在各地都出现了很多烘焙商，即使在小城市，说不定也会有让人惊喜的发现。

如果你不了解所在地区有哪些烘焙商，可以留意以下情况，这些特征表明它们并不是手工咖啡，尽量不要购买：

- 罐装。手工咖啡一般都是袋装，不用罐装。通常袋子上会有一个看起来像肚脐眼的小塑料片，它是一个单向阀门，在隔绝氧气的同时释放二氧化碳，大多数手工咖啡都用这一方法保持咖啡豆的新鲜。

- 调味咖啡。虽然手工咖啡在包装上都会有风味描述（见230 页），但烘焙商肯定不会出售添加了风味的咖啡。像躲避瘟疫那样躲避这种咖啡吧。

- 产地模糊。手工咖啡烘焙商一般都会非常具体地说明咖啡豆的产地，通常会标明产地国家以及产区。烘焙商列出这些信息时是相当骄傲的。如果一包咖啡豆在包装上的产地信息很模糊，例如"海岛拼配"（除非有更多的信息一起列出），这包咖啡豆就很可疑了。"哥伦比亚"和"巴西"

这两个词经常在包装袋上出现，在低端咖啡的包装上也会提到，所以这两个产地名不代表手工咖啡豆。

· 留意"深烘"字样。任何标有"法式烘焙"的咖啡豆很可能都不是手工咖啡豆。如果咖啡豆包装上有深度烘焙的描述，例如"法式烘焙"或"意式烘焙"，那这包咖啡豆基本不会出自手工咖啡烘焙师之手（虽然一些烘焙师也会用深度烘焙，但不会使用上述词语）。如果包装上强调浓郁、醇厚度高、深烘等字眼，也不太可能是手工咖啡豆。

· 强调有机或公平贸易。商店里的一些咖啡品牌努力宣传有机产品或公平贸易方面的信息，而不是咖啡豆本身。这些咖啡品质不一定不好，但对于手工咖啡来说，有机和公平贸易不是在包装上应关注的焦点。

在某种程度上，你在某些杂货店能找到手工咖啡的概率可能比其他商店要大。在类似 Whole Foods 这种商店可能比其他小连锁店更容易买到手工咖啡豆，在那里经常能买到当地烘焙商的咖啡豆。然而小烘焙商想在连锁店上架很难，所以建议你去所在地区的独立商店和合作社看看。

咖啡馆和烘焙商

手工咖啡烘焙商往往会经营自己的咖啡馆，在那里销售饮品、咖啡豆和咖啡设备。如果一个小烘焙商有自己的门店，你就可以直接去那家咖啡馆购买咖啡豆了。而且店员还会在你购买咖啡豆前回答关于咖啡和冲煮的问题。

不少独立咖啡馆不是由烘焙商直接经营。但这些咖啡馆会使用特定的一个（通常是"四大"之一或附近的烘焙商）或多个烘焙商的咖啡豆。这些独立咖啡馆除了出售饮品，一般也会出售整袋的咖啡豆。如果你把美国所有的独立精品咖啡馆加起来，数量比星巴克还多。所以，在离你不远的地方一定会有独立手工咖啡馆，那里能满足你对手工咖啡的所有需要。要明确一点，并不是所有独立精品咖啡馆都是手工咖啡馆。不过，独立咖啡馆和手工咖啡馆有着同样的目标，也使用精品咖啡。但真正的手工咖啡馆配备有训练有素的咖啡师，他们在技能和技术上投入了非常多的精力。如何判断你所在的咖啡馆是否是手工咖啡馆？看下面几点：

· **有知识丰富的咖啡师。**在一家真正的手工咖啡馆，吧台里的咖啡师应该能回答关于咖啡的任何问题，例如咖啡豆来自哪里、风味如何、应该如何冲煮。如果他们对这些不清楚，那它可能就不是一家手工咖啡馆了。

- 有手冲咖啡。如果你在吧台看到 Chemex 或 V60 这样的器具，或者看到吧台后面或者墙上有一个很大的像科学实验装置的东西——用来做冷萃的，那么你肯定在一家手工咖啡馆里。

- 谜一样的标识。手工咖啡馆通常在吧台边上会有一个小菜单板，上面是咖啡价目表。他们通常用原产国的名字、冲煮器具或两者一起来作为点单项目，例如"危地马拉，爱乐压"。在你看这本书前，这些字眼可能令人费解。如果这家店的咖啡豆不是自家烘焙的，那他们可能会在菜单里加上烘焙商的信息。

- 有售卖区。手工咖啡馆通常会有一个小的售卖区或者是几个货架，用于出售咖啡冲煮器具和配件。

- 拿铁拉花。手工咖啡馆的咖啡师经常会在拿铁或其他意式咖啡里拉花，做出心形、花朵等形状。

手工咖啡运动最近的新特色是和不专门售卖咖啡的门店合作，跨界经营。在我的家乡至少有两个不是专门经营咖啡的商店（一家是酸奶冰激凌店，一家是甜甜圈／漫画店）出售知名的芝加哥烘焙商的咖啡豆。这表明，如今在手工咖啡馆外也能很容易地买到整袋装的手工咖啡豆。

网购

如果在你居住的地方附近没有手工咖啡馆，你也不用绝望，几乎每个手工咖啡烘焙商都有线上经销商。网站上会提供咖啡豆的很多细节信息，你可以很清楚地了解你购买的产品。大部分烘焙商都自己负责运输，保证你拿到的咖啡豆是最新鲜的，不需要担心咖啡豆到你手上时会不新鲜或者变味了。这样你就有很多选择，可以尝试购买全国各地烘焙商的咖啡豆（我在320页的参考资料部分提供了一些我经常使用的烘焙商网站列表）。有些人会觉得选择太多了，因此有一些网站会提供咖啡豆订制服务。你可以订咖啡豆月卡，烘焙商将每月为你快递精选的咖啡。咖啡豆月卡订制服务一般会比单包购买更贵，如果你每个月喝咖啡的量不是很大，这种订制对你来说就没有意义了。但这种方式可以让你足不出户就收到很多不同种类的咖啡豆。

季节性

近年来，很多手工咖啡烘焙商更加重视咖啡的季节性了。季节性在咖啡行业是一个相对较新的概念（至少在精品咖啡圈子里是一个新概念）。咖啡一直是季节性产品。咖啡果实是一种水果，和大多数水果一样，它们只在一年中的特定时间生长。大多数咖啡生产国在全年有不同的种植、收获、加工和运输生豆的时间范围。另外，咖啡收成会有一段旺季，通常在咖啡收获季节的中间，那时的咖啡果实处于最佳状态。有一些国家的气候适合全年种植和收获咖啡豆，有些国家只有两季种植和收获期，其中只有一季能生产出高品质咖啡豆。

许多咖啡烘焙商认为，应该在旺季收成后尽快烘焙并销售他们的产品。咖啡的处理加工需要几个月的时间，还要经过几个星期才能运到美国，因此收成后九个月内出售的咖啡属于当季咖啡。

然而有些烘焙师认为，当季咖啡纯属无稽之谈，是为了制造不必要的稀缺感。他们认为，只要保存得当，咖啡生豆可以保持新鲜。一些人甚至认为生豆可以保鲜一年以上。如果这是真的，那么我们全年可以都喝到任何种类的咖啡了。

这两种观点都有一定道理。有些生豆可能具备某些特性，能够长时间保持新鲜，有些生豆却不能。安德烈亚斯遇到过一种情况，还没等生豆全部烘完，咖啡的品质和气味就已经开始变坏了。而有些时候，他将已经放了很长时间（超过一年）的生豆用于新员工的培训，烘焙后却发现味道依然很棒。有一些人认为，我们应该喝当季的咖啡，因为各个产地都在季节性地生产高品质的咖啡，总有下一杯好咖啡在等着你，不需要存储咖啡豆。

这一切对家庭冲煮爱好者来说意味着什么呢？最大的影响是，你不可能一年 365 天都喝到最喜欢的某款单品咖啡。你还会注意到，大多数烘焙商会在每年的同一时间售卖某些原产地的咖啡豆。例如，每年六七月份会开始售卖埃塞俄比亚咖啡豆，而巴西豆在冬天才开始售卖。下一页的收成时间表（表 4.1）概述了最受欢迎的咖啡产地的平均高峰收成时间和相应的市场供应情况（咖啡熟豆上市的时间）。请注意，这些时间只是预测，收成和运输可能会因为多种原因而被推迟，其中天气是主要原因。

表 4.1　收成时间表

原产地	一月	二月	三月	四月	五月	六月	七月	八月	九月	十月	十一月	十二月
玻利维亚	○	○						◎	○	◎		○
巴西	○					◎	◎	◎	○	◎	○	○
布隆迪						◎	◎	◎		○	○	○
哥伦比亚		○	○	●	○			○	○	○		
哥斯达黎加	◎	◎	◎	○	○	○	○					◎
刚果民主共和国	●	○	●	●	●	○	○	○	○	●	◎	○
厄瓜多尔						◎	◎	◎		○	○	
萨尔瓦多	◎	◎	◎	○	○	○						◎
埃塞俄比亚	◎	◎	○	○							◎	◎
危地马拉	◎	◎	○	○	○	○	○					◎
夏威夷	◎	○	○							○	○	◎
洪都拉斯	◎	◎										◎
牙买加	◎	◎										
爪哇	○						◎	◎	◎		○	○
肯尼亚	◎	◎	○	○	○	●	○			○	●	◎
墨西哥	◎	◎	●	○	○	○	○				○	◎
尼加拉瓜	◎	◎				◎	◎					◎
巴拿马						◎	◎					
巴布亚新几内亚						◎	◎			○	○	
秘鲁	○	○						◎	◎	◎		○
卢旺达				◎	◎	◎	○		○	○	○	
苏拉威西	○	○	○					◎	◎	◎	●	○
苏门答腊	◎	●	●	○	○	○	○				◎	◎
坦桑尼亚		○	○	○						◎	◎	◎
也门		○	○	○						◎	○	◎

注：◎收成时间　○市场销售时间　●两者兼具

破译咖啡包装袋上的标签

有时候，一包手工咖啡烘焙商出品的咖啡豆在包装上会罗列很多只有内行才看得懂的信息（见214页图4.1），而我还没看过任何包装会附带解码表。家庭冲煮爱好者需要看懂包装上的多少信息呢？这取决于你想知道什么。总的来说，很多信息只是烘焙商在向我们表述他们的前期工作、咖啡产地及加工方式。烘焙商在包装上列出的信息越多，就越有可能回答咖啡是如何生产的问题，这一点很重要。因为包装上的官方信息在咖啡世界里意义重大。当你盯着货架上一排排的咖啡袋子的时候，你会发现包装袋上列出的信息是区分手工咖啡和精品咖啡、精品咖啡和商业咖啡的方法。让我们分析一下在包装上最常看到的基本信息。

咖啡豆还是咖啡粉

这一点一看便知。我想借此机会强调一下，如果你想在家里做出一杯好喝的咖啡，不要买预磨的咖啡粉。

拼配豆和单品豆

拿到一袋咖啡时，首先要留意里面的咖啡豆是来自不同

意式拼配

你很容易在高品质咖啡豆的包装上看到"意式浓缩"这个词。这不一定和老式术语"意式烘焙"有关——很多人认为"意式烘焙"代表烘焙度非常深的咖啡。意式烘焙是一种误称，因为没有哪种烘焙曲线或者哪种类型的咖啡豆可以说是最适合做意式浓缩的。当你在一包精品咖啡的包装上看到"意式浓缩"这个词时，代表烘焙商认为这款咖啡豆很适合做意式浓缩咖啡。但这并不妨碍你买这款咖啡豆来做手冲咖啡。意式拼配豆用注水法和浸泡法冲煮也是非常合适的。

产区还是单一产区。前者称为拼配咖啡，后者称为单品咖啡。有些烘焙商不出售拼配咖啡，我猜是因为拼配豆不像单品豆那么纯粹。或者是因为有些传言说，烘焙商会试图将不新鲜的咖啡豆掺到拼配咖啡中。尽管如此，只要拼配得当，对家庭冲煮者来说，拼配咖啡也是一个挺好的选择。

在理想情况下，拼配豆会通过混搭不同种类的咖啡豆，来形成平衡、口感稳定的咖啡。很多人都喜欢口感稳定的咖啡（至少有一种稳定的错觉），拼配咖啡就是不错的选择。如你所见，单品咖啡的味道有很大差异。如果单品咖啡不是

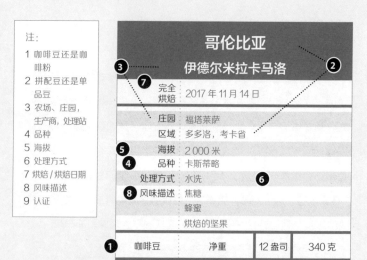

注:
1 咖啡豆还是咖啡粉
2 拼配豆还是单品豆
3 农场、庄园，生产商，处理站
4 品种
5 海拔
6 处理方式
7 烘焙/烘焙日期
8 风味描述
9 认证

图 4.1 破译咖啡包装袋上的标签

你的风格，那么拼配豆会比较适合你。尽管拼配豆因为豆子的季节性多少会发生一些变化，但它仍然会符合你的偏好。烘焙师需要详细的烘焙计划和高超的烘焙技术，才能月月保证拼配咖啡的风味特征一致。这些烘焙师可不是浪得虚名的。

拼配咖啡让烘焙师得以消耗剩余的品质较好的咖啡豆和比较便宜的咖啡豆，同时搭配出高品质的产品。拼配咖啡能很好地把便宜的咖啡豆利用起来，有些豆子本身没什么特色，但用来做拼配咖啡时，就能带来令人愉悦的品质。也因为这个原因，拼配咖啡比单品咖啡便宜，这点对你可能很有吸引力。还有一点，一包拼配咖啡通常会列出豆子的生产国，甚至具体到地区。虽然拼配咖啡的命名往往很巧妙，但有时也会直接用原产地命名。爪哇摩卡就是一个典型的例子（尽管有些拼配豆贴上了爪哇摩卡的标签，但实际上既非来自印度尼西亚也非来自也门。爪哇摩卡只是一个销售类别的统称而已，一些人声称这种拼配复制了爪哇摩卡的风味）。我认为标明原产地的烘焙商更有责任感——通常更能生产出高品质的产品。有些烘焙商生产的拼配豆上没有标注原产地，对此我持怀疑态度，我无法相信那些生产"秘制"拼配的烘焙商。

单品咖啡一般会用原产国的名字或种植区、处理站的名字命名，许多烘焙商会提供很具体的咖啡种植地的信息（后文会详述）。烘焙商会努力为消费者展示所用咖啡豆的独特品质，其中一种方式就是按产地分类。原产地肯定会影响咖啡的味道，产地的风土条件，如土壤、气候、光照、天气和海拔，都与咖啡的风味息息相关。因为这些因素每年都不尽相同，甚至一个农场的某一角落和另一角落也有差别，所以即使是来自同一国家的单品咖啡，味道也可能会有很大不同。很难说所有埃塞俄比亚咖啡或所有巴拿马咖啡都是一个味道。

购买提示

商业咖啡基本都是拼配咖啡，在包装上很少能见到有关产地的细节。可是你有时会在一袋商业咖啡上看到"哥伦比亚"。因为这个国家从咖啡贸易早期开始就在市场上做推广。除去哥伦比亚这个特例，单品咖啡仍然是一种手艺的概念。大的精品咖啡品牌也会在包装上标出原产地信息，但大多售卖的也是拼配咖啡。最近，大型精品咖啡公司也特意推出了几款单品咖啡——通常以"高端版"或"限量版"的形式销售——有可能在咖啡店买得到，而杂货店可能没有。

农场 / 庄园、生产商、处理站

越来越多的烘焙商会将小型农场或庄园的名字列在包装标签的信息里。有时庄园比产区更有声望，例如巴拿马以瑰夏闻名的翡翠庄园。包装上甚至还会列出生产商和处理站的名字——并不是简单地把信息罗列出来，而是在咖啡豆的名字里加入处理站、生产商和庄园的名字。例如，Halfwit 咖啡烘焙商的"卢旺达康祖"，就是由原产国的名字"卢旺达"和合作社的名字"康祖"组成，蓝瓶子的"布隆迪卡扬扎黑扎"，由"布隆迪"（原产国）、"卡扬扎"（产区）和"黑扎"（处理站）组成。214 页例子中的单品咖啡则以"哥伦比亚"（原产国）和"伊德尔米拉卡马洛"（生产者）命名。

各个公司虽然使用不同的命名法，但总的来说都是为了增强信息的可追溯性，这是手工咖啡的基石，部分原因是出于对咖啡生产商及其产品的尊重。总而言之，咖啡的可追溯性越强，品质就越高，咖啡生产商也越可能获得高价。这是因为如果能追溯到某个特定的产区，就能确切地了解咖啡是如何种植、收获、处理和分类的，以及是如何交易和出售的。通常，在每个环节中投入的精力越多，咖啡的质量和价格就越高。

然而，不同国家和产区的可追溯性不同，因为并非世界上的所有产区都具备保持咖啡可追溯性所需的基础设施。例如，一些处理站数量有限的产区会将邻近庄园的咖啡豆集中处理，有些咖啡甚至需要运送到处理站。这并不代表不能追溯到庄园或种植者的咖啡豆一定品质低，有时一些很好的咖啡豆也很难找到出处。

品种

烘焙商经常会在咖啡袋上列出品种，特别是在单品咖啡袋上。你可能会看到列出的品种不止一种。因为生产商经常会在同一片地里种植不止一个品种。此外，在某些国家，生产商会将咖啡豆送到同一个处理站处理，最后会导致一个大袋子里有很多种品种的咖啡豆。然而，一袋里面只有一个咖啡豆品种的情况也不少见，尤其是经过仔细挑选的豆子。来自稀有产区或属于特殊分类批次的咖啡可以用品种命名。例如知识分子的"桑图阿里奥哥伦比亚红波旁"就使用了品种（红波旁）命名，带有农场（桑图阿里奥）和原产地（哥伦比亚）的名字。有一些特定的品种，例如波旁、瑰夏、SL34，这些字眼代表着高品质。但我认为消费者不能仅仅根据品种来假定某种豆子的质量水平（如果一种咖啡以品种命名，说明烘焙者可能认为咖啡在某些方面比较特殊）。正如第三章中讨论的，特定品种可能呈现出某些特征，但由于风土、气候和烘焙都会对咖啡的味道产生很大影响，所以你不能仅仅通过品种的名称得出太多关于味道的细节。

咖啡袋上有各种各样品种的名字，代表具备关注度和可追溯性。同样，包装上缺少品种名称并不一定代表咖啡质量不好。

海拔

很多咖啡豆在包装上会告诉你咖啡是在海平面以上多少米（masl）或海平面以上多少英尺（fasl）种植的。一般来说，高品质的咖啡豆生长在高海拔地区。根据世界咖啡研究所的结论，在亚热带气候下，种植咖啡的最佳海拔约为550至1100米，而在靠近赤道的地方，种植的最佳海拔通常在1000至2000米之间——不过无论植物种在哪儿，最重要的是避免其遭受霜冻。高海拔地区相对寒冷，根据2005年的《烘焙》（Roast）杂志上的一篇文章，专家们发现，海拔每升高100米，气温就下降0.6℃。因为生长条件苛刻，较低的温度和较低的含氧量会导致咖啡豆成熟得更慢。在这种状态下，咖啡树的大部分养料都供给了豆子（而不是叶子和树枝），使咖啡豆更加坚硬，密度也更大。豆子有更多的时间以糖的形式来吸收和储存营养。专家称，海拔每升高300米，咖啡豆中蔗糖的含量就会增加10%，糖类对咖啡中能产生特殊风味的酸感起到了很重要的作用。所以在高海拔生长的咖啡具有感知度高的酸味，这种酸是咖啡品鉴师非常看重的特性。其他专家指出，山区的土壤质量更好，因为一些咖啡害虫无法在这么高的地方生存。以上所有因素结合起来，使高海拔咖啡更受欢迎。下图（图4.2）简要总结了海拔对风味的影响：

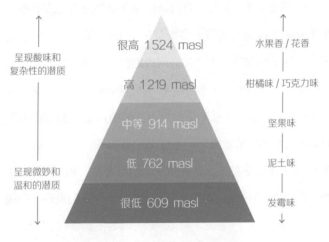

图 4.2　海拔对风味的影响

如果烘焙商在包装上列出了海拔高度，说明烘焙商想表达两点：

（1）烘焙商知道咖啡来自哪里；

（2）海拔越高，代表咖啡质量可能越高。

当然也会有例外。例如夏威夷科纳咖啡豆是世界上公认的顶级咖啡豆，却生长在海拔相对较低的地区。高海拔并不能保证出产优质豆，1500米处也生长着大量的劣质咖啡豆。海拔无法弥补贫瘠的土壤、不稳定的气候和糟糕的耕作习惯所带来的问题。

加工法

从咖啡包装上显示的加工处理方式，人们可以了解到很多关于咖啡味道的信息。事实上，通过了解加工处理法（不同于原产地），你可以对这包咖啡的风味特性做出一种预测。很多烘焙商会将咖啡的加工处理方式列在咖啡豆的包装上。我们在185页已经介绍了这几种处理法，这里我们将关注风味和你会在包装上看到的用语。

水洗处理法

包装上的"水洗"或"湿处理"是同样的意思。对咖啡种植带里种植的阿拉比卡咖啡而言，最常用的处理方式就是水洗处理法，这是你在咖啡的包装袋上最常见的用语。使用水洗处理法的豆子更容易呈现出"干净"的口感，突出多种风味和属性。这种处理法是烘焙商比较喜欢的，因为它更容易突出原产地的特征，也可以让酸味在其中大放异彩。水洗咖啡可以呈现的风味多得数不过来。毕竟，不同的风土气候

海拔和高度

海拔和高度有科学上的区别。海拔（elevation）测量的是目标位置与海平面之间的垂直距离，高度（altitude）测量的是目标位置和地面之间的垂直距离。地面的位置相对于海平面高低不一，所以不能用高度来比较咖啡种植地。由于海拔不同，一座高 500 米的山脉，其海拔可能远远高于另一座高 500 米的山脉。可惜在日常交流中，人们经常搞混这两个概念，但在精品咖啡的包装袋上，你基本不会看到"高度"这个词。我几乎可以肯定烘焙商使用的是"海拔"，因为高度测量基本是无用的。此外，如果测量单位是"masl"，那么烘焙商要说的肯定是海拔，因为这个单位在字面上意思就是"海平面以上多少米"。不严谨的例子在精品咖啡社群里很普遍，我认为应该正视并重视海拔与高度在概念上的差异。

海拔和冲煮

因为海拔越高，咖啡豆的密度越大、越坚硬，你会发现，水从其中排出来花的时间就越长。对于生长在极高海拔的咖啡豆来说，你不需要对冲煮做出什么调整或改变。密度大而坚硬的咖啡豆萃取时间更长。所以萃取速度下降正好符合了实际需求。一如既往地以咖啡的味道作为指导就可以了。另一方面，越低海拔生长的咖啡豆萃取速度越快。如果你尝试了很多方法后还是觉得咖啡萃取过度了，试着降低水温。

对风味的影响非常大。注意，水洗咖啡豆在出售前也需要干燥，所以烘焙商会经常解释使用的干燥方法。在包装上，你可能会看到"露台晒干""架高晒干"这样的用语。

日晒处理法

在咖啡的世界里，"日晒处理法"和"干处理法"是一样的，你会在咖啡豆的包装上看到其一。和水洗咖啡不同，日晒咖啡通常会产生非常独特的水果味，一般是蓝莓味和核果类味道。几乎任何人都能辨别出这些果味。当你第一次品尝日晒咖啡时，你可能会大吃一惊。如果你不能明确区分这两种咖啡，我建议你找一款日晒咖啡和一款水洗咖啡进行比较。除了独特的果味外，日晒咖啡往往比水洗咖啡更醇厚，酸度更低。

巴西、埃塞俄比亚和也门的阿拉比卡咖啡豆最常使用日晒处理法，一贯优秀的日晒处理法往往得到高度评价。但另一方面，它们也在咖啡世界引发了争议，有些人说这些咖啡豆的风味基本一样，缺乏水洗咖啡中细微的差别和变化，对此我并不同意。无论如何，人们对日晒咖啡的态度呈现两极分化：要么爱，要么恨。

果肉日晒处理法 / 蜜处理

你可能已经猜到了，果肉日晒处理法就是将水洗和日晒各自借用一部分。果肉日晒处理往往产生出水洗和日晒咖啡的混合特性。使用这种处理方式的咖啡豆一般会保留水洗咖啡的酸味和日晒咖啡的泥土味。由于确切的处理方式因生产商的不同而存在差异，所以使用果肉日晒处理法的咖啡豆在口味上会有很多区别。

尽管越来越多的生产商开始尝试不同的果肉日晒处理技术，这种处理方式仍不太常见。最常见的使用果肉日晒处理法的咖啡豆应该是巴西豆，因为这种处理法是巴西人发明

处理法和萃取

　　一些专业人士发现，日晒处理法处理的咖啡比水洗处理法处理的咖啡萃取速度更快，这也代表着更容易萃取过度。如果你发现这种情况，试试将水温降低几摄氏度。

的。在中美洲，人们称之为蜜处理法。最近出现了新的术语，如红蜜、黄蜜和黑蜜，取决于咖啡豆干燥前保留的果肉量。你还会在咖啡包装上看到另一个词——"半水洗法"。与果肉日晒处理法不同的是，半水洗法在干燥前会去除所有果肉。

烘焙

　　我已经谈了很多关于烘焙的内容，但在选择一包咖啡豆时，你可能会发现包装上描述烘焙程度的文字基本没有标准化。许多烘焙商好像已经放弃了商业咖啡和连锁咖啡馆使用的传统用语，例如城市烘焙、美式烘焙、维也纳烘焙、法式烘焙等。可能因为这些名字和定义都很随意且主观，不能让人直观地理解。在精品咖啡里，通常用程度（颜色）来表达烘焙度（浅烘、中烘、中深烘、深烘，见表 4.2），但是仍然没有任何科学参数可以确切定义这些术语的实际含义。有些烘焙商甚至没有在包装上提及烘焙度（比如 214 页的例子）。事实上，许多人认为，在描述烘焙时使用浅、中、深三个词过于简单。因为烘焙商利用时间和温度来获得特定的烘焙特征，这两个指标可能并不是总与咖啡豆的颜色有关。换句话说，两种看起来颜色完全相同的咖啡豆可能有着截然不同的风味。

然而，这种信息对你也没什么帮助，不知道也无妨。用烘焙度来衡量咖啡豆品质的人，倾向于认为手工咖啡烘焙商大多采用浅、中度烘焙，这种推测是比较保险的。一般来说，烘得越浅，从咖啡豆里获取的风味就越多；烘得越深，从烘焙中获取的风味就越多。尽管咖啡豆的颜色不一定与味道有关，但你总会在描述中找到一些相符的风味特征。

有疑问的时候可以找烘焙师或咖啡馆里的咖啡师聊一聊。他们能向你详细描述咖啡的特性。如果你住的地方没有精品咖啡馆，可以在网上找到烘焙商，网站上会提供很多关于咖啡豆的细节。你也可以关注咖啡豆包装上的风味描述（见 214 页），以此了解咖啡的风味，而不是靠烘焙颜色判断。

最后需要提醒一点，一些大型精品咖啡馆使用与其他咖啡行业从业者不同的语言与公众沟通。它们提及的浅褐色烘

表4.2 烘焙度的定义

烘焙度	特征
浅烘	· 醇厚度低 · 风味呈现：种子、麦芽、谷物、草、玉米
中浅烘	· 明亮的酸度 · 更复杂 · 原产地风味特征突出 · 风味呈现：水果、坚果、香料、红糖
中烘	· 平衡的酸味和甜味 · 饱满的醇厚度 · 原产地风味特征突出 · 风味呈现：焦糖、蜂蜜、黄油、熟水果、熟蔬菜、深色香料 （例如黑胡椒）、丁香、李子、熟苹果
中深烘	· 甜苦参半 · 略微温和的酸度 · 醇厚度浓郁 · 风味呈现：烟草、香草、波旁威士忌、波特啤酒、 炖肉的味道、烟熏水果
深烘	· 突出的甜苦参半 · 柔和的酸度 · 醇厚度低 · 风味呈现：烧焦的烟草、纯黑巧克力、苦红茶、烧焦的蔬菜、 烤至深色的吐司
超深烘	· 主要体现苦或甜苦参半 · 醇厚度低 · 完全没有原产地风味特征 · 风味呈现：雪茄烟雾、熏肉、烟液、酱油、鱼酱、 烤焦的吐司
极度深烘	· 炭化的味道或苦味 · 风味呈现：烟、烟灰、阿司匹林的味道 · 除此之外没有其他味道

焙与行业描述的浅烘焙不是同一种烘焙度。这只是一个极端的例子，说明烘焙颜色和烘焙度是一种极度主观的判断。

烘焙日期

我可以理直气壮地说，一包高品质的咖啡豆在包装上一定会有烘焙日期。通过日期，人们可以判断咖啡是新鲜的还是在货架上放了很久、已经变味了。之前我提到过，咖啡非常微妙复杂，即使在保留咖啡豆的状态下，味道也不会持续很长时间。行业知识告诉我们，咖啡豆不应在烘焙后立刻使用，因为它需要时间排出一定量的二氧化碳，否则喝起来会很苦。那需要多长时间呢？有人说至少 24 小时，有人说 48 小时，还有人说至少一周（也有人说排气的需求只是个虚构的神话）。就像与咖啡有关的其他因素一样，排气所需的时间取决于咖啡豆本身。不同的咖啡豆（不同的烘焙度）其新鲜度峰值有所不同。也有人说，浅烘咖啡豆比深烘咖啡豆所需的排气时间长。

我和安德烈亚斯倾向于认为，咖啡豆的新鲜度峰值在烘焙后的 7~10 天之间，当然，可能烘焙 21 天后你也能在家里冲煮出一杯很好喝的咖啡。之后，风味开始下降。这并不是说之后咖啡就变坏了或者有毒了，而是变得枯燥无味了，像跑气的碳酸饮料，味道变得平淡无奇。确定咖啡新鲜程度的一个方法，是在冲煮的时候关注闷蒸的状态（见 054 页）——这是咖啡释放二氧化碳的过程，如果往咖啡粉上注水的时候，它不怎么冒泡或者根本不起泡，那这包咖啡应该就是不新鲜了。

一个很好的经验法则是只买一周内能喝完的咖啡量。如果咖啡是买来送人的，可能不会马上被消耗掉，就考虑买一包烘焙日期最近的咖啡（或者买一张礼品卡）。如果直接从烘焙商那里购买，你应该听从他们的建议，因为他们最了解自己的咖啡豆。一些烘焙商会在咖啡包装上注明最佳日期，尤其当它们在杂货店出售的时候。我不太喜欢这种做法，因为最佳日期并不能体现出咖啡的烘焙时间，我们也无从得知烘焙师是根据什么指标得出最佳日期的。

风味描述

风味描述指的是你可能在咖啡里品尝出来的各种味道，比如焦糖味或梨味。风味描述看起来像一堆胡言乱语，尤其是你喝了一杯咖啡却什么味道都没尝出来的时候。这种经历会让家庭咖啡冲煮者感觉自己像个门外汉，以为在冲煮时犯了什么错误所以没有品尝出风味，或觉得自己与咖啡师根本不在一个频道上。

然而事实是这样的：你可能会品尝到风味——尤其是风味被放大的时候，但也可能品尝不出来，这不一定是因为你做错了什么。风味描述是烘焙师品尝咖啡时的感受。它建立在烘焙者的口味而不是通用的口味上。我们已经了解，咖啡会受很多外部因素影响，包括水的成分。虽然这些外部因素不一定会让你的咖啡变得不好喝，但当你在家里冲煮时，这些因素可能会影响你对风味的品尝。

此外，味觉是很主观的，味觉描述也是如此。一个人可能觉得是"杏仁味"，而另一个人觉得是"腰果味"。如果双方没法在杏仁味这一点上达成一致，出现了沟通障碍，只要用一个模糊的表述——坚果味，就好理解了。更困难的是，人们只能识别他们熟悉的味道。如果你从来没吃过杏仁，你是不可能从咖啡中尝出杏仁味的。烘焙师和咖啡师每天都在训练自己的味觉，他们有着敏锐的味觉。除非你以品尝食物为职业，否则你无法像咖啡专业人士那样去品尝咖啡，当然你可以做一些这方面的训练（见第五章）。

值得一提的是，即使你对包装上罗列的风味都具有品鉴能力，也不代表咖啡喝起来就一定像那些味道，因为咖啡的风味很微妙——有一次我喝到一杯埃塞俄比亚咖啡，感觉就像在喝液态的蓝莓松饼。通常咖啡的味道要比这微妙得多，特别是咖啡里永远会夹杂一丝苦味。

换句话说，你不必试图在家冲煮出包装上列出的风味。你应该将风味描述作为指引，引导你认知更广泛的咖啡风味的类别，比如泥土味、果味、花香和甜味。如果你确定自己不喜欢水果味的咖啡，下次就不要购买包装的风味描述中有"核果味"的咖啡。如果你喜欢吃甜食，那么可以留意有"牛奶巧克力""牛轧糖"这类风味描述的咖啡。

我想强调，风味描述还是有用的，它比烘焙度更能让你了解咖啡的味道，所以我建议你不要忽略风味描述。然而从消费者的角度看，必须承认，大多数烘焙商未能与消费者在风味方面进行良好沟通。这也是有原因的。总体而言，烘焙商面对的更多是行业内人士而不是个体消费者，因为他们的咖啡通常用于批发给咖啡馆这种专业机构。但随着越来越多对咖啡感兴趣的人开始自己购买豆子在家冲煮，我认为包装上使用的语言需要变得更易于理解，让人们在谈论味道的时候可以使用更加通用的语言。

一些烘焙商为了更好地与消费者沟通，已经在重新审视包装上的信息。例如，圣路易斯市的蓝图咖啡（Blueprint Coffee）用一张易于阅读的表格向消费者展示咖啡的醇厚度、甜度和亮度（酸度）。

认证

　　咖啡和许多商品一样，常在包装上附有认证标志。认证标志可能有意义，也可能没意义。我把话说在前面，你不应该仅仅凭一袋咖啡在包装上的认证标志而决定是否购买。想了解更多咖啡的信息，最好的方法是与烘焙师或熟悉咖啡豆的咖啡师交流。我建议你自主了解各种认证标志，下面介绍几种基本的认证标志：

· 美国农业部有机认证。它代表咖啡的生产符合美国农业部
　　国家有机计划制定的指导方针，也代表生产商有能力支付
　　认证费用。但它并不一定代表咖啡生产的过程中没有使用
　　任何合成物质，因为美国农业部的国家有机计划有一份允
　　许使用的合成物质清单。没有美国农业部有机认证标志的
　　咖啡也不一定就不是有机的。许多咖啡生产商已经脱离传
　　统种植方法，改为有机种植（毕竟合成化肥价格昂贵），
　　但他们可能没有额外的资金来支付有机认证的费用，将认
　　证贴到包装袋上。烘焙商应该可以为你提供关于咖啡产地
　　以及种植方式的最佳信息。

- **公平贸易**。它可能是最常见的咖啡认证标志之一，也是帮助许多消费者做出购买决定的认证标志之一。起初，公平贸易认证旨在帮助较小的咖啡生产商在竞争激烈的市场中生存。咖啡包装上的公平贸易标签表示咖啡是以公平的市场价格从生产商那里购买的。作为价格公平的交换，咖啡生产商应该遵守某些环境、道德和社会标准（但不要求咖啡是有机种植的）。在美国，公平贸易认证由美国公平贸易组织（Fair Trade USA）管理，2012 年，该组织与国际公平贸易标签组织（Fair-trade Labeling Organizations International）脱离了关系。近年来，美国公平贸易组织由于各种原因而受到抨击。一方面，美国公平贸易组织开始允许大公司获得公平贸易认证，似乎不再倾向于帮助小生产商。另一方面，得到美国公平贸易认证的公平贸易咖啡的最低价格并没有比普通商业咖啡高多少，而且在过去的二十多年里也没有怎么上涨，让人们怀疑公平贸易的价格到底是否公平。此外，批评者认为，人们无法确认额外的钱是否真的能送到生产商手上，而不是被某些腐败集团在半路抽走，因为每笔交易并没有得到多少监管。如前文所述，透明度是第三波咖啡浪潮的一个重要组成部分，因此许多烘焙商直接与生产商交易，从而跳出了公平贸易这个圈子。烘焙商得以支付公平的价格，同时又与生产商建立了关系。然而，他们的咖啡在包装上却没有任何公平贸易标签。不要因为一包咖啡没有公平贸易标签就不买了，和烘焙商聊一聊吧。

- 鸟类友好认证。这一认证由史密森尼迁徙鸟类中心（Smithsonian Migratory Bird Center）开发，与在阴凉环境中生长的咖啡有关。要获得这一认证，咖啡生产商必须满足一定的关于农场遮阴率、树高以及种植树种多样性的要求，此外，他们的咖啡必须经过有机认证。鸟儿和咖啡有什么关系？为咖啡种植园让路而砍伐森林的情况并不少见。这种做法减少了对候鸟生态系统而言至关重要的栖息地。在咖啡地上保留天然树荫有助于让鸟类重新找到避风港，还有助于减少水的浪费，保持土壤健康，并生产更美味的咖啡。没错，除了对鸟类友好，在阴凉环境中生长的咖啡也具有备受推崇的特质。阴凉环境类似于高海拔地区，可以使咖啡生长得更慢，从而增加豆中的营养成分（如糖）。它无疑是一项令人尊重的认证（尤其是认证费用将用于候鸟研究），但也有很多有机遮阴种植的生产商没有申请这一认证。

· 雨林联盟。该认证来自雨林联盟（Rainforest Alliance），
  它要求生产商遵守与环境、生态以及劳工相关的多项规
  定。获得这一认证不需要有机种植或在阴凉环境中生长。
  与其他认证不同的是，雨林联盟规定：生产商的咖啡豆中
  只要有 30% 符合条件便可以在包装袋上盖章。这个章也
  会显示其达标比例。

  值得注意的是，咖啡认证能让咖啡生产商在谈判时获得
更好的价格，因此不能低估其价值。认证可以确保一些贫穷
国家的咖啡生产商在售卖咖啡豆时获得更好的价格，帮助他
们维持生计。在咖啡的整个历史中，咖啡种植的行为准则基
本都被忽视了，这是相当值得关注的事情。我在这里主要想
说的是，我们很难通过包装袋来判断袋中的咖啡从生产到进
货的每个环节是否都符合行业标准。

  如果你很想了解咖啡种植和销售的方式，比起包装上的
认证标志，还有一个方法能了解到更多信息，就是向直接贸
易者或烘焙商咨询咖啡的来源。"直接贸易"是烘焙商使用
的术语，意思是烘焙商直接与生产商建立关系，从生产商手

上购买咖啡，也可能会为此支付预购费。在直接交易的情况下，烘焙商可以告诉你咖啡的确切产地和种植方式。然而，直接贸易并不适合所有烘焙商，因为处理物流问题需要时间和技术。相反，许多烘焙商依靠志同道合的进口商购得咖啡豆。事实上，如果没有进口商的帮助，许多小型烘焙商将无法生存。进口商投入大量时间和资源与生产商建立长期关系，有时也帮助生产商提高咖啡豆的品质并发展客户。由此可见，咖啡的直接贸易是件好事，但并非所有进口商都是敛财的奸商。他们是这个行业的重要组成部分。关心行业行为准则的家庭冲煮爱好者也应该了解为烘焙商提供服务的进口商！

保存

为了让刚买的咖啡尽量保持新鲜，合理的保存方式很重要。最好把咖啡当作一种调味料：要买新鲜的和完整的。香料在使用前也经常先经过烘干处理，但烘干的香料不建议长期存放，因为烘干会加速老化。咖啡在本质上也是一种烘干的香料，它会比大多数香料更快失去风味（所以我建议你一次只购买一周内能喝完的量）。大多数喝咖啡的人会建议你像保存香料那样把咖啡放在密封的容器里，置于阴凉、避光、干燥处。空气、热量、光照和湿气都会加速老化过程。我和安德烈亚斯发现，每次使用咖啡之后，尽可能排掉包装袋里的空气，咖啡就可以很好地存储在袋子里。很多人会把咖啡豆转移到罐子里，但我个人还是喜欢放在袋子里，因为你不能把多余的空气从罐子里排出去。而且袋子是不透明的，因此豆子不会暴露在光线下。大多数袋子都有一个单向排气阀，这个实用的小发明大大延长了咖啡豆的寿命。

你可能觉得咖啡不会接触到厨房的湿气，但事实上它会。确保你的咖啡远离水和水蒸气（通常来自炉子、电水壶、散热器、冲煮器具、加湿器、洗碗机，还有开着的窗户）。在某些气候环境中，湿度也是一个问题。

可能有人会建议你把咖啡放进冰箱里冷藏保鲜，这个建议糟透了，将豆子放在冰箱里冷藏和放在橱柜里没什么两样。而且放在冰箱里存在一种风险：冰箱异味。咖啡豆会像海绵一样吸味。所以别冒险了。

将豆子放进冰箱里冷冻保存的做法则备受争议。有些人认为冷冻根本不能延长咖啡的保质期，有些人信誓旦旦地说，真空、极低的温度可以延长保质期（对大多数家庭冲煮者来说不太实际）。有几项研究表明，及时冷冻非常新鲜的咖啡确实能延长咖啡的保质期，有人说保鲜时间长达八周，因此值得一试。我和安德烈亚斯曾随便地把豆子放在冰箱里冷冻，想看看会发生什么。至于冷冻会让咖啡豆保持高度新鲜这一点，我并没有什么信心（我们曾经对冷冻了一段时间的豆子感到惊喜，但我认为这是因为豆子本身的甜度很高），但它肯定不会对豆子的味道产生负面影响。研究表明，冷冻过的咖啡豆可以研磨得更均匀，从而提高萃取率，我们对这一点更加信服。所以所谓"冷冻过的豆子能带来令人愉悦的风味"这一说法，实际上可能是更易研磨和萃取带来的效果，而不是因为冷冻达到了保鲜的目的。

CHAPTER 5

第五章　风味

人们对咖啡的热爱仿佛是一座围城，请记住这一点。对咖啡不同风味的分析与追求筑起了高高的城墙，城里的人想冲出来，城外的人想冲进去。

我们都知道，经过烘焙的咖啡豆里有 900~1000 种经科学鉴定的风味分子。它们之间的各种组合可以产生无限种风味。对普通的咖啡饮用者而言，这些风味并不能立刻呈现，咖啡喝起来仅仅是咖啡。当你品尝到喜欢的风味时，你知道"就是它了"，这就像获得一笔意外之财般惊喜。你不需要知道这是为什么，只需好好享受这杯咖啡。

如果你喝了足够多不同种类的咖啡，在不知不觉中，你就会开始知道它们之间的差异了。你不需要具备品酒师或者科学家的技能，也不需要进行任何学习。人类的味觉和嗅觉非常敏锐，数百万年的进化使人类具备区分各种味道和质地的能力。品尝的味道越多，你的味觉自然就变得越细腻，越能分辨出自己喜欢什么和不喜欢什么，这一点非常重要。

如果想尝试做出一杯最适合你的咖啡（或者选出你最喜爱的一包咖啡豆），初步了解咖啡的各种味道会对你有所帮助。咖啡里有五种基本味道：酸、甜、苦、咸、鲜。咸和鲜这两种味道不经常在咖啡中呈现。在这一章，我将重点介绍前三种，并将触觉和嗅觉融入其中，以解释味道如何产生，从而给想要改善咖啡口味的你提供一些小建议。

酸和感知的酸

提到咖啡的酸味时，人们常常会误解。你想到的酸可能是尖锐的、刺鼻的、令人不愉悦的味道，就像纯柠檬汁那样。但对于咖啡而言，酸是一种令人欢喜的特质。在一杯均衡感良好的咖啡里，酸味让咖啡尝起来像咬了一口苹果：带有果味、多汁、明亮、活泼、清爽。咖啡从业者会用这些词来描述一杯咖啡中存在的三十多种酸的微妙味道和感觉。事实上咖啡中的酸有点儿抽象，因为它不涉及 pH 值，是你在感受酸味时的一种感觉。这就是为什么你会听到人们用那么多诗意的词语来描述咖啡的酸。

至于不同的酸是如何影响咖啡风味的，科学并没有给出所有答案，但也足够得出结论：并不是所有的酸都是好的（不是所有的酸都有助于你体会酸的感觉）。真正能带来愉悦感的，是不同的酸和其他风味化合物的组合与平衡，即酸与你能感受到的其他风味的对比。总体而言，相对于容易感知的甜味，酸味的出现使一杯咖啡不再平淡无奇（见 245

页）。了解这种组合的一种方法是用自制的沙拉调料进行比较。比如说，将柠檬汁和橄榄油在适当比例下调和，其口感会远远好过纯柠檬汁或纯橄榄油。以下是在咖啡中发现的一些重要的酸，以及专业人士认为它们会对风味产生的影响：

- 绿原酸。烘焙过的咖啡中大部分的有机酸由绿原酸组成（它实际上是一组酸，而不是单个酸的名称）。绿原酸在很大程度上可以让一杯咖啡呈现可感知的酸味，这是一种令人愉悦的、突出的品质。咖啡豆烘焙的时间越长，绿原酸就被破坏得越多，因此烘焙时间短的咖啡比烘焙时间长的咖啡更"明亮"。

- 柠檬酸。在烘焙过的咖啡中第二普遍的有机酸。实际上它是咖啡植物自己生产出来的，而不是在烘焙过程中产生的（但烘焙会降低它的品质）。咖啡中的柠檬酸与柑橘类水果中的柠檬酸相同。跟你想的一样，它确实会带来柑橘类的风味，比如橙子和柠檬味（当磷酸呈现的时候也会有葡萄柚味）。柠檬酸会增强咖啡的酸感，但浓度过高时，这种酸感可能会让人不悦。

- 苹果酸。据说这种甜而脆的酸能带来核果（如桃子和李子）的味道，以及梨和苹果的味道。事实上，这种类型的酸在苹果中含量很高，一些咖啡饮用者会觉得这种酸味很熟悉，比别的酸味更容易辨别出来。

- 奎宁酸。奎宁酸是绿原酸在烘焙过程中分解而形成的。因此，它在深烘咖啡中的浓度高于浅烘咖啡。这种酸能提升咖啡的醇厚度和能感觉到的苦味，也会给咖啡带来涩感。如果将冲煮好的咖啡放在一边，奎宁酸会在咖啡中持续形成，所以在加热器上放了几个小时（不要这样做）的咖啡会很苦涩。不新鲜的咖啡比新鲜咖啡中的奎宁酸含量高。

- 咖啡酸。绿原酸分解时也会形成这种酸（与咖啡因无关）。它在咖啡中的含量很低，但人们认为它会引发涩味。

- 磷酸。人们认为这种无机酸比其他大多数酸要甜。当磷酸与强烈的柑橘味混合时，会变成葡萄柚或杧果的味道。它还可以为咖啡添加可乐的味道，并可能会提升一杯咖啡总体的酸度。

· 醋酸。醋酸是醋含有的主要的酸，浓度高时会给咖啡带来令人不愉悦的发酵味。然而如果达到适当的平衡，它能提供酸橙味和甜味。烘焙时间较短时，生豆中的醋酸浓度可以增加 25%，但如果继续烘焙，浓度就会下降。

生长在高海拔地区或富含矿物质的土壤以及火山土壤中的咖啡通常含有更多酸性物质。此外，经过水洗处理法的咖啡一般会比经过日晒处理法的酸性更强，这可能是因为日晒会增加咖啡的醇厚度，而醇厚度往往会降低人对酸度的

品鉴提示

你是不是很难品鉴出咖啡中的酸？大家都是这样。试着品尝一些你知道的酸的东西，例如柠檬。密切关注你的嘴巴感受酸味的过程以及嘴巴的不同部分对酸味的感知。然后再喝口咖啡，看看嘴巴是否也有同样的感受。喝一小口咖啡，把它含在嘴里，转动一下舌头，然后再喝下去，这样也会有帮助。每个人的感受不一样，于我而言，咖啡里的酸会带来留存于舌尖的涩感，以及口腔内侧溢出口水的感觉，与我喝橙汁时的感觉一样。

对酸的爱

酸味是很多咖啡专业人士非常看重的一个特征。可以肯定地说，专业人士比一般咖啡爱好者更喜欢酸味重的咖啡。被咖啡师称为"平衡"的一杯咖啡，你可能会接受不了。我个人喜欢带一些酸味的咖啡。这是一种需要慢慢培养的品味，不是天生的，你不必因为不喜欢酸而感到尴尬。大部分咖啡，特别是日晒处理的咖啡和在低海拔地区种植的咖啡，并没有那么明显的酸味。如果你不喜欢酸味，可以寻找风味描述与巧克力、焦糖和花相关的咖啡，避开与水果相关的，尤其是与柑橘类水果相关的咖啡。

感知。

有些人觉得咖啡对胃刺激太大，容易引起胃酸倒流。应该注意的是，咖啡并不全是酸的，不管咖啡里的酸性物质如何组合，咖啡的 pH 值通常在 5 左右。从某些角度看，纯水的 pH 值是 7（中性），唾液的 pH 值是 6，橙汁的 pH 值是 3。然而又有研究证据表明，咖啡中的绿原酸会增加咖啡饮用者的胃酸含量，从而引发胃酸回流。根据 2005 年的《烘焙》上的一篇文章，200 毫克的绿原酸就会增加胃酸分泌

（就一杯普通的咖啡而言，其绿原酸的含量在 15~325 毫克之间）。有朋友分享过一些经历，表示浅烘咖啡比深烘咖啡更容易影响他们的胃，为这一结论提供了一些支持。

（感知的）甜味

谈到咖啡时，甜味是一种违反直觉的概念。咖啡在客观上是苦的，否则就不会有那么多人在日常冲煮时放糖了。然而我们又经常在咖啡的包装袋上看到巧克力、草莓、焦糖和其他与甜味有关的、形容口感的词语。当咖啡爱好者谈论甜味时，他们谈论的不是添加的糖，更不是谈论咖啡豆中天然存在的蔗糖。包装上描述的巧克力味不是指咖啡中添加了巧克力，而是意味着咖啡中混合的风味分子会给你的舌头留下巧克力风味的印象。

如前所述，阿拉比卡生豆中含有一定量的糖（不是白糖，而是蔗糖和葡萄糖等化合物），但它所占的比例比其他成分要低，而且大部分会在烘焙过程中被破坏。因此，咖啡永远是一种苦涩的饮品，永远不会像热巧克力那样甜。然而咖啡有一种微妙的、可感知的甜味，这是基于其风味化合物的平衡。咖啡的风味也可能被甜味所影响，例如，甜味可以让咖啡里的一些酸呈现出红苹果的风味。

影响咖啡好坏的因素很多，但到底是什么产生了甜味，目前并没有答案。有些人认为是甜味芳香分子、烘焙时稍许焦糖化的糖以及微量的天然糖为咖啡带来了甜味。有些人认为咖啡中能真实感知的甜味是由香味化合物引起的，这些化合物正好让我们想到甜的东西（例如草莓）。有些人认为较重的口感可以带来或增强甜味。

对品鉴新手来说，甜味是难以捉摸的。甜味显然是很微妙的，但你品尝的咖啡越多，就越容易辨别出来。

苦味

咖啡本质上是苦的，很多人认为咖啡苦，所以觉得咖啡不好喝，甚至拒绝饮用。根据我的经验，人们说咖啡太苦的时候并不是真的觉得苦，而是因为咖啡太酸了，或是不够可口而让口腔干涩。

尽管如此，人类的舌头天生对苦味非常敏感（可能是为了自我保护，因为许多有毒物质是苦的），所以将其妖魔化是可以理解的。事实上，苦味在定义上就是令人不愉悦的。无论是单一的苦味还是复合的苦味都让人不愿接受。但是与其他风味元素（如甜味和酸味）相比，苦味会增加咖啡的特征和复杂性。苦味也能平衡酸味，在一杯平衡感良好的咖啡里，苦味发挥着重要的作用。有几种因素会给咖啡带来苦味，其中包括：

· 奎宁酸（见 243 页）
· 葫芦巴碱（一种苦味植物生物碱）
· 糠醇
· 咖啡因
· 二氧化碳（见 054 页）

　　烘焙时间长的咖啡比烘焙时间短的咖啡苦味更重。这是因为随着烘焙时间的延长，咖啡会持续产生奎宁酸。除此之外，烘焙时间相对较短的咖啡中含有的可溶性固体较少（酸味和香气也更多），所以烘焙时间短的咖啡通常没有那么苦。

　　许多苦味化合物的萃取时间比甜味和酸味化合物要长，然而，苦味对我们的感觉来说十分强烈，一有机会，苦味化合物就会很快在整杯咖啡的味道中占据主导地位。苦味也是萃取过度的一个迹象。还有一点很重要：不管在什么条件下，罗布斯塔咖啡都比阿拉比卡咖啡苦。

口感

很多人认为口感这个词太精英化，但我认为这个词很实用。它描述了咖啡在你嘴里时的感觉——还能用什么词去形容呢？品尝咖啡时有什么感觉吗？当然有，如果你细心分辨，能感受到咖啡有分量、质地和黏稠感。口感不是五种基础味道（酸、甜、苦、咸、鲜）之一，但确实对体验一杯咖啡有帮助，甚至可能会发挥魔力，影响某些味道。理解口感的一种方法是将其分解为醇厚度、油脂和涩感。

醇厚度

从技术上说，醇厚度是对浓度的描述（见 024 页），如果你还记得，浓度是指溶解在咖啡中的固体总量所占的比重。浓咖啡让人感觉浓稠或浑浊，会在舌头上留下一种包裹感。淡咖啡几乎跟水一样，很稀薄，舌头上几乎没有任何感觉。如果不溶性颗粒（例如细粉）在冲煮过程中没有被过滤掉，就会影响醇厚度，让醇厚度变得更高。有人用各种各样的牛奶来描述醇厚度，因为两者有点类似：全脂牛奶的口感类似醇厚度较高的咖啡，而脱脂牛奶的口感就像醇厚度低的咖啡。

说到对醇厚度的描述，厚和薄都带有负面含义——仿佛意味着冲煮过程中出现了问题。专业人士用另外两个词来形容醇厚度："重"和"轻"。相信我，重和轻听起来可能跟厚和薄一样都不太恰当，但在描述醇厚度的时候，这两组词没什么差别。

原产地和加工处理方式会强烈地影响一杯咖啡的醇厚度。这意味着不同类型的咖啡在醇厚度上存在天然的差别。例如，苏门答腊咖啡厚重，而墨西哥咖啡轻薄。日晒处理的咖啡（见 186 页）比水洗处理的咖啡醇厚度更突出。厚重、轻薄或介于两者之间都可以是理想状态，取决于咖啡本身。这就是为什么咖啡专业人士需要以一种中立的方式来谈论醇厚度。在测评咖啡时，专业人士并不根据常见的标准来评判好坏，而是看咖啡是否呈现出本应具备的醇厚度。因此，如果一种日晒咖啡本应具备很高的醇厚度，却呈现低醇厚度，那么这杯咖啡就会被认为有瑕疵。

一些专业人士认为，醇厚度有另一个隐藏的好处，即可

滤网如何影响醇厚度

"浓度"测量的是咖啡中的可溶性固体所占的比重，而不是前面提到的不溶性固体，不过这两者都会影响醇厚度。一杯用滤纸冲煮的咖啡能过滤掉不溶性固体，一杯用金属滤网冲煮的咖啡则无法过滤太多不溶性固体。这两杯咖啡的浓度可能是一样的，但金属滤网过滤的那杯咖啡的醇厚度会更高，因为里面的不溶性固体更多。

以影响我们感知风味的方式。例如，醇厚度可能有助于感受咖啡中的甜味。同样，醇厚度也可以帮助平衡酸味。我建议你尝试不同的咖啡和不同的冲煮方法来找到你喜欢的醇厚度。一个简单的测试方法是对比用法压壶和用滤杯冲煮的咖啡。用法压壶冲煮的咖啡往往醇厚度更高，因为法压壶的滤网无法将沉淀物滤除。

油脂

　　脂质（脂肪、油和蜡）也会影响咖啡在舌头上的感觉。一杯咖啡中的脂类含量与咖啡豆种直接相关。阿拉比卡豆的脂类含量比罗布斯塔豆高 60%。与咖啡中其他的化合物不同，咖啡豆烘焙后其脂类含量几乎没有变化。然而，咖啡豆中大量的油被截留在坚固的细胞壁里面，随着细胞壁在烘烤过程中破裂，豆油会自由逸出，使咖啡豆的外部看起来泛着油光。

根据我的经验，仅仅靠咖啡豆表面的油并不能明显增加咖啡的油脂。油脂的多少取决于你用哪款滤网（见068页）。滤纸截留了大部分咖啡油脂，所以不会有太多油脂滴滤到最后的咖啡里。滤布也能截留大量的油，但不如滤纸多。金属滤网能让大部分油脂通过。咖啡里的油脂越多，咖啡在舌头上的感觉就越浓，越有"黄油感"。

涩味

涩味是描述口腔很干或起皱的感觉的术语。很多人把这种感觉误认为是苦味。事实上，当你尝到涩味的时候，是某些分子停留在你的舌头上，让你感觉干涩。你可能更熟悉红酒和茶中的涩味，那是由多酚类化合物带来的（单宁酸是茶叶和酒中很容易被识别的多酚类化合物）。咖啡中也含有多酚类物质，会给咖啡带来涩感。经常给咖啡带来涩味的两种多酚类化合物是绿原酸（见242页）和二咖啡酰奎宁酸。咖啡因也会引发涩味。咖啡中过多的涩味会令人不悦，也是萃取过度的一个迹象。

香气

啊，刚冲煮出来的咖啡太独特了！简直就是我的最爱！甚至很多不喜欢喝咖啡的人都想投入咖啡香气那温暖宜人的怀抱中。香气与味道相对应，它对咖啡的风味至关重要。没有香气就没有味道。鼻塞的人可以证明，我们的嗅觉和味觉有千丝万缕的联系，这意味着香气在咖啡的特性中起重要作用。

香气不仅仅是你俯身对一杯热气腾腾的咖啡吸气时闻到的味道。当你品尝咖啡（或任何东西）的味道时，鼻后的嗅觉非常重要。鼻塞会影响你对气味的获取，所以感冒时你会感觉食物味道寡淡。当你喝下一口咖啡时，成千上万种挥发性芳香物质会在你的嘴里蹦蹦跳跳，进入你的喉咙后部和鼻子。一旦嗅觉系统感知到咖啡的香气、味道及口感，大脑就会区分并识别出不同的风味了。

你可能会发现，咖啡专业人士在品尝咖啡时经常会啜吸，这是为了将咖啡液体雾化，让咖啡瞬间席卷所有味蕾并进入鼻腔。（如果不啜吸，咖啡也会接触舌头的前部，然后在下咽过程中接触后部。）喝咖啡的时候一定要啜吸吗？不用，但尝试一下也很有趣。

专业咖啡师经常接受培训，以辨别咖啡不同阶段的味道：从刚磨完的咖啡粉到喝完一杯咖啡。各阶段的味道有着细微差别。在给员工和批发商客户做培训时，安德烈亚斯会使用一种叫"咖啡鼻子"（也叫咖啡闻香瓶，Le Nez du café）的产品，该产品包含 36 个有着不同香味的无标记小瓶，都是咖啡中存在的香味。使用方法是让你闻每一个瓶子的味道，并尝试识别这种香味。闻香瓶的目的是向你介绍咖啡中最常见的香味，并训练你的鼻子识别出这些香味。这是什么原理？如果咖啡里的那些味道你以前从未闻过或尝过，你就会很难辨别出来。我尝试过闻香瓶，但我只能正确地识别出几种气味，那些都是我平时经常接触的味道。

香气是由挥发性芳香物质决定的，其实已有 800 多种芳香物质在咖啡中被鉴定出来。虽然不是所有芳香分子都能产生独特的咖啡香味，但以下几类物质及反应可以帮助你了解咖啡的香味来自哪里：

· 酶。这些香味源自咖啡植物本身，通常被描述为花香、果香或草本植物香。这完全说得通，因为咖啡豆从本质上来说就是水果的种子。

· 褐变。褐变的香味是美拉德反应（见190页）和焦糖化的结果，这两种反应都在烘焙过程中发生，产生的香味与烘烤面包的香味一样，主要是一些被描述为坚果、焦糖、巧克力或麦芽等甜味的香气，它们会给咖啡带来甜感。

· 干馏。如果咖啡豆烘焙的时间很长，部分咖啡豆实际上就开始焦化了。与焦化相关的香味通常被描述为木材、丁香、胡椒或烟草的味道。毫无疑问，豆子烘焙得越久，这些香味就越明显。

　　咖啡豆的生长环境、处理方式和烘焙方式都会影响芳香物质在咖啡里的呈现，而且不存在正确或错误的组合。值得强调的是，咖啡的芳香物质是挥发性物质，在室温下会很快消失，这也是咖啡很容易变质的主要原因。

如何测评风味

风味结合了香气和味道。这两种感觉联系如此紧密，以至于我们很难区分味道是尝出来的还是闻出来的。咖啡的神奇之处在于，这么简单的种子会因品种的不同而富含不同层次和类型的香气。大多数咖啡爱好者对第一次啜饮到令人吃惊的咖啡都有深刻、详细的记忆。这是咖啡饮用者的人生中一次奇妙的经历。对安德烈亚斯来说，那是在 2010 年，他在美国中西部一家连锁咖啡馆工作的时候，品尝了一种咖啡馆的特饮，尝起来就像 Cap'n Crunch Crunch 品牌的覆盆子麦片。对我们许多人来说，这样的经历可能会永生难忘，而且我们期待情景再现。然而咖啡中的许多味道都很微妙且难以捉摸，以至于我们会怀疑它们的存在。你说咖啡里有黑莓和豆蔻的味道？我不信。

风味可能是一个有争议的话题，深奥的风味注释经常在咖啡师和顾客之间筑起一道墙。但味道不是一种客观的事物，它取决于很多因素，包括遗传和个人经历。我们的基因影响着我们的味觉，比如一些人对苦味更加敏感，一些人认为香菜吃起来像肥皂。有些人甚至拥有更多味蕾，他们对味道更敏感。也许就咖啡而言，对我们来说最重要的是味觉记忆。举例来说，如果你从未吃过黑李子，你就很难在咖啡中辨别出那种味道。当安德烈亚斯在咖啡中品尝到一种水果味或含糖的谷物味时，他尝到的可能是蓝莓的味道。然而，由于他对覆盆子麦片很熟悉，所以他就觉得那是覆盆子麦片味。

显然，喝咖啡并不要求你一定要能辨别风味。如果你经常喝咖啡，你很可能会对某些口味产生偏好。不必刻意参考他人的风味描述，根据自己的识别体系识别，这就够了。但如果你真的想学习如何有意识地品尝咖啡，那就需要练习了。味觉是可训练的，可以通过训练变得更加敏感。你品尝过和闻过的东西越多，在咖啡中发现它的可能性就越大。还记得我是如何辨别出我最熟悉的那几种咖啡香味的吗？一般来说，你对某些味道和气味越熟悉，就越容易在咖啡里发现它们的细微变化。咖啡师和咖啡专业人士比我们有优势，因为他们每天会花好几个小时品尝咖啡。不仅如此，他们还花费很多时间比较不同的咖啡。如果你也有多种咖啡可以比较，那么辨别咖啡里的这些风味就容易多了。

当然，能辨识出咖啡里的风味，与能准确地描述风味是两回事。我们又回到了沟通障碍这个问题上。如果我说这杯咖啡让我想起我奶奶的地下室，别人是无法理解的。这种语言的鸿沟一直存在于烘焙商和消费者之间。我见过烘焙师使用一些很奇特的风味描述，像异想天开的"秋风"或者令人迷惑的"花生脆"。这些都会让顾客很困惑，因为他们不知道秋风应该是什么味道的，或者会因为咖啡喝起来没有甜点的味道而失望。很多时候，风味描述既不能代表所描述的内容，也没有描述出实际的风味，反而让消费者一开始就把预期摆在了错误的位置上。

因此，我很欣赏精品咖啡协会最近改进的咖啡风味轮，它为咖啡专业人士、科学家和咖啡爱好者提供了一种描述咖啡味道和香气的标准化语言。2016年初，精品咖啡协会自1995年以来首次更新了咖啡风味轮，以应对越来越多的感官科学研究。这些新术语与世界咖啡研究所和堪萨斯州立大学感官分析中心开发的感官词语一致，取代了过去几十年的术语，没有涉足咖啡行业的人也看得懂。这些感官词语为咖啡风味轮上的风味描述（科学家称为味道属性）和香气提供了客观参考，任何人都可以在家里使用，以改善自己的味觉和嗅觉记忆。

首先，风味轮可以让烘焙商和消费者在同一个频道上谈论风味。理论上，烘焙商应该使用新版风味轮里的词语替换包装上那些模糊不清或有误导性的风味描述。咖啡的风味描述应该可以实现标准化，如果两种不同的咖啡的风味描述都有"葡萄干"，那就应该都有葡萄干的味道，大家可以按照统一标准衡量。这听起来显而易见，但无论在咖啡专业人士中还是在消费者与烘焙商之间，风味描述都还没有达到这种程度的一致性。并非所有烘焙商都使用风味轮，因此沟通障碍依然存在。但风味轮代表了一种理想状态：在这个世界里，任何风味描述对每个人来说含义都是一样的。

我应该指出，使用标准化语言来描述风味的咖啡专业人士在盲测同一杯咖啡时，每个人都会做出同样的风味描述。我绝对不是在暗示风味描述是虚构的或者别的什么，只是说我们没有谈论风味的通用语言。在这一方面，葡萄酒行业比咖啡行业领先很多。侍酒师经过培训后，能够辨别出葡萄酒的特征，并且用大家都能立刻理解的方式与其他专业人士交流。

新版的咖啡风味轮可以帮助消费者谈论咖啡的风味。对家庭咖啡冲煮者来说，它能很好地帮助大家有意识地辨别和解释咖啡中的风味，因为它提供了仅靠印象来描述实际风味所需的语言。比如我之前举过的例子：咖啡尝起来像我奶奶的地下室，我可以在风味轮中找到大家都能理解的词语，例如"发霉"和"陈腐味"。它能将我的个人描述（奶奶的地下室）变成大家都能理解和讨论的风味描述（发霉），而咖啡的乐趣之一就是与其他爱好者一起谈论它。

第一次使用咖啡风味轮之前，先熟悉一下它，从中间范围最广的类别开始，往外延伸到最边缘的详细描述项。然后，有目的地闻闻或品尝咖啡。你可以试着在冲煮的每个阶段都品尝一下：研磨咖啡豆后、冲煮中、冲煮完成后。品尝时转动舌头，看看是否能品尝出特定的风味。

如果你闻到或尝到了一些熟悉的味道，但无法在风味轮里找到它们，就继续用风味轮引导自己。同样，从中心类别开始寻找。问自己："这味道像香料吗？"或者"闻起来甜吗？"注意自己的第一印象，即使看起来意义不大。如果你喜欢吃含糖的谷物，你可能会把它和甜味或果味联系在一起，或者两者兼而有之。一旦你确认了一种风味或香气，再次仔细品尝，检查一下。

在本书中，风味轮为棕色（见 262~263 页图 5.1），但是按照原版风味轮的设计，人们可以用颜色来辨别风味。风味轮的设计者通过研究，将每种味道和最常见的颜色相匹配。所以如果你找不到合适的词，但是咖啡风味让你联想起绿色的东西，那么这种风味可能属于植物类。风味轮使咖啡

欢迎来到风味之乡

如果你真的对品尝咖啡很感兴趣，你会接触到感官词典，咖啡风味轮就是以此为依据的。它列出了所有能定义而且有参考价值的风味属性，这些属性标识了你在现实生活中能品尝到或闻到的东西，以微调你的味觉。

风味能以尽可能具体的方式来展示。风味轮是层层排列的，你可以尝试从内向外来寻找越来越具体的风味和香气。

再次使用风味轮的时候，你可能会注意到风味属性之间的间隙有大有小。这些间隙与颜色一样实用。间隙小代表两种风味密切相关，例如葡萄干和李子；间隙大则代表两种风味没有什么关系，例如花生和丁香。

咖啡风味轮是一样很美好的东西，如果烘焙师需要在包装上填写风味描述，就应该使用风味轮上的词语，方便咖啡爱好者了解风味。但是你不用觉得必须要使用风味轮。如果用了风味轮也找不到咖啡中的风味，那就放弃吧，真的，没人会在乎。喝咖啡应该是一种享受，强迫大脑去寻找没有感觉到的味道，对我来说徒劳又无趣。

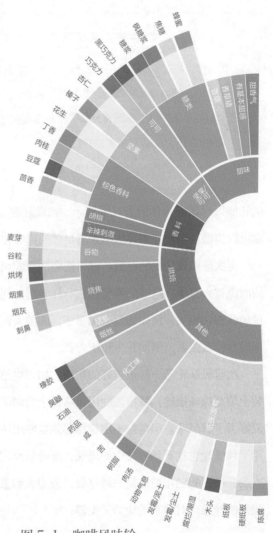

图 5.1 咖啡风味轮

咖啡风味轮基于世界咖啡研究所开发的感官词典创建，经许可使用。精品咖啡协会和世界咖啡研究所保留所有权利。可在 https://SCA.coffee 上找到彩色版本。

咖啡品尝聚会

和朋友一起锻炼你的咖啡品鉴技巧会很有趣。如果你和喝咖啡的小伙伴在休闲放松的环境中玩得开心，那你可能会更喜欢这杯咖啡。准备咖啡品尝聚会之前，可以选择两种或两种以上的咖啡来品尝、比较。不过要知道，你需要在同一时间完成全部冲煮过程，所以一时将忙得不可开交（绝对是经验之谈）。应该选择哪两种咖啡呢？一种水洗和一种日晒是经典搭配，你也可以选择两种不同产地的咖啡，或同一产地不同烘焙度的咖啡、不同烘焙商的咖啡、不同处理方式的咖啡。你可以有无数种选择和搭配。

确保有一个或两个足够大的器具来为客人冲煮咖啡。冲煮两壶咖啡的时候，需要用到保温瓶。关键是要同时品尝两

提 示

如果你不想浪费时间冲煮咖啡，可以到精品咖啡馆买两款冲煮好的咖啡，分别装在保温瓶里，直到客人到来。也许这样的建议不应该在一本关于手工制作咖啡的书里看到，但这种练习的目的是学习如何区分口味，而不是如何冲泡咖啡。

种咖啡，这比依靠记忆进行比较的误差更小。此外，一定要科学地挑选搭配咖啡的甜点。我的意思是，咖啡与甜甜圈般配是有原因的。如果你想不受干扰地品尝咖啡，就先品尝两种咖啡，再吃甜点，因为甜点绝对会影响咖啡的味道。在吃甜甜圈之前和之后喝一口咖啡，都是非常令人兴奋的事情。

如果你想写下你的想法，可以使用 268 页的咖啡品鉴表（表 5.1）作为模板。对咖啡进行四次品尝，每次只关注咖啡四种特征（醇厚度、甜味、酸味、风味描述）中的一种。醇厚度、甜味和酸味共同决定了一杯咖啡的平衡度（咖啡总是苦的，所以就不用特意去品尝苦味了。但如果这杯咖啡太苦，除了苦味就没有别的味道，那这杯咖啡很可能萃取过度了）。每种特征都会影响咖啡的口味。这里是一个有用的建议：两杯咖啡分别喝一小口，这一轮只对比同一项特征。然后下一轮再比较另一项特征。喝第一杯的时候，你可能没有留意到任何甜味，可是喝第二杯的时候，你会发现其中一杯比另一杯更甜。直觉反应通常是最好的反应。记住，如果你在某个类别里找不到任何东西，不用强求，继续寻找下一个。

以下是每一轮比较的分解过程：

· 醇厚度。喝第一口的时候，只关注你嘴里的感觉。把咖啡含在嘴里，舌头四处移动。它的稠度更像水还是更像全脂牛奶？舌头能感到浓郁感吗？有颗粒感吗？尝起来像黄油吗？像奶油吗？咖啡在你的舌头和两颊内壁留下了一层涂层，还是嘴里感觉很干净？口腔里有任何部位觉得很干或起皱吗？

- 甜味。品尝甜味之前，先闻一下咖啡诱人的香气，让香气包围你。想想甜的味道及其各种变化：水果、糖浆、焦糖、熟的胡萝卜、葡萄酒、巧克力、坚果。现在喝一口咖啡，移动舌头。咖啡里有什么让你想起甜味的东西吗？甜味通常与风味有关，而不是真正的甜感。咖啡中的甜味很微妙，不是糖带来的。咖啡中天然的苦味会让甜味更加难以辨别。甜味像是偷偷潜入的。例如，如果你对这杯咖啡的第一反应是"顺滑"，那么它很可能有相当浓的甜味。如果同时品尝两种咖啡，第一种喝起来很刺激、辛辣，而第二种却没有，那么第二种咖啡可能含有更多甜味。

- 酸味。与甜味不同，酸味可能会吓到你，而且很容易察觉。人们经常把酸味误认为苦味，如果想避免这种情况，试试我在 241 页上的提示。酸味通常是一种整体感觉，如果你感觉嘴里的咖啡明亮、多汁、愉悦或刺激，那很可能就是酸味。另一种寻找酸味的方法是和你吃过的酸的食物对比，比如沙拉酱、醋、葡萄酒、苹果或柑橘类水果。然而，咖啡尝起来不应该是酸酸的或不愉悦的。如果是这样的话，这杯咖啡很可能萃取不足。

· 风味描述。在第四轮品尝中，只关注这杯咖啡让你回忆起了什么风味。在这个阶段，交替品尝第一杯咖啡和第二杯咖啡带来的感觉是最有效的。记下脑海中的一切想法，即便听起来很傻。你可能会惊讶地发现，你和小伙伴写下的风味不同，但又互相关联。

表 5.1　咖啡品鉴表

咖啡		
醇厚度		
甜味		
酸味		
风味描述		
总体印象		

CHAPTER 6
第六章 冲煮方法

现在你可能已经意识到，咖啡是一只变化无常的小精灵。当你认为你已经掌握它的时候，它的味道又变了，表现也不一样，或者开始变质了。咖啡很容易受外部因素影响——从天气、水到你的双手。我们的目标是每次都能做出美味的咖啡，否则做咖啡就没有任何意义了。但是，当咖啡的主要成分仿佛一直困在一个黑暗的、不可理喻的、不一致的陷阱中时，你要如何复现美味呢？你需要知道从哪里开始。

本章将介绍第二章提及的十种器具的基本参数和建议使用方法。有些器具有多种使用方法。针对每种冲煮方法，我和安德烈亚斯都使用基本参数对不同种类的咖啡进行了测试，均能稳定获得不错的效果。

· **基本参数。**我和安德烈亚斯为每种冲煮方法提供了基本参数，包括研磨度、冲煮粉水比、水温、时间。你可以用这些参数来改进冲煮效果，比如通过调整粉水比来调整萃取率。但要注意，调整粉水比的同时，其他变量，比如研磨度、冲煮时间，可能也需要调整。

· **水。**大部分冲煮方案使用的不是沸水，而是沸腾后放置了

30 秒到 1 分钟的水。有些方法对具体温度有要求。我还建议你在冲煮方案所需水量的基础上多烧一些水。你可以用额外的水预湿滤纸（我们一直建议这样做），或者在冲煮后用额外的水清洗冲煮器具，这样可以快速、方便地进行清理。

· 研磨度。这一点请参考 037 页的表格。我还列出了我们在测试中使用的 Baratza Virtuoso 磨豆机的研磨度。如果你没有 Baratza Virtuoso 磨豆机，可以尝试在网上找找转换数据——Baratza 不同型号的磨豆机的研磨度不同。研磨度缺乏标准化无疑是当今家庭冲煮中最恼人的事情。可惜我们对此无能为力。要命的研磨度。使用 037 页的研磨度参考图，至少可以找到比较准确的研磨度。

· 配件图标（见图6.1）。每
种冲煮方法我都用图标标
示出这种方法最少需要几
个配件才能做出一杯好喝
的咖啡，是一个配件（刀
盘磨豆机）、两个配件（刀
盘磨豆机和秤）还是三个
配件（刀盘磨豆机、秤和

图6.1　配件图标

鹅颈手冲壶）。这些与109页的信息基本一致，但也有一
些有趣的新发现。我假设每个人家里都有厨房温度计，虽
然它不是家庭冲煮的必需品，但我也列出几个强烈推荐的
使用温度计的方法。另外，计时器是必需的，我习惯用手
机计时。当然，你可以使用整套吧台设备做冲煮，也可以
不使用任何配件。你喜欢怎么搭配就怎么搭配。

· 克数。对于大多数冲煮方法，我都强烈推荐用克作为重量
单位；个别冲煮方法我觉得用什么单位都可以（有标注）。
换句话说，这些冲煮方案大多以克为单位来测量咖啡粉和
水。我相信你们有些人仍然不相信厨房秤具有改变生活的
魔力，所以我也列出了克数换算为美国传统测量单位的结

果，不用谢。请记住，这些测量方法远没有以克为单位的称重测量方法精确。首先，为了计算方便，在某些情况下我只能取个大约的数字。第一章中提到的种种原因，都说明了体积测量无法同重量测量一样精确（见 031 页）。再者，按体积测量的时候，你也很难按粉水比调整冲煮方案。

如果你很好奇，或者想通过自己的知识来创造冲煮方案，我在下一页加入了换算表（表 6.1、表 6.2），方便你在克和美国惯用的单位之间进行换算。同样，所有数字都进行了四舍五入，精确至小数点后两位。如果你习惯用毫升为单位测量水，就不用换算了，因为 1 克水正好等于 1 毫升水。

最后一句建议：我建议你一开始先根据本书提到的注意事项选择一种冲煮器具，并持续使用，直到你掌握它。一旦你充分了解了这种器具的所有特性，冲煮咖啡就会变得越来越容易，做起来越来越有感觉。实际上，即使你像我们一样有一堆冲煮器具，大部分时间你也只会用其中的一两种。愉快地开始冲煮吧！

表6.1 水测量单位换算表

水（液量盎司，美制）	水（克）		水（克）	水（液量盎司，美制）
1	29.57		1	0.03
6	177.42		50	1.7
8	236.56		100	3.4
12	354.84		200	6.8
16	473.12		400	13.5
24	709.68		600	20.3

表6.2 咖啡豆测量单位换算表

咖啡（汤匙）	咖啡（克）		咖啡（克）	咖啡（茶匙/杯）
1	6		2	1茶匙
2	12		6	2茶匙
3	18		24	1/4 杯
4	24		48	1/2 杯
5	30		72	3/4 杯
6	36		96	1杯

法压壶

活塞

壶嘴

冲煮室

滤网

8 分钟法压壶冲煮法

　　大部分咖啡制作指南都会告诉你，用法压壶做咖啡时，只要把水倒进去，静置 5 分钟即可。我以前也是这样做的。多亏认识了旧金山 Wrecking Ball 咖啡店的咖啡师尼克·卓（Nick Cho），我发现用更粗的研磨度、更长的时间（8 分钟以上），就能冲煮出一杯更均衡、更香气四溢的咖啡。因此，我和安德烈亚斯将在这里给大家分别介绍 8 分钟冲煮法和 5 分钟冲煮法。毕竟短时间萃取更适合清晨。

　　8 分钟冲煮法用粗研磨度的咖啡粉会有更好的效果。把磨豆机调到能研磨出均匀的咖啡粉末的最粗研磨度（我们用 Baratza Virtuoso 磨豆机最粗的研磨度来研磨咖啡豆）。

基础参数	研磨机：超粗研磨度（Baratza Virtuoso 研磨度 39）
	粉水比：1：14
	水温：烧开
	冲煮时间：8 分钟

原物料 冲煮出 400 克咖啡	28.5 克新鲜咖啡豆
	400g 水，按实际需要增加

冲煮方法

1. 把水倒入水壶，加热器设置为中高温，把水烧开。

2. 烧水的时候，将计时器设置成 8 分钟倒计时，但不要按开始。将咖啡豆磨到超粗研磨度，倒入法压壶内，摇晃一下壶身，让咖啡粉铺平。把法压壶放到秤上，并把秤清零。

3. 水烧开后将水壶从热源上拿起来。开始计时，快速小心地往法压壶里注入 400 克水。

4. 计时器显示 30~45 秒后，用勺子轻轻地搅动液体，直到大部分粉末沉到底部（上面还会有一些残留粉末）。把柱塞放到容器上，但不要往下压。

5. 当计时器响起时，缓慢轻柔地按下柱塞。这一步很重要。如果你用力压，会造成搅动过大，破坏咖啡的平衡，容易萃取出咖啡豆中苦涩的味道。

6. 立刻饮用，或稍后享用。用剩下的热水清洗器具。

本节的大部分方法都有"停"和"看"的环节。8分钟和5分钟冲煮法都需要一个会鸣叫的计时器，以方便操作。

法压壶的最大优点是可以快速方便地为很多人做咖啡。但请记住，冲煮的咖啡中会有沉淀物，而大部分沉淀物都会沉到底部。如果这一壶咖啡要倒给很多人，那么第一杯的沉淀物会很少，而最后一杯的沉淀物会很多，味道也不一定那么好。为了避免这一点，每次将少量咖啡倒在每个咖啡杯中，分多次将咖啡加满，可让沉淀物均匀分布。

5 分钟法压壶冲煮法

我和安德烈亚斯在家实验时发现，冲煮法的时间如果少于4分钟，就很难做出一杯风味均衡的咖啡。这是因为水没有足够的时间充分渗透粗研磨度的咖啡粉，不能萃取出好的风味。如果你把研磨度调细，水又太容易穿透粉层，从而产生苦涩的味道，让咖啡变得浑浊（不管别人怎么说，你没有必要将就饮用法压壶做出的苦涩、浑浊的咖啡）。所以我们将时间定为5分钟。

除了时间的因素，这种短时间冲煮法和8分钟冲煮法的主要区别在于为了让咖啡的萃取更完整，搅动的手法有所不同。此外，由于冲煮的时间短，就不需要像8分钟冲煮法那样采用超粗研磨度了。

基础参数	研磨机：粗研磨度（Baratza Virtuoso 研磨度 34）
	粉水比：1：16
	水温：烧开
	冲煮时间：5 分钟

原物料	25 克新鲜咖啡豆
冲煮出 400 克咖啡	400g 水，按实际需要增加

冲煮方法

1. 把水倒入水壶，加热器设置到中高温，烧开。

2. 烧水的时候，将计时器设置成 5 分钟倒计时，但不要按开始。将咖啡豆磨到粗研磨度，倒入法压壶内，摇晃一下壶身，让咖啡粉铺平。把法压壶放到秤上，并把秤清零。

3. 水烧开后将水壶从热源上拿起来。开始计时，快速并小心地往法压壶里注入 400 克水。

4. 计时器显示 1 分钟后，轻轻地用勺子画圈来搅拌液体，搅拌 10 次。将柱塞放到容器上，但不要往下压。

5. 等计时器响起时，缓慢而轻柔地压下柱塞，这一步很重要。如果你用力压，会导致不必要的搅动，破坏咖啡的平衡，容易释放出咖啡豆中苦涩的味道。

6. 立刻饮用，或稍后享用。用剩下的热水清洁设备。

冲煮技巧	如果你想知道同一种咖啡用不同方式冲煮时口味会有什么不同,可以将一杯用法压壶冲煮的咖啡和一杯用注水冲煮方式做出来的咖啡进行对比。
	压下柱塞后,容器底部的粉末依然在继续萃取,所以在完成冲煮后,一定要马上将咖啡倒出来。

法压壶冷萃法

冷萃是做出一杯好咖啡最简单的方法之一,这种方法结合了传统冲煮和法压壶的技术特性。安德烈亚斯和我是从《世界咖啡地图》的作者詹姆斯·霍夫曼那儿学到的(尽管他用的是热水冲煮而不是冷萃)。如果你没有法压壶,也可以用任何有盖的罐子。咖啡倒出来的时候,用滤纸替代法压壶的滤网进行过滤。

一份冷萃原液可以稀释成五杯以上的咖啡。你可以根据容器大小,按我提供的比例进行调整。

基础参数	研磨机:中粗研磨(Baratza Virtuoso 研磨度 25)
	粉水比:1∶8
	水温:冷水(冰箱里的水,或者饮用自来水)
	冲煮时间:12 小时

| **原物料** | 96 克新鲜咖啡豆 |
| 冲煮出 600 克原液 | 600 克冷水 |

冲煮方法

1. 将咖啡豆磨到中粗研磨度，倒入法压壶内，摇晃一下壶身，让咖啡粉铺平。加入冷水，插入柱塞，但不要完全压下去，让滤网与底部之间有一定浸泡咖啡粉的空间。将法压壶放入冰箱，将咖啡冷泡 12 小时。

2. 将法压壶从冰箱里拿出来，打开盖子，搅拌三次，直到粉末下沉。静置 5~10 分钟，让大部分细粉沉到容器底部。然后插入柱塞，但不要往下压。只要将它插进去就可以了，让滤网轻轻没过咖啡原液。这不是法压壶的常规操作方式，但往下压的话，会破坏这壶完美的冷泡咖啡，将刚才好不容易沉到底部的细粉搅动起来。这样做的目的是不让咖啡粉通过滤网，避免继续萃取。

3. 将冷泡原液轻轻倒入另一个容器里。享用时，按照 1：1 的比例，以冷水稀释原液。咖啡原液可以在密封容器里冷藏 1~2 周。

爱乐压

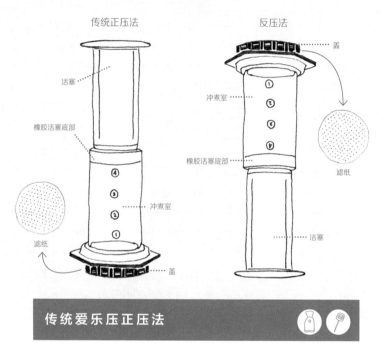

传统正压法

活塞

橡胶活塞底部

④

③

冲煮室

②

①

滤纸

盖

反压法

盖

冲煮室

①

②

③

④

橡胶活塞底部

滤纸

活塞

传统爱乐压正压法

　　这种方法是制造商写在说明书里的原始方法。许多专业人士不太喜欢这种方法，因为在压下活塞之前，水容易从器具中漏到咖啡杯里。这种方法要求水温低，如果没有可以设置温度的电热水壶，等水温冷却到冲煮温度可能需要一段时间。如果你使用中度到深度烘焙的豆子，水温可能需要低达81℃才能取得令人愉悦的萃取效果。当然，你可以在水加热的过程中测量温度，但是如果没有夹式温度计，操作起来会有点儿棘手。

访问爱乐压锦标赛网站可以获得很多爱乐压冲煮方案，网站上有在过去几年中获奖的冲煮方案。

基础参数	研磨度：细研磨度（Baratza Virtuoso 研磨度 6）
	粉水比：1：12
	水温：85℃
	冲煮时间：50~90 秒

原物料
冲煮 138 克咖啡

11.5 克新鲜咖啡豆，或 1 勺爱乐压半球勺咖啡粉（见 283 页"冲煮技巧"）

138 克水，按实际需要增加

冲煮方法

1. 把水倒入水壶，加热器设置到中高温。烧开后让水壶离开热源。

2. 等待水冷却的时候，将滤纸放入盖中，然后将盖子拧到冲煮室上。将冲煮室放到杯子的上面。用热水彻底浸湿滤纸（50~60 克水），然后把水倒掉。如果你使用厨房秤，就将放置了爱乐压的杯子放在厨房秤上。把咖啡豆磨到细研磨度，使用爱乐压的漏斗将咖啡粉小心地倒入器具中，轻轻摇晃，让咖啡粉铺平。取下漏斗，将秤归零。

3. 等水温降到合适的温度时，开始计时，并往爱乐压内快速注水，直到秤上显示 138 克，或者直到冲煮室的水位到达刻度 2 的中间。这大约需要 20 秒，动作要快，因为水会穿过咖啡粉滴滤到咖啡杯里，打乱你的测量节奏。使用爱乐压的搅拌棒画圈搅动 10 秒，确保咖啡粉被全部渗透。这时计时器应该显示 0：30。

---

4. 把整组器具从秤上拿下来，插入柱塞，将一只手放在爱乐压和杯子的接触处，另一只手放在柱塞上按压，按压过程应持续20~60秒。一定要把一只手放在杯子上以防滑动。当柱塞被完全压下去后，你会听到咝咝声，此时计时器应显示在0:50~1:30之间。

5. 把咖啡渣扔掉，清理干净，享用吧！

冲煮技巧　制造商网站上称，一勺爱乐压半球勺相当于"11.5克咖啡"，我和安德烈亚斯用这个标准做了测试。然而在测试中（使用了超过五种不同的咖啡），我们发现一勺咖啡豆的重量一般在15~16克之间，而一勺研磨完的咖啡粉重量一般在12~13克之间。如果你没有使用厨房秤，你应该测量咖啡粉而不是咖啡豆，这样才能接近11.5克这个数据。一些专业人士认为，爱乐压只有在干燥的状态下才能正常工作。但在这种状态下，柱塞可能很难往下压，这样会打乱你的计时节奏。我喜欢在冲煮前先润湿爱乐压的各个组件，这样下压时会更顺畅。

爱乐压反压法

　　这种方法基于爱乐压的工作原理。传统正压法和反压法的工作原理基本相同，但使用反压法时，器具是倒置摆放的。这样做可以防止注水后水从盖子往外滴，数据会更加精确，而且把爱乐压倒过来后，你会操作得更小心。如果你没有秤，用爱乐压盖装一满盖咖啡豆，铺平，不要堆积成尖，这样一盖子接近 16 克。

基础参数	研磨度：细研磨度（Baratza Virtuoso 研磨度 6）
	粉水比：约 1：14
	水温：烧开
	冲煮时间：1 分 50 秒

原物料 冲煮出 220 克咖啡	16 克，或 1 爱乐压半球勺新鲜咖啡豆
	220 克水，按实际需要增加

冲煮方法	1. 把水倒入水壶里，加热器设置到中高温，烧开。
	2. 烧水时，将爱乐压的盖子放在杯子上（如果杯口大小合适的话，它应该挂在杯口），然后放入滤纸，柱塞朝上。将冲煮室倒置插到柱塞上，这样橡胶底部和冲煮室正好契合（插到冲煮室第一个圆圈数字 4），放在一边。然后把咖啡豆研磨到细研磨度，放在一边。

---

3. 水沸腾后，将水壶从热源上移开。彻底润湿滤纸（50~60 克水），将废水倒掉，把杯子放在一边。如果使用秤的话，将倒装的爱乐压放到秤上。用爱乐压的漏斗将咖啡粉缓慢倒进去，轻轻摇晃，让咖啡粉铺平。取下漏斗，将秤归零。此时水温应该正好。

4. 开始计时，看秤加入 50 克水，或者注水到冲煮室的数字 3，闷蒸咖啡。使用爱乐压的搅拌棒，画十字搅拌（从上到下，从左到右），再贴着器具壁搅拌一圈（我觉得分别画两次半圈的效果最好）。确保搅拌棒尽可能深地插入冲煮室。

5. 搅拌后，立刻继续注水，直到秤显示 220 克或者水位达到冲煮室底部边缘。拧上盖子，将爱乐压从秤上拿下来。将冲煮室轻轻往下推，直到液体（通常是泡沫）在盖子上冒泡，从而排出空气。将一只手放在冲煮室上，另一只手放在柱塞上，迅速（小心）将其翻转，并放置在杯子上，此时，时间显示应为 0 : 50。

6. 让咖啡在里面浸泡，直到计时器显示为 1 : 20。然后，一只手扶着杯子和器具的连接处，一只手放在柱塞上，缓慢轻柔地把柱塞往下压，整个按压过程大概为 30 秒，最后计时器显示为 1 : 50。切记，一定要把一只手放在杯子上，以防滑动。

7. 把咖啡渣扔掉，清理干净，享用吧！

| 冲煮技巧 | 你可能需要尝试几次才能控制好操作时间，步骤 4~6 的动作要快。刚开始的时候你可能会有点儿着急，但用不了几次就会很熟练了。 |

聪明杯

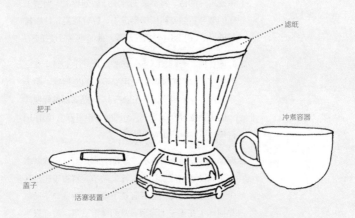

滤纸

把手

冲煮容器

盖子

活塞装置

聪明杯方法

　　用这种方法在家里测试的时候，如果使用的咖啡粉研磨过细，聪明杯的活塞容易被堵住，导致咖啡无法排出。另一方面，我和安德烈亚斯都觉得聪明杯不适合采用像法压壶冲煮法那么长的冲煮时间（也不需要那么粗的研磨度）。部分原因是热水与滤纸接触的时间越长，纸的味道就越容易渗入咖啡。我们将冲煮时间定为 3 分钟，这样最易做出一杯平衡感好的咖啡。

基础参数	研磨度：中细研磨度（Baratza Virtuoso 研磨度 14） 粉水比：约 1：15 水温：烧开 冲煮时间：4 分钟
原物料 冲煮出 400 克咖啡	26.5 克新鲜咖啡豆 400 克水，根据实际需要增加
冲煮方法	1. 把水倒入水壶里，加热器设置到中高温，烧开。 2. 等水烧开的时候，将咖啡豆研磨到中细研磨度，放在一边，然后摆好器具：滤纸和聪明杯。 3. 水沸腾后，将水壶从热源上移开。彻底润湿滤纸，把废水倒掉，将聪明杯放到厨房秤上。加入咖啡粉，轻轻摇晃，使咖啡粉铺平，将秤归零。 4. 开始计时，以画同心圆的方式注入 50 克水，确保咖啡粉完全浸透，开始闷蒸，30 秒后，进行步骤 5。 5. 在粉床中间继续画小圈注水，直到秤显示 400 克。盖上盖子，浸泡咖啡，直到计时器显示 3：00。 6. 将聪明杯放到冲煮容器上。约 1 分钟后咖啡会滴滤出来。这时计时器应显示 4：00。把滤纸拿出来扔掉，用多余的水冲洗器具。享用咖啡吧！
冲煮技巧	你可能会发现，在滤纸底部和聪明杯底部之间有一定空间。它沿着杯壁往下，形状从 V 形变成壶颈状。在冲煮开始的阶段，咖啡液体会留存在壶颈里，滤纸会将其与咖啡粉隔离。如果闷蒸的水太多，咖啡最后就会萃取过度，所以用聪明杯冲煮时，闷蒸的水量要少于其他方法。

聪明杯冷萃法

　　聪明杯看上去是用来做冷萃的完美器具。它是一个有滤纸和盖子的独立容器。唯一的缺点是它的容量太小。以下测试中用到的400克冷水几乎是它的最大容量了。

基础参数	研磨度：中粗研磨（Baratza Virtuoso 研磨度 25） 粉水比：约 1 ∶ 7 水温：冷水（冰箱里的水或者饮用自来水） 冲煮时间：15 小时
原物料 冲煮出 400 克 冷萃原液	58 克新鲜咖啡豆 400 克水冷水
冲煮方法	1. 将滤纸放入聪明杯里，彻底润湿滤纸，把废水倒掉。将咖啡豆研磨到中粗研磨度，倒入聪明杯里，轻轻摇晃，使咖啡粉铺平，然后倒水进去。 2. 盖上盖子，把聪明杯放入冰箱里。确保聪明杯被放在托板上或冰箱里的平面上，否则里面的液体容易漏在冰箱里。让咖啡浸泡 15 小时。 3. 从冰箱里取出，将冷萃原液倒入另一个有盖的容器中。饮用时，以 5 ∶ 1 的比例，使用新鲜冷水稀释原液或按口味稀释。原液在密封容器里可以冷藏保存 1~2 周。

虹吸壶
（真空壶）

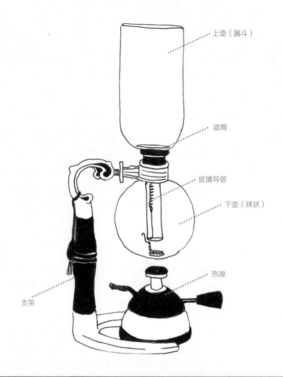

上壶（漏斗）

滤网

玻璃导管

下壶（球状）

热源

支架

三人份虹吸壶冲煮方法

这种方法是根据旧金山的蓝瓶子咖啡公司的虹吸壶使用方法
改编的。使用这种方法时，测量温度很重要，所以你需要一个温度
计。为了更加直观，我在 292 页做了分解图（图 6.2）。

基础参数	研磨度：中细研磨度（Baratza Virtuoso 研磨度 15）
	粉水比：约 1 ： 14
	水温：94℃
	冲煮时间：1 分 55 秒

原物料	22 克新鲜咖啡豆
冲煮 300 克咖啡	300 克水，按照实际需求增加

冲煮方法

1. 如果使用新的滤网，先把它放在沸水里煮 5 分钟。如果使用一直储存在冰箱里的滤网，先用温水泡 5 分钟。滤网准备好后，把咖啡豆研磨到中细研磨度，放在一边。将虹吸壶支架（带半球）放到厨房秤上，将秤归零，往球体里加水，直到秤显示 300 克。之后就不会再用到秤了。

2. 把准备好的滤网放入上壶，轻轻往下拉，使小珠子链条穿过玻璃管。拉下链条，让挂钩勾住玻璃导管的侧面。将上壶轻轻地搭在下壶上面。它应该是斜搭着的，不要插进去固定（分解图 A）。

3. 打开热源。当水沸腾后，调整上壶，将其直立并牢牢密封插稳，等待水向上通过滤网进入上壶中。因为玻璃导管接触不到下壶的底部，所以下壶会留下一些水（分解图 B）。

4. 把火力调小（如果使用丁烷喷灯，应该调到最低档）。当插入水中的温度计显示 94℃时，把咖啡粉倒进去，开始计时（分解图 C）。用搅拌棒将咖啡粉搅入水中。当计时器显示 0：30 时，用搅拌棒搅拌咖啡液三次。

5. 当计时器显示 1：20 时，关闭热源，搅拌液体 10 次，水在搅动中会从上壶流到下壶（分解图 D）。下壶里的水位将停止上升，但还会冒泡。当计时器显示 1：55 时，所有的咖啡应该都落入下壶了。

6. 将上壶小心地从装置上取下来。操作的时候你需要扶住下壶，因为上壶需旋转取下。如果壶很热，就用厨房毛巾包住再扭下来。放在一旁冷却（如果你的虹吸壶有盖子的话，应该是上下壶通用的）。直接用下壶分享咖啡，享用吧！

冲煮技巧

先把水烧开，再倒入下壶，这样冲煮会快一些。使用热源也可以把水烧开，但需要的时间长一点儿，你得时时看着水。直接使用热水会让整体加热时间短一点儿。

因为下壶较热，所以咖啡端上来的时候，会比正常情况热一些。享用咖啡前，等待咖啡冷却的时间也比平时要长。

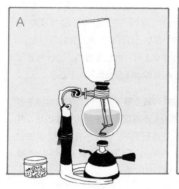

图 6.2　虹吸壶使用方法分解图

Melitta

把手

滤纸

开孔

冲煮容器

Melitta 一人份间断注水冲煮法

　　我们用的是 Ready Set Joe 型号，如果使用更大的型号，可以按比例调整参数。

基础参数	研磨度：中度研磨度（Baratza Virtuoso 研磨度 20）
	粉水比：1：17
	水温：烧开
	冲煮时间：3 分 30 秒

原物料 冲煮 400 克咖啡	23.5 克新鲜咖啡豆 400 克水，按实际需求增加

冲煮方法

1. 把水倒入水壶里，加热器设置到中高温，烧开。

2. 水加热的时候，将咖啡豆研磨到中度研磨度，放在一边，然后摆好滤纸、滤杯和冲煮器具。

3. 水煮沸后，把水壶从热源上移开。彻底润湿滤纸（50~60 克水），将废水倒掉，把器具放到厨房秤上。倒入咖啡粉，轻轻摇晃，将咖啡粉铺平。将秤归零。

4. 开始计时，以慢慢画圈的方式注入 50 克水，确保水完全浸泡咖啡粉，开始闷蒸。当计时器显示 0：45 时，进行步骤 5。

5. 第一次注入 50 克水，从中间开始缓慢注入，10 秒注完。此时秤上应该显示 100 克，计时器显示 0：55。等待 15 秒。以此频率继续注水 3 次，每次注水 100 克。直到秤上显示 400 克，计时器显示 2：40（见 295 页 "冲煮技巧"）。

6. 让咖啡滴滤下去，大约需要 50 秒，最后计时器显示 3：30。将滤纸扔掉，用多余的水清洗器具。尽情享用吧！

冲煮技巧　想更好地控制间断时间?

下面是一些指导建议:

0 : 45~0 : 55 完成 100 克注水

1 : 10~1 : 30 完成 200 克注水

1 : 45~2 : 05 完成 300 克注水

2 : 20~2 : 40 完成 400 克注水

BeeHouse

把手

滤纸

开孔

冲煮容器

BeeHouse 间断注水法冲煮方式

　　BeeHouse 的设计在很大程度上限制了水流，所以我认为间断注水法是最简单的方法。你只要均匀地注水就可以了，具体注水方式并不重要。安德烈亚斯喜欢用画圈的方式注水，我则擅长用画8 字的方式注水，如果你发现水面降低，而咖啡粉附在了滤杯壁上，就快速轻柔地绕杯壁浇一圈，将咖啡粉推回冲煮的水中。

基础参数	研磨度：中细研磨度（Baratza Virtuoso 研磨度 14）
	粉水比：1：16
	水温：烧开
	冲煮时间：3 分 30 秒

原物料 冲煮 400 克咖啡	20 克新鲜咖啡豆
	400 克水，按实际需要增加

冲煮方法

1. 把水倒入水壶里，加热器设置到中高温，烧开。

2. 烧水时，将咖啡豆研磨到中细研磨度，放在一边，然后摆好滤纸、滤杯和冲煮器具。

3. 水煮沸后，把水壶从热源上移开。彻底润湿滤纸（50~60 克水），将废水倒掉，将器具放到厨房秤上。倒入咖啡粉，轻轻摇晃，将咖啡粉铺平。将秤归零。

4. 开始计时，以画圈的方式慢慢注入 50 克水，确保水完全浸泡咖啡粉，开始闷蒸。当计时器显示 0：45 时，进行步骤 5。

5. 第一次注入 50 克水，从中间开始缓慢注入，10 秒注完。此时秤上应该显示 100 克，计时器显示 0：55。等待 15 秒。以此频率继续注水 3 次，每次注水 100 克。直到秤上显示 400 克，计时器显示 2：40（可参考 295 页 "冲煮技巧"）。

6. 让咖啡滴滤下去，大约需要 50 秒，最后计时器显示 3：30。将滤纸扔掉，用多余的水清洗器具。尽情享用吧！

WALKÜRE

盖

隔板

冲煮室

陶瓷滤网

把手

出水口

水壶

中号 WALKÜRE 冲煮方法

　　这种冲煮方式不需要太多注水技巧，只要对准分隔板的中心注水就可以了。WALKÜRE 与其他器具一样，流水的速度越缓慢就越容易控制，做出来的咖啡越稳定。它的冲煮室很小，水很容易就满了。闷蒸的水需要快速注入，因为我发现流速似乎会影响冲煮室内咖啡粉的分布，倘若注水缓慢，水面下降的时间就会失控。因为WALKÜRE 是陶瓷的，所以保温效果很好。但壶可能会极烫，所以倒咖啡的时候要小心。

基础参数	研磨度：中度研磨度（Baratza Virtuoso 研磨度 20） 粉水比：1：17 水温：烧开 冲煮时间：3 分 45 秒
原物料 冲煮 350 克咖啡	20.5 克新鲜咖啡豆 350 克水，按照实际需求增加
冲煮方法	1. 把水倒入水壶里，加热器设置到中高温，烧开。 2. 烧水的时候，把咖啡豆研磨到中度研磨度，放在一边，然后摆好器具：水壶、冲煮室、隔板。把盖子放在一边。 3. 当水煮沸后，将水壶从热源上移开。将水直接倒入隔板的中心，预热器具。倒掉废水，将器具放到厨房秤上。将磨好的咖啡粉倒入冲煮室，轻轻摇晃，使咖啡粉铺平。把隔板放上去，秤归零。 4. 开始计时，快速将 45 克水注入隔板中心点，开始闷蒸。注水时间不要超过 10 秒，闷蒸到计时器显示 0：40 秒。

5. 开始尽可能慢地连续注水，直到计时器显示 3 : 00 的时候，秤显示 350 克。如果你使用鹅颈手冲壶，应该可以尽可能慢地注水，并听到隔板发出嗡嗡声。这是一个好现象。当冲煮室水满时（会有气泡和浅棕色液体从隔板的孔中溢出），暂停注水，让冲煮室里的液体往外排。如果注水速度够慢且研磨度正确，整个冲煮过程应该会暂停两三次。

6. 让咖啡滴滤下去，这需要 30~45 秒。整体时间不超过 3 分 45 秒。用多余的水清洗器具。尽情享用吧！

冲煮技巧

如果器具已经组装好了，把咖啡粉倒入冲煮室时，有时会有一些咖啡粉落到下面的水壶里。所以要么在冲煮前把水壶里的咖啡粉倒掉，要么铺好咖啡粉后再把它放到水壶上。

这个器具的设计是需要将各个部件组装在一起使用的。用下壶呈上咖啡的时候，将冲煮室和隔板拿走，并盖上盖子。如果不拿走这些组件，倒咖啡会很麻烦。这个器具会带入一部分沉淀物，所以跟法压壶一样，要让咖啡粉沉淀一下。

Kalita 蛋糕杯

滤纸

平底底座

把手

冲煮容器

Kalita 蛋糕杯 #185 注水冲煮法

　　我和安德烈亚斯采用的是精品咖啡领袖乔治·豪尔使用的方法。尽管人们喜欢使用不间断注水法，但我还是采用间断式注水法。请注意，闷蒸实际上就是第一次注水，如果闷蒸时间很长，那么你就需要调整一下冲煮的间断时间。如果咖啡豆很新鲜，那么你也需要调整时间。还有一点要注意的是，Kalita 滤纸的侧面有些易损坏，所以冲煮的时候要避免把水直接浇到滤纸壁上（润湿滤纸和冲煮的时候都要注意），否则滤纸可能会坍塌，导致整杯咖啡被毁掉。

基础参数	研磨度：中度研磨度（Baratza Virtuoso 研磨度 18）
	粉水比：1：17
	水温：烧开
	冲煮时间：3 分 45 秒

| **原物料** | 23.5 克（1/4 杯）新鲜咖啡豆 |
| **冲煮 400 克咖啡** | 400 克水，按实际需求增加 |

冲煮方法

1. 把水倒入水壶里，加热器设置到中高温，烧开。

2. 烧水的时候，把咖啡豆研磨到中度研磨度，放在一边，然后摆好器具：滤纸、滤杯和冲煮器具。

3. 当水煮沸后，将水壶从热源上移开。彻底润湿滤纸（50~60 克水），将废水倒掉，将器具放到厨房秤上。倒入咖啡粉，轻轻摇晃，使粉铺平。将秤归零。

4. 开始计时，以画圈的方式缓慢注入 50 克水，确保水完全浸泡咖啡粉，开始闷蒸。当计时器显示 0：35 时，开始步骤 5。

5. 第一次注水 100 克，在接下来的 15 秒内，从中间以缓慢画圈的方式注水。这时重量应该显示 150 克，计时器显示 0：50。等待 10 秒。然后以此类频率继续注水，直到重量显示 400 克，计时器显示为 3：00（见 303 页"冲煮技巧"）。

6. 让咖啡滴滤下去，这个过程大概需要 45 秒。把滤纸扔掉，用多余的热水清洗器具，享用咖啡吧！

冲煮技巧　　想更好地控制间断时间？

下面是一些指导建议：

0 : 35~0 : 50 完成 150 克注水

1 : 00~1 : 15 完成 200 克注水

1 : 25~1 : 40 完成 250 克注水

1 : 50~2 : 05 完成 300 克注水

2 : 15~2 : 30 完成 350 克注水

2 : 45~3 : 00 完成 400 克注水

Chemex

滤纸

出水口

注水槽 / 空气通道

漏斗

木把手

水壶

六人份 Chemex 注水冲煮法

Chemex 比其他冲煮器具更需要润湿滤纸的步骤。这是因为 Chemex 滤纸比较厚，比其他滤纸的纸味更重，而水可以稀释这种味道。此外，让润湿过的滤纸贴住器具侧面也是 Chemex 设计的一部分，这有助于调节气流。当滤纸彻底湿透时，你可以轻松注水，不必担心水会溢出。

基础参数	研磨度：中细研磨度（Baratza Virtuoso 研磨度 17）
	粉水比：约 1：16
	水温：烧开
	冲煮时间：3 分 45 秒

原物料	31 克新鲜咖啡豆
冲煮 500 克咖啡	500 克水，按照实际需求增加

冲煮方法

1. 把水倒入水壶里，加热器设置到中高温，烧开。

2. 烧水的时候，把咖啡豆研磨到中细研磨度，放在一边，然后摆好器具：滤纸和器具。

3. 水沸腾后，把水壶从热源移开，彻底润湿滤纸（50~60 克水），倒掉废水，将器具放到厨房秤上。加入咖啡粉，轻轻摇晃以铺平粉面，将秤归零。

4. 开始计时，以画圈的方式缓慢注水 70 克，确保水完全浸泡咖啡粉，闷蒸咖啡。这个过程至少需要 20 秒。当计时器显示 0：45 时，开始步骤 5。

5. 缓慢连续地在中心位置用画圆圈的方式注水，圆圈应与硬币同等大小，直到重量显示 200 克（比闷蒸注水速度快一些）。围着粉床的周边快速浇注两圈，小心不要碰到滤杯的杯壁。继续在粉床中心用画圆圈（硬币大小）的方式注水，直到重量显示 400 克，此时计时器显示 2：00。围着咖啡粉床快速浇一圈，注意不要碰到滤杯杯壁。继续在中心用画圆圈（硬币大小）的方式注水，直到重量显示为 500 克，计时器显示 2：30。

6. 让咖啡滴滤下去，大概需要 75 秒，计时器最后显示 3：45。将滤纸扔掉，享用咖啡吧！

| **冲煮技巧** | 不管你的滤纸是什么形状的，层数多的那边都应该在出水口的一侧。这样滤纸在湿润时仍然会很坚固，不会塌陷从而妨碍空气流通。 |

Hario V60

滤纸

标志性沟槽

把手

冲煮容器

V60 #2 滤杯　连续注水冲煮法

　　这是一个经过实践检验的好办法，安德烈亚斯每天都用 V60 开启一天的工作。这一方法从未让他失误过。然而要注意，这种特殊的方法必须使用鹅颈手冲壶。因为鹅颈手冲壶可以帮助你用画圈的方式注水，并保证不会碰到滤杯杯壁，还能让水通过大部分粉床。

基础参数	研磨度：中细研磨度（Baratza Virtuoso 研磨度 12）
	粉水比：1：17
	水温：烧开
	冲煮时间：3 分 30 秒

原物料 冲煮 400 克咖啡	23.5 克新鲜咖啡豆
	400 克水，按照实际需求增加

冲煮方法	

1. 把水倒入水壶里，加热器设置到中高温，烧开。

2. 烧水的时候，把咖啡豆研磨到中细研磨度，放在一边，然后摆好器具：滤纸、滤杯和冲煮容器。

3. 当水沸腾后，把水壶从热源移开。充分润湿滤纸（50~60 克水），倒掉废水，将器具放到厨房秤上。倒入咖啡粉，轻轻摇晃，让粉铺平，将秤归零。

4. 开始计时，缓慢均匀地用画圈的方式注水 60 克，确保水完全浸泡咖啡粉，闷蒸咖啡。这个过程至少需要 20 秒。当计时器显示 0：45 时，开始步骤 5。

5. 缓慢连续地在中心位置用画硬币大小的圆圈的方式注水，直到重量显示 200 克，然后围着粉床的边缘快速浇两圈。小心不要碰到滤杯的杯壁。接着回到中心，继续在粉床中心注水，直到重量显示 300 克。此时计时器应显示 2：00。然后围着咖啡粉床快速浇一圈，注意不要碰到滤杯杯壁。继续在中心注水，直到重量显示为 400 克，计时器显示 2：30。

6. 让咖啡滴滤下去，这个过程大概需要 1 分钟，最后计时器显示 3：30。把滤纸扔掉，用多余的热水清洗器具，享用咖啡吧！

V60 #2 滤杯 不使用鹅颈手冲壶冲煮法

　　在研究和测试中，我和安德烈亚斯在 Tonx（被蓝瓶子收购的一项咖啡订阅服务）上学到了一种绝妙的 V60 冲煮方法，这种方法适用于没有鹅颈手冲壶的冲煮者。我们改编了这种方法。很多人难以相信 V60 可以不搭配鹅颈手冲壶使用，但请相信我们，事实上冲煮器具可以有很多功能。

基础参数	研磨度：中细研磨度（Baratza Virtuoso 研磨度 16） 粉水比：约 1：15 水温：烧开 冲煮时间：3 分钟以内
原物料 冲煮 400 克咖啡	26.5 克新鲜咖啡豆 400 克水，按实际需求增加
冲煮方法	1. 把水倒入水壶里，加热器设置到中高温，烧开。 2. 烧水的时候，把咖啡豆研磨到中细研磨度，放在一边，然后摆好器具：滤纸、滤杯和冲煮容器。 3. 当水沸腾后，把水壶从热源移开。充分润湿滤纸（50~60 克水），倒掉废水，将器具放到厨房秤上。倒入咖啡粉，轻轻摇晃，让粉铺平，将秤归零。

4. 开始计时，缓慢均匀地用画圈的方式注水 60 克，
确保水完全浸泡咖啡粉，闷蒸咖啡。当计时器显示
0：30 时，开始步骤 5。

5. 从粉床中心开始，从里往外用画圈的方式注水，然
后再从外往里用画圈的方式注水，直到重量显示
400 克，计时器显示 1：30 左右。如果滤杯在达到
目标重量前就装满了，让水排一会儿，但尽量继续
加水。

6. 让咖啡滴滤下去，滤完后计时器应该显示 3：00 或
不到 3：00。此时应该有一层厚厚的粉层覆盖在滤
纸上。如果两侧"秃顶"，下次注水时就要注意不要
碰到滤杯杯壁。扔掉滤纸，用多余的热水清洗器具，
享受咖啡吧！

这一节是指导建议，帮助你解决在家冲煮咖啡时最容易遇到的问题。记住，所有基础参数都需要不时调整，才能做出你喜欢的口味。有时今天用这种方法做得好，但明天就做不好，有时用这种豆子做得好，但换种豆子就不行了。在你调整参数的时候，一次一定只改变一个变量，否则你永远无法判断是哪个变量导致了哪种结果。

太淡（太薄／太稀）

这可能意味着你的粉水比不对——水太多，咖啡粉不够，使咖啡在你的嘴里感觉太薄或者太稀，醇厚度不够。尝试这样做：

1. 增加粉量。从技术上来说，你也可以通过减少冲煮水量来解决这个问题，但你不会希望喝到的咖啡量减少，所以最简单的方法就是增加咖啡的粉量。如果你使用我建议的冲煮粉水比，每次增加半克咖啡粉，就能逐渐找到正确的粉量了。

2. 调细研磨度。如果咖啡味淡且伴随着酸味，那么就是研磨度太粗造成的。

太浓（太厚／太重）

　　这可能意味着你的粉水比不对——咖啡粉太多，水太少，使咖啡在嘴里感觉太厚或者太重，醇厚度太高。尝试这样做：

1. 减少粉量。从技术上说，你也可以通过增加冲煮水量来解决这个问题，但你也许不想增加咖啡量，所以最简单的方法是减少粉量。如果你使用我建议的冲煮粉水比，每次减少半克粉量，就能逐渐找到正确的粉量了。

太酸

　　这可能意味着你的咖啡萃取不足——水和咖啡粉在一起的时间不足以充分萃取风味分子。（也有可能你的咖啡冲煮得很好，但这杯咖啡的特点就是酸味明亮，而你不喜欢这种味道。如果是这样，你就只能记录下来以备日后参考了，活到老学到老嘛。）注意，有些人把酸和苦混为一谈，这是另一个问题，在这里解决不了。如果你觉得有可能是这种情况，试试 241 页的品尝技巧，学着辨别酸度。现在让我们把咖啡变得不那么酸吧，尝试下面一种或者几种做法：

1. 减少粉量。少放一些咖啡粉，让水有更多机会萃取咖啡，但这会削弱咖啡的口感。如果你喜欢现在咖啡在嘴里的感觉（不太稀也不太重），就跳过这一步。如果你确定要减少粉量，一次减少半克。

2. 调细研磨度。当你对醇厚度满意并且不想改变它时，才进行这一步操作。调细研磨度，但是只调细一点点。因为这种调整会增加水和咖啡粉的接触时间，而且细研磨度的咖啡粉更容易被萃取，所以每次只能调细一点点。如果一次调整的幅度太大，就容易把咖啡变浑浊。

3. 减少闷蒸水量。仅适用于注水式冲煮法。减少闷蒸水量可以避免咖啡液滴落到冲煮容器中。记住，咖啡中最先被萃取出来的是最酸的部分（见 021 页）。减少闷蒸水量就减少了咖啡里的酸。一次只减少半克。

4. 增加水和咖啡粉的接触时间。接触时间越长，萃取就越充分。这是针对浸泡法的调整方案（使用注水法时，如果减慢注水速度，增加接触时间，会产生很多不同的反应，很难预测调整效果）。

5. 加大翻滚力度。翻滚能帮助萃取。对浸泡法而言，多搅拌几次就能增加翻滚。对注水法而言，间断注水法需要增加间断次数；如果是不间断注水法，就比较难增加翻滚力度了。还要注意，翻滚容易让风味变得混乱，使咖啡变浑浊（也就是更浓）。

6. 升高温度。如果你使用的豆子密度高（高海拔生长），属于浅烘或低温烘焙，可以试着提高水温。高密度和低温烘焙让咖啡豆中的固体比较难溶解，把水温升高有助于解决这个问题。

太苦

这可能是因为你的咖啡萃取过度了——水萃取咖啡风味分子的时间太长。所有咖啡都是苦的，但这是一种令人非常不愉悦的苦。让我们把咖啡变得不那么苦吧，尝试这样做：

1. 增加粉量。使用更多咖啡粉可以减少水萃取的机会，但这样会提高咖啡的醇厚度。如果你喜欢现在咖啡在嘴里的感觉（不太稀也不太重），就跳过这一步。如果你确定要增加粉量，一次增加半克。

2. 调粗研磨度。当你对醇厚度满意并且不想改变它时，才需要进行这一步操作。调粗研磨度，但只能以小幅度的改变进行调整。因为这种调整既会减少萃取时间，又会因为咖啡粉颗粒粗而增加萃取难度。不要因为调整研磨度最后导致萃取不足。

3. 增加闷蒸水量。仅适用于注水式冲煮法。增加闷蒸水量可以增加滴滤到冲煮容器中的咖啡液。记住，咖啡中最先被萃取出来的是最酸的部分（见 021 页）。增加闷蒸水量代表着更多的酸性物质会进入咖啡，这就平衡了苦味。每次只增加半克。

4. 减少水和咖啡粉的接触时间。接触时间越短，萃取的机会就越少。这是针对浸泡法的调整方案。（使用注水法时，如果加快注水速度，缩短接触时间，会产生很多不同的反应，很难预测调整效果。）

5. 增加闷蒸时间。如果你的咖啡非常新鲜，意味着其中含有大量二氧化碳，而二氧化碳是苦的，所以你需要增加闷蒸时间。更长的闷蒸时间可以确保二氧化碳释放到空气中，而不是落入咖啡里。延长闷蒸时间时，一次不要超过五秒。遇到不确定的情况时，注意观察闷蒸产生的泡泡。

6. 减少翻滚。翻滚能帮助萃取。对浸泡法而言，少搅拌几次就能减少翻滚。对间断注水法而言，需要减少间断次数。如果使用的是不间断注水法，尝试轻柔地注水。

7. 降低温度。如果你使用的豆子密度低（低海拔生长），属于深烘或高温烘焙，可以试着降低水温。低密度和高温烘焙让咖啡豆中的固体比较容易溶解，把水温降低有助于解决这个问题。

涩感

涩，或者舌头觉得很干，感觉就像吃了不熟的水果，这是萃取过度的迹象。具体见"太苦"部分（315页）。

裹舌感

裹舌感是指咖啡让人感到油腻的口感，说明醇厚度太高了。换句话说就是咖啡太浓了。具体见"太浓"部分（313页）。

粉末感

你的两颊内壁（而不是舌头）可能感觉了到粉末的质

地。这是苦的表现，通常是因为研磨度太细了。在这种情况下，先尝试调粗研磨度，再尝试增加粉量。更多信息可参考"太苦"部分（315页）。

焦苦感

这是咖啡萃取过度的迹象。更多信息可参考"太苦"部分（315页）。这也可能是因为你不喜欢深烘咖啡的口感。如果是这种情况，就只能做个偏好记录了。如果采用了将咖啡粉和水放在一起煮的冲煮方法，也会产生这种焦苦感。

风味不明显

这表明你的咖啡太浓了（313页）。咖啡的醇厚度太高时，咖啡的风味会减弱，醇厚度会掩盖你原本应该察觉到的味道。如果你感觉味道转瞬即逝，或者你觉得仿佛尝出了一些东西，但又好像没有，那就是这杯咖啡太浓了。如果咖啡味道平淡，缺乏复杂性，那可能是咖啡不新鲜了。如果咖啡在闷蒸的时候没有太多泡泡（或者根本没有），也很可能是咖啡不新鲜了。

泥泞的粉床

这是咖啡粉磨得太细的迹象，咖啡可能萃取过度了。更多信息，请参考"太苦"部分（315 页）。如果你使用自己最拿手的冲煮方法却还是持续遇到这个问题，那应该是磨豆机的刀盘钝了。

滴滤太慢

仅适用于注水法。如果你的咖啡要很长时间才能穿过粉床滴滤到下壶，那就是研磨度太细了。尝试调粗研磨度。也可能是滤纸被细粉堵塞了。如果滤纸的侧面没有被粉层覆盖（即"秃顶"），可能是冲煮时水浇到了滤杯杯壁，将细粉冲到了滤杯底部导致了堵塞。为了避免这种情况，注水的时候尽可能离杯壁远一点儿。

滴滤太快

仅适用于注水法。如果你注水很慢，咖啡却很快就穿过粉床滴滤到下壶，那就是研磨度太粗了。可以尝试调细研磨度。

参考文献 ··

All About Coffee
作者：William H. Ukers

Atlas Coffee Importers
网址：www.atlascoffee.com

*The Blue Bottle Craft of Coffee：Growing,
Roasting, and Drinking, with Recipes*
作者：James Freeman, Caitlin Freeman

Blueprint Coffee
网址：https：//blueprintcoffee.com

Boxcar Coffee Roasters
网址：www.boxcarcoffeeroasters.com

Brandywine Coffee Roasters
网址：www.brandywinecoffeeroasters.com

Cafe Imports
网址：www.cafeimports.com

Cat and Cloud podcast
网址：www.catandcloud.com/pages/podcast

Christopher H. Hendon
网址：http：//chhendon.github.io

Coffee Chemistry
网址：www.coffeechemistry.com

Coffee Research
网址：www.coffeeresearch.org

Coffee Review
网址：www.coffeereview.com

Colectivo Coffee Roasters
网址：www.colectivocoffee.com

Counter Culture Coffee
网址：www.counterculturecoffee.com

Fresh Cup Magazine
网址：www.freshcup.com

Gaslight Coffee Roasters
网址：www.gaslightcoffeeroasters.com

George Howell Coffee
网址：www.georgehowellcoffee.com

Halfwit Coffee Roasters
网址：www.halfwitcoffee.com

Heart Coffee Roasters
网址：www.heartroasters.com

Houndstooth Coffee
网址：www.houndstoothcoffee.com

*How to Make Coffee：The Science Behind
the Bean*
作者：Lani Kingston

Huckleberry Roasters
网址：www.huckleberryroasters.com

Intelligentsia Coffee
网址：www.intelligentsiacoffee.com

International Coffee Organization
网址：www.ico.org

Ipsento Coffee
网址：www.ipsento.com

Madcap Coffee
网址：www.madcapcoffee.com

Metric Coffee
网址：www.metriccoffee.com

National Coffee Association USA
网址：www.ncausa.org

Onyx Coffee Lab
网址：www.onyxcoffeelab.com

Opposites Extract
网址：www.oppositesextract.com

Panther Coffee
网址：www.panthercoffee.com

Passion House Coffee Roasters
网址：www.passionhousecoffee.com

Perfect Daily Grind
网址：www.perfectdailygrind.com

Portola Coffee Roasters
网址：www.portolacoffeelab.com

Prima Coffee Equipment
网址：www.prima-coffee.com

Ritual Coffee Roasters
网址：www.ritualroasters.com

Roast Magazine
网址：www.roastmagazine.com

The Roasters Guild
网址：www.roastersguild.org

Ruby Coffee Roasters
网址：www.rubycoffeeroasters.com

Sightglass Coffee
网址：https://sightglasscoffee.com

Specialty Coffee Association
网址：https://sca.coffee

Specialty Coffee Association of Panama
网址：www.scap-panama.com

Sprudge
网址：www.sprudge.com

Spyhouse Coffee Roasters
网址：https://spyhousecoffee.com

Stumptown Coffee Roasters
网址：www.stumptowncoffee.com

Sump Coffee
网址：www.sumpcoffee.com

Supremo Coffee
网址：www.supremo.be

Uncommon Grounds：The History of Coffee and How It Transformed Our World
作者：Mark Pendergrast

USDA Foreign Agricultural Service
网址：https://gain.fas.usda.gov

USDA National Agricultural Statistics Service
网址：www.nass.usda.gov

Variety Coffee Roasters
网址：www.varietycoffeeroasters.com

Water for Coffee
作者：Maxwell Colonna-Dashwood, Christopher H. Hendon

The World Atlas of Coffee：From Beans to Brewing—Coffees Explored，Explained and Enjoyed
作者：James Hoffman

World Coffee Research
网址：www.worldcoffeeresearch.org

Wrecking Ball Coffee Roasters
网址：www.wreckingballcoffee.com

致谢

首先，我要感谢我的先生，也是我的私人咖啡师、咖啡引导者安德烈亚斯·威尔霍夫（Andreas Willhoff），我不仅要感谢他在这个项目中的投入和他提供的见解，也要感谢他无数次被我蹂躏却依然坚持的耐心。特别感谢我所有的咖啡品鉴师和测试者，特别是杰奎琳、戴尔德丽、海伦娜和摩根，他们用各自的专业才能和热情帮助这本"咖啡小宝贝"来到了这个世界。摩根，再次感谢你，谢谢你为这本书画的所有插图，太美了。非常感谢我的编辑阿曼达·布伦纳（Amanda Brenner），她的帮助让我能够驾驭这头"咖啡怪兽"。也感谢我的出版商兼咖啡爱好者道格·塞博尔德（Doug Seibold），在我写这本书之前，他就对我和这本书报以信任。我想向在写书过程中遇见的所有咖啡从业人士致以最诚挚的感谢，特别是乔·马罗科，他非常慷慨地付出了知识和时间。还有特拉维斯、卡米拉、美国 Halfwit 咖啡、Wormhole 咖啡团队，感谢你们的支持和祝福。当然还要感谢我的朋友们，特别是来自 MFA 学校的朋友们，他们的成功和信念激励了我这懒骨头每天从沙发上爬起来，坐到电脑前写作。感谢贝利，几十年来，他一直聆听、参与并鼓励我创作疯狂的故事。还有维多利亚，她的智慧和直率可以彻底消除我的不安全感。最后，感谢我的家人，他们一直支持我，特别是我的父母，尽管他们不喜欢喝咖啡，但还是愿意花很长时间阅读这本厚厚的书。真爱不过如此！